AXEL ADRIAN

Grundzüge einer allgemeinen Wissenschaftstheorie auch für Juristen

Schriften zur Rechtstheorie

Band 274

Grundzüge einer allgemeinen Wissenschaftstheorie auch für Juristen

Konsequenzen aus Zweifeln
postmoderner/zeitgenössischer Philosophie
für eine allgemeine Wissenschaftstheorie
sowie für jede juristische Methodenlehre

Von

Axel Adrian

Duncker & Humblot · Berlin

Bibliografische Information der Deutschen Nationalbibliothek

Die Deutsche Nationalbibliothek verzeichnet diese Publikation in
der Deutschen Nationalbibliografie; detaillierte bibliografische Daten
sind im Internet über http://dnb.d-nb.de abrufbar.

Alle Rechte vorbehalten
© 2014 Duncker & Humblot GmbH, Berlin
Fremddatenübernahme: Klaus-Dieter Voigt, Berlin
Druck: Buch Bücher de GmbH, Birkach
Printed in Germany

ISSN 0582-0472
ISBN 978-3-428-14430-3 (Print)
ISBN 978-3-428-54430-1 (E-Book)
ISBN 978-3-428-84430-2 (Print & E-Book)

Gedruckt auf alterungsbeständigem (säurefreiem) Papier
entsprechend ISO 9706 ∞

Internet: http://www.duncker-humblot.de

*Herrn Prof. Dr. Reinhold Zippelius,
der in mir schon, als ich noch Student war,
die Begeisterung für die juristische Methodenlehre
und die Rechtsphilosophie
geweckt und mir Mut gemacht hat,
dieses kleine Buch zu schreiben*

„Soweit sich die Gesetze der Mathematik auf die Wirklichkeit beziehen, sind sie nicht gewiß. Und soweit sie gewiß sind, beziehen sie sich nicht auf die Wirklichkeit."

Albert Einstein (1879–1955), Mein Weltbild, Zürich, 1979, S. 141

Vorwort

Es scheint, dass es bislang noch keine breite Diskussion[1] zu einer Wissenschaftstheorie – auch – für Juristen[2] gibt, obwohl sich die Wissenschaftstheorie als solche, seit ihren Anfängen in der ersten Hälfte des 20. Jahrhunderts[3], heute längst als eigenständige Disziplin etabliert hat und zahlreiche Standardlehrbücher erschienen sind.[4] Allerdings zeigen die Hauptrichtungen der Fragestellungen und

---

[1] *Ulfried Neumann,* in: Kaufmann/Hassemer/Neumann (Hrsg.), Einführung in die Rechtsphilosophie und Rechtstheorie der Gegenwart, 8. Aufl., Heidelberg 2011, S. 385: „Der Begriff einer ‚Wissenschaftstheorie der Rechtswissenschaft' setzt sich im rechtstheoretischen Schrifttum nur langsam durch; das Stichwort *‚Wissenschaftstheorie'* ist in einer Vielzahl rechtsphilosophischer und -methodologischer Grundlagenarbeiten nicht zu finden."

[2] Vgl. aber z. B. die Hinweise bei *Franz Bydlinski,* Juristische Methodenlehre und Rechtsbegriff, 2. Aufl., Wien/New York 1991, S. 60 ff., 76 f. und die umfassende Arbeit von *Maximilian Herberger/Dieter Simon,* Wissenschaftstheorie für Juristen, 1. Aufl., Frankfurt a. M. 1980, die aber eine etwas andere Zielrichtung hat, als die hier vorgestellte Untersuchung; siehe auch die Hinweise bei *Klaus F. Röhl* (1938)*/Hans Christian Röhl* (1964), Allgemeine Rechtslehre, 3. Aufl., München 2008, S. 79 ff, 101 f.; *Arthur Kaufmann,* in: Kaufmann/Hassemer/Neumann (Hrsg.), Einführung in die Rechtsphilosophie und Rechtstheorie der Gegenwart, 8. Aufl., Heidelberg 2011, S. 26, 128 (mit Hinweis auf Karl R. Popper (1902–1994)) und insbesondere auf S. 59: „Natürlich kann man endlos darüber streiten, und man streitet endlos darüber, ob nur die mathematisch betriebenen Wissenschaften wirklich ‚Wissenschaften' sind – dann also z. B. nicht die Rechtswissenschaft." *Ulfried Neumann,* in: Kaufmann/Hassemer/Neumann (Hrsg.), Einführung in die Rechtsphilosophie und Rechtstheorie der Gegenwart, 8. Aufl., Heidelberg 2011, S. 385 ff.; *Reinhold Zippelius* (1928), Rechtsphilosophie, 6. Aufl., München 2011, S. 66 ff. sowie dazu auch ausführlich *Reinhold Zippelius,* Recht und Gerechtigkeit in der offenen Gesellschaft, 2. Aufl., Berlin 1996, S. 21 ff. und S. 388 ff. (insbesondere auch mit Hinweis auf Karl R. Popper); *Matthias Jestaedt* (1961)*/Oliver Lepsius,* Rechtswissenschaftstheorie, 1. Aufl., Tübingen 2008, die aber Beiträge herausgeben, die vorschlagen eine „Rechtswissenschaftstheorie" zu formulieren, insbesondere mit dem Schwerpunkt, die verschiedenen Teildisziplinen der Rechtswissenschaft selbst, wie z. B. methodische, dogmatische, rechtsphilosophische Fragen, etc. in einer theoretischen Konsistenz zusammenzuführen; schließlich ist auf *Andreas Funke/Jörn Lüdemann,* Öffentliches Recht und Wissenschaftstheorie, Tübingen 2009 und *Eike von Savigny,* in: Neumann/Rahlf/Savigny, Juristische Dogmatik und Wissenschaftstheorie, S. 7 ff. hinzuweisen, je m.w. N.

[3] Vgl. nur z. B. *Andreas Bartels/Manfred Stöckler,* Wissenschaftstheorie. Ein Studienbuch, 2. Aufl., Paderborn 2009, S. 7, 15 ff. m.w. N.

[4] Hier nur einige Einführungen in das Thema: *Andreas Bartels/Manfred Stöckler,* Wissenschaftstheorie. Ein Studienbuch, 2. Aufl., Paderborn 2009; *Martin Carrier,* Wis-

Untersuchungen der sog. allgemeinen und speziellen Wissenschaftstheorie mehr auf die Natur- und Sozialwissenschaften, mithin auf typische „empirische Wissenschaften" hin und nicht oder jedenfalls wenig auch auf die Rechtswissenschaften, als einer typischen Geisteswissenschaft.[5] So soll zwar Wissenschaftstheorie im Kern seit jeher und auch heute noch der logischen und semantischen Analyse der Strukturen wissenschaftlicher Theorien ganz allgemein dienen[6], aber durch die geschilderten Hauptrichtungen drohen die Rechtswissenschaften und auch andere Geisteswissenschaften „außen vor zu bleiben".[7] Der vorliegende Beitrag will daher versuchen, wenigstens in Grundzügen die Möglichkeit einer (wirklich) allgemeinen Wissenschaftstheorie aufzuzeigen, um eine etwaige „Lücke" zu schließen, die derzeit immer noch durch ein „zu empirisches" Ver-

---

senschaftstheorie zur Einführung, 3. Aufl., Hamburg 2011; *Donald Gillies,* Philosophy of Science in the Twentieth Century: Four Central Themes, 1. Aufl., Oxford 1993; *Bernhard Lauth/Jamel Sareiter,* Wissenschaftliche Erkenntnis, Ideengeschichtliche Einführung in die Wissenschaftstheorie, 2. Aufl., Paderborn 2005; *John Losee,* A Historical Introduction to the Philosophy of Science, 4. Aufl., New York 2001; *Gerhard Schurz* (1956), Einführung in die Wissenschaftstheorie, 3. Aufl., Darmstadt 2011; *Gerhard Vollmer* (1943), Wissenschaftstheorie im Einsatz, 1. Aufl., Stuttgart 1993; *Hans Poser,* Wissenschaftstheorie. Eine philosophische Einführung, 1. Aufl., Stuttgart 2001.

[5] *Axel Adrian,* Grundprobleme einer juristischen (gemeinschaftsrechtlichen) Methodenlehre, 1. Aufl., Berlin 2009, S. 40 ff.; vgl. *Andreas Funke,* in: Funke/Lüdemann, Öffentliches Recht und Wissenschaftstheorie, 1. Aufl., Tübingen 2009, S. 3 f.: „Man kann Wissenschaftstheorie als eine besondere Form von Erkenntnistheorie verstehen. Wissenschaftstheorie fragt nach Wissenschaft als Erkenntnis. Für die allgemeine Wissenschaftstheorie ist diese Sicht unproblematisch. Aber für die Rechtswissenschaft ergeben sich daraus Schwierigkeiten. Wird Wissenschaftstheorie als Subdisziplin der Erkenntnistheorie verstanden und in diesem Sinne für die Rechtswissenschaft rezipiert, dann legt man die Rechtswissenschaft auf das Paradigma der Erkenntnis fest. Eine solche Festlegung kann prekäre Folgewirkungen haben. Recht wird womöglich zum gleichsam natürlichen Gegenstand, der betrachtet, gesehen und eben „erkannt" wird. Man kann deshalb mit guten Gründen bezweifeln, dass die Erkenntnistheorie überhaupt für die Rechtswissenschaft und für deren Reflexionsbemühungen ein adäquates Paradigma bereithält. Vielmehr wäre zu diskutieren, ob die theoretische Vernunft überhaupt den richtigen Bezugspunkt bildet und ob die Rechtswissenschaft nicht in den kategorialen Rahmen der praktischen Vernunft einzubetten wäre. (…) Das Erkenntnismodell der Rechtswissenschaft ist aber auch noch von einer anderen Seite angegriffen worden. Sprachphilosophisch informiert wird dem Modell der Erkenntnis fester Bedeutungen, die in Rechtsregeln enthalten seien, entgegengehalten, dass keine Regel ihre eigene Anwendung regeln könne. Interpretative Praxis oder Kommunikation sollen an die Stelle des Erkenntnismodells rücken. Hier soll dahingestellt bleiben, ob all diese Probleme wirklich der Idee einer juristischen Erkenntnistheorie entgegenstehen. Jedenfalls muss eine juristische Wissenschaftstheorie diese Probleme im Blick haben und einen Ort für ihre Diskussion bieten. Praktisch bedeutet dies, dass eine juristische Wissenschaftstheorie ohne Metaethik und Normlogik nicht betrieben werden kann."

[6] *Andreas Bartels/Manfred Stöckler,* Wissenschaftstheorie. Ein Studienbuch, 2. Aufl., Paderborn 2009, S. 7.

[7] Vgl. zum „empirischen Sinnkriterium" in der Rechtswissenschaft z.B. nur *Ulfried Neumann,* in: Kaufmann/Hassemer/Neumann (Hrsg.), Einführung in die Rechtsphilosophie und Rechtstheorie der Gegenwart, 8. Aufl., Heidelberg 2011, S. 389 f.

ständnis[8] dieser hochinteressanten wissenschaftlichen Metadisziplin zu entstehen droht.

Die nachfolgenden Ausführungen könnten damit Juristen[9] und andere Geisteswissenschaftler, aber auch überhaupt Wissenschaftler aller Disziplinen ganz allgemein interessieren, denn erstens soll versucht werden, allgemeine Kriterien für Wissenschaftlichkeit, unabhängig vom Gegenstand der jeweils speziellen Wissenschaft, zu finden. Und zweitens scheint dies nur machbar, wenn erreicht werden kann, überkommene philosophische Grundauffassungen, die verantwortlich sind für die oben angedeutete „Verengung", selbst der sog. „allgemeinen Wissenschaftstheorie", insbesondere auf die „empirischen Wissenschaften," über Bord zu werfen. Dies könnte gerade von den etablierten und sehr erfolgreichen exakten Wissenschaften, insbesondere exakten Naturwissenschaften, als Herausforderung, ja als Provokation gesehen werden. Dennoch sollte ein solcher Versuch als Teil einer wissenschaftlichen Diskussion zulässig sein. Die Untersuchung selbst vollzieht sich freilich insbesondere am Beispiel der Rechtswissenschaft und der juristischen Methodenlehre, um typische Probleme einer Geisteswissenschaft wissenschaftstheoretisch „einzufangen".

Im Rahmen des Vorwortes kann schließlich noch die Frage gestellt werden, ob es überhaupt praktisch von Bedeutung[10] ist, dass geklärt wird, ob auch Geisteswissenschaften und speziell die Rechtswissenschaften nach einer entsprechenden Wissenschaftstheorie als Wissenschaft qualifiziert werden können, oder nicht.[11]

---

[8] Vgl. z.B. *Andreas Funke,* in: Funke/Lüdemann, Öffentliches Recht und Wissenschaftstheorie, 1. Aufl., Tübingen 2009, S. 5 f.: „Was wir als Wissenschaftstheorie kennenlernen, jedenfalls als allgemeine Wissenschaftstheorie, ist zum weitaus größten Teil naturwissenschaftlich ausgerichtete (Wissenschafts-)Theorie. Diese Wissenschaftstheorie hat ihren Kanon (Erklärung und Erklärungsmodelle, Induktion, Falsifikation, Thomas Kuhns These vom Paradigmenwechsel im wissenschaftlichen Fortschritt, Feyerabends Methodenanarchismus) und ihre festen Bezugspunkte (Erfahrung, Tatsachen). Diese Art von Wissenschaftstheorie wird in der Jurisprudenz rezipiert, wobei die Rezeption der Kritik ausgesetzt ist. Ein Beispiel ist die Streitfrage, ob das Falsifikationsmodell in der Jurisprudenz Anwendung finden kann. Von einer geisteswissenschaftlich orientierten Wissenschaftstheorie kann man demgegenüber kaum sprechen; wissenschaftstheoretische Fragen werden in den Geisteswissenschaften einfach als Grundlagenfragen diskutiert (z.B. die Kontroverse um Verstehen vs. Erklären). Dementsprechend unübersichtlich ist die Diskussion, was für eine juristische Wissenschaftstheorie, die auf der Suche nach Inspiration ist, den Zugang erschwert."

[9] *Ulfried Neumann,* in: Kaufmann/Hassemer/Neumann (Hrsg.), Einführung in die Rechtsphilosophie und Rechtstheorie der Gegenwart, 8. Aufl., Heidelberg 2011, S. 386 spricht von einem „vermeidbaren Reflexionsdefizit" für Juristen, wenn sie sich mit Wissenschaftstheorie befassen.

[10] Zur politischen Bedeutung z.B. für die Frage nach der Einrichtung und vor allem Ausrichtung von Bildungseinrichtungen (Evolutionstheorie oder Kreationismus) vgl. z.B. *Gerhard Schurz,* Einführung in die Wissenschaftstheorie, 3. Aufl., Darmstadt 2011, S. 12 m.w.H.

[11] Jedenfalls gibt es durchaus nicht wenige Beiträge in der Literatur, die einen Sinn darin sehen, die Frage nach der Wissenschaftlichkeit der Rechtswissenschaft zu stellen,

Darauf ist zu antworten, dass dies nicht nur von akademischem Interesse ist. Gerhard Vollmer z.B. argumentiert mit der Verantwortung der Menschen für einander.[12] Es ist in jedermanns ganz praktischem Interesse, dass Menschen sich rational und vor allem vorhersehbar bzw. nachvollziehbar verhalten. Die Frage ist nur, was sind die Kriterien für Rationalität? Dies kann dann als wissenschaftstheoretische Fragestellung verstanden werden. So meint auch Gerhard Vollmer: „Es kann uns nicht gleichgültig sein, wem unsere Mitmenschen – Kinder, Verwandte, Freunde, Landsleute, Mitbürger – ihr Leben, ihre Gesundheit, ihr Lebensglück, ihre Zeit, ihr Geld anvertrauen. Und wenn wir die Wahl haben zwischen einem rationalen und einem irrationalen Unternehmen, dann raten wir zur Rationalität."[13] Im Folgenden führt Gerhard Vollmer dann Beispiele für irrationale oder wenigstens zweifelhafte Konzepte an, wie Horoskope, Wünschelruten, graphologische oder astrologische Gutachten, etc.[14] Entscheidend ist dann noch der Hinweis: „Forschungsgelder sind knapp (...). Es muß also entschieden werden, wer Förderung verdient und wer nicht. Im Zusammenhang mit der Steuerung von Forschungsgeldern ist deshalb das Problem Wissenschaft/Pseudowissenschaft von hoher Relevanz."[15] Interessant ist, dass Gerhard Vollmer nicht das Beispiel der Justiz anführt. Gerade Gerichtsurteile, die unmittelbare Rechtsfolgen für die angesprochenen Rechtsgüter Leben und Gesundheit, aber auch für Lebensglück, Zeit und vor allem Geld erzeugen, sollten vorhersehbar sein und auf nachvollziehbarer Grundlage ergehen. Man kann einwenden, Gerichtsurteile betreffen nur die Rechtspraxis, bei der Wissenschaftstheorie aber haben wir es mit einem Teilgebiet der Rechtstheorie zu tun.[16] Dennoch lässt sich nach dem hier vertretenen Ansatz keine andere Möglichkeit erkennen, als eben auch rechtspraktische Gerichtsurteile wissenschaftlich und damit letztendlich wissenschaftstheoretisch zu prüfen und zu analysieren. Ein Rationalitätsmaßstab ist auch rechtspraktisch erforderlich. Einen solchen werden wir aber nur aus der Rechtstheorie bzw. der Wissenschaftstheorie ableiten können.

Axel Adrian

---

vgl. z.B. *Axel Adrian*, Wie wissenschaftlich ist die Rechtswissenschaft?, in: RECHTSTHEORIE 2010, S. 521 ff m.w.N.; *Norbert Hoerster*, Was kann die Rechtswissenschaft?, in: RECHTSTHEORIE 2010, S. 13 ff.; *Reimer Schmidt*, Einige Bemerkungen zu den Methoden der Rechtswissenschaft, der Naturwissenschaften und der technischen Wissenschaften, in AcP 184 Heft 1 (1984), S. 1 ff.

[12] Ebenso *Bernhard Lauth/Jamel Sareiter*, Wissenschaftliche Erkenntnis, Ideengeschichtliche Einführung in die Wissenschaftstheorie, 2. Aufl., Paderborn 2005, S. 27.

[13] *Gerhard Vollmer*, Wissenschaftstheorie im Einsatz, 1. Aufl., Stuttgart 1993, S. 17.

[14] *Gerhard Vollmer*, Wissenschaftstheorie im Einsatz, 1. Aufl., Stuttgart 1993, S. 17 f.

[15] *Gerhard Vollmer*, Wissenschaftstheorie im Einsatz, 1. Aufl., Stuttgart 1993, S. 18.

[16] Vgl. z.B. *Andreas Funke* (1972), in: Krüper (Hrsg.), Grundlagen des Rechts, 1. Aufl., Baden-Baden 2010, S. 45.

Abbildungsverzeichnis*

Abbildung 1:	Spracherwerb, Sprache, Denken	68
Abbildung 2:	Unterschiede zwischen Logik, Mathematik und Sprache	80
Abbildung 3:	Zeitgenössische Philosophie ohne Letztbegründung	93
Abbildung 4:	Wissenschaftliche Nachvollziehbarkeit bis zur Regelexplosion	97
Abbildung 5:	Selbstähnlichkeit formaler Systeme am Beispiel der historischen Auslegung	109
Abbildung 6:	Grundzüge einer Wissenschaftstheorie (auch) für Juristen	124

---

* *Quelle:* Sämtlichst eigene Darstellung.

I. Einleitung

1. Was ist Wissenschaftstheorie?

Einleitend sind ein paar Begriffe zu klären, um zu sehen, wie diese in einigen Standardlehrbüchern verstanden werden. Typischerweise werden zu Beginn der Einführungen als Gegenstand der Wissenschaftstheorie die *„logischen, methodischen* und *erkenntnistheoretischen* Grundlagen der empirischen Wissenschaften" genannt.[1] Dabei wird weiter betont, dass unter empirischen Wissenschaften (nur) „solche Bereiche wissenschaftlicher Forschung, die wesentlich Gebrauch von empirischen Methoden, also von Beobachtungen, Messungen und Experimenten machen", verstanden werden.[2] Es werden schließlich „Merkmale einer „guten" erfahrungswissenschaftlichen Theorie" aufgelistet. Dabei werden z.B. Zirkelfreiheit, innere und äußere Widerspruchsfreiheit, Erklärungswert, aber insbesondere auch Prüfbarkeit und Testerfolg als notwendige Merkmale genannt, und weitere „wünschenswerte" Eigenschaften diskutiert.[3]

Es wird weiter zwischen allgemeiner und spezieller Wissenschaftstheorie unterschieden.[4] Die spezielle Wissenschaftstheorie wird bezogen auf „z.B. Physik, Biologie, Psychologie oder Human- und Sozialwissenschaften. Die allgemeine Wissenschaftstheorie fragt nach jenen Erkenntnisbestandteilen, die allen Wissenschaftsdisziplinen mehr oder weniger gemeinsam sind."[5] Es werden damit aber zunächst nur empirische Wissenschaften einbezogen.[6] Auch die zitierte Aussage

---

[1] *Bernhard Lauth/Jamel Sareiter,* Wissenschaftliche Erkenntnis, Ideengeschichtliche Einführung in die Wissenschaftstheorie, 2. Aufl., Paderborn 2005, S. 11.

[2] *Bernhard Lauth/Jamel Sareiter,* Wissenschaftliche Erkenntnis, Ideengeschichtliche Einführung in die Wissenschaftstheorie, 2. Aufl., Paderborn 2005, S. 13.

[3] *Gerhard Vollmer,* Wissenschaftstheorie im Einsatz, 1. Aufl., Stuttgart 1993, S. 20 f.

[4] *Bernhard Lauth/Jamel Sareiter,* Wissenschaftliche Erkenntnis, Ideengeschichtliche Einführung in die Wissenschaftstheorie, 2. Aufl., Paderborn 2005, S. 12; *Gerhard Schurz,* Einführung in die Wissenschaftstheorie, 3. Aufl., Darmstadt 2011, S. 11.

[5] *Gerhard Schurz,* Einführung in die Wissenschaftstheorie, 3. Aufl., Darmstadt 2011, S. 11.

[6] *Bernhard Lauth/Jamel Sareiter,* Wissenschaftliche Erkenntnis, Ideengeschichtliche Einführung in die Wissenschaftstheorie, 2. Aufl., Paderborn 2005, S. 12 ff., auch mit weitergehenden Erläuterungen, was unter Empirie zu verstehen ist. Interessant sind dabei insbesondere die Hinweise, dass „empirisch" von griechisch „empeiria", was „Erfahrung" bedeutet, abgeleitet wird. *Bernhard Lauth/Jamel Sareiter,* Wissenschaftliche Erkenntnis, Ideengeschichtliche Einführung in die Wissenschaftstheorie, 2. Aufl., Paderborn 2005, S. 13 wörtlich: „Empirische Erkenntnisse und empirische Wissenschaften haben ihre Grundlage in der menschlichen Fähigkeit, aus Erfahrung zu lernen. (...) Em-

von Gerhard Schurz bezieht sich nur auf empirische Wissenschaften, was sich auch aus der sich daran anschließenden Auflistung der „Hauptfragen der allgemeinen Wissenschaftstheorie" ergibt:

„(i) wie ist eine wissenschaftliche Sprache aufgebaut?

(ii) was sind die Regeln für die Gültigkeit eines Arguments?

(iii) was zeichnet eine wissenschaftliche Beobachtung aus?

(iv) worin besteht eine Gesetzeshypothese, und worin eine Theorie?

(v) wie werden Gesetzeshypothesen und Theorien empirisch überprüft?

(vi) was leistet eine wissenschaftliche Voraussage, was eine Kausalerklärung?

(…)

Zu den allgemeinsten Fragen der Wissenschaftstheorie gehören die folgenden:

(vii) gibt es eine objektive Wahrheit bzw. eine objektiv erkennbare Realität?

(viii) welcher Zusammenhang besteht zwischen Wissenschaft und Werturteilen?

In Frage (vii) geht die Wissenschaftstheorie in Erkenntnistheorie über (…), und in Frage (viii) geht Wissenschaftstheorie in Metaethik über (…)."[7]

---

pirische Phänomene können im wesentlichen durch zwei Merkmale charakterisiert werden: Empirische Phänomene sind raum-zeitlich lokalisierbare Vorgänge (Ereignisse, Prozesse). Empirische Phänomene müssen direkt oder indirekt der Beobachtung und ggf. auch der Messung zugänglich sein." Im Folgenden wird versucht zu zeigen, dass die dabei angenommene Grundlage unzutreffend ist. Es ist zu zeigen, dass es keine Möglichkeit gibt, im Sinne einer allgemeinen Wissenschaftstheorie „wissenschaftlich" verlässliche raum-zeitlich lokalisierbare Vorgänge durch menschliche Erfahrung zu erkennen. Der korrekte Bezug wissenschaftlicher Theorien zur erfahrbaren Realität kann prinzipiell nicht durch harte Kriterien mit einer allgemeinen Wissenschaftstheorie festgelegt werden. Diese Fragen des „richtigen" Bezuges von Theorie und Realität bzw. empirischer Prüfbarkeit sind daher aus der Formulierung einer allgemeinen Wissenschaftstheorie „auszuklammern". Solche Fragen spielen selbstverständlich dennoch eine große praktische Rolle. Es sollten diese Probleme aber (nur) als Fragen der „Viabilität", „Ästhetik", etc. als „Annexdisziplin" zu einer allgemeinen Wissenschaftstheorie gesondert thematisiert werden. Hier spielen dann z.B. nichtzwingende, logische Schlüsse, wie Induktion und Abduktion eine entscheidende Rolle. Fragen, die sonst undifferenziert alle gemeinsam unter dem Thema „Wissenschaftstheorie" behandelt werden, wie geschildert auseinanderzuhalten und sich bei der Formulierung einer allgemeinen Wissenschaftstheorie derart selbst zu beschränken, ist gerade für die Rechtswissenschaft praktisch von Vorteil. In der Rechtswissenschaft muss einerseits kein Nachteil mehr darin gesehen werden, dass Theorien nicht (mehr) empirisch-wissenschaftlich prüfbar sind. Dies macht dann nämlich nicht mehr den Unterschied aus, ob die Rechtswissenschaft „Wissenschaft" ist oder nicht. Und andererseits kann man so in der Rechtswissenschaft überhaupt erst erkennen, dass ein großer Nachholbedarf bei den echten „wissenschaftlichen" Kriterien, die Rechtslogik und Strukturwissenschaft betreffend, insbesondere bei Fragen nach dem Selbstähnlichen, Selbstbezüglichen, Selbstreferentiellen und Selbstanwendbaren, besteht.

[7] Vgl. diese im Wortlaut zitierte Übersicht über wesentliche Fragen der Wissenschaftstheorie ebenfalls im Standardlehrbuch von *Gerhard Schurz*, Einführung in die Wissenschaftstheorie, 3. Aufl., Darmstadt 2011, S. 11.

An dieser Auflistung erscheint nach dem hier vertretenen Ansatz interessant, dass die Fragen unter (iii) und (v) mit einer der allgemeinsten Fragen unter (viii) zusammenhängen. Oder anders gesagt, ist die Frage (vii) vorgreiflich zu behandeln, denn, wenn es keine objektiv erkennbare Realität geben sollte, so könnten die Fragen (iii) und (v) bei Unmöglichkeit empirischer Beobachtbarkeit und Überprüfbarkeit, jedenfalls im Rahmen der Formulierung einer allgemeinen Wissenschaftstheorie, als sinnlos erscheinen.

Auch diese Problematik führt dazu, dass die meisten Einführungswerke zur Wissenschaftstheorie nach Darstellung dieser skizzierten Ausgangslage weiter gehen (müssen) und die Entwicklung verschiedener philosophischer Positionen in der Wissenschaftstheorie erläutern. Im Ergebnis geht es darum, zu zeigen, dass das Prüfbarkeitskriterium und der dafür erforderliche Bezugspunkt einer objektiv erkennbaren Realität, aufgrund „revolutionärer" sowohl naturwissenschaftlicher, als auch strukturwissenschaftlicher, als auch sprachwissenschaftlicher Erkenntnisse, zunehmend „verloren" gegangen ist. Nach der hier vertretenen Ansicht sollte die Frage nach der empirischen Prüfbarkeit einer Theorie nicht (mehr) als Kriterium für Wissenschaftlichkeit im Sinne einer Wissenschaftstheorie gelten. Dies nicht nur, um die oben beschriebene Verengung der Disziplin zu vermeiden, und so „quasi durch die Hintertür" die Rechtswissenschaft als Geisteswissenschaft zur Wissenschaft „erheben" zu können, sondern vielmehr aus erkenntnistheoretischer Überzeugung, dass eine objektive und exakte Bezugnahme auf eine – und damit Prüfbarkeit an einer – Realität prinzipiell gar nicht möglich ist. Wir haben genau betrachtet also überhaupt keine andere Wahl, als dieses Kriterium bei der Formulierung einer allgemeinen Wissenschaftstheorie fallen zu lassen.

2. Überblick über einige philosophische Positionen zur Wissenschaftstheorie

Der folgende kurze Überblick soll nur zeigen, dass es bereits eine lange und komplizierte, bis heute anhaltende Diskussion über die Wissenschaftskriterien gibt. Natürlich wird auch insbesondere darüber diskutiert, ob das Kriterium der empirischen Prüfbarkeit zu fordern ist oder nicht.[8] Der Versuch eines Überblickes über die verschiedenen philosophischen Positionen ist eng angelehnt an die Ausführungen von Gerhard Schurz und kann mit dem Gegensatz zwischen Empirismus und Rationalismus beginnen.

Interessant ist, dass sich der Empirismus als Gegenposition zum Rationalismus erst aufgrund des Erfolges der naturwissenschaftlichen Methoden in der Neuzeit,

---

[8] Im Rahmen dieser Darstellung lediglich von Grundzügen kann nur auf einzelne Vertreter von Theorien, die im Überblick genannt werden, im Folgenden noch vertiefter eingegangen werden, z. B. hinsichtlich Ernst v. Glasersfeld, Isaac Newton und Karl R. Popper, etc.

für die Galileo Galilei (1564–1642), Isaac Newton (1642–1727) und Charles Darwin (1809–1882) genannt werden können, etabliert hat.[9] Den grundlegenden Unterschied zwischen empiristischen und rationalistischen Strömungen charakterisiert Gerhard Schurz so:

> „Für Empiristen sind jene Sätze, welche sich *apriori* – also allein durch den Verstand und mit rationaler Gewissheit – begründen lassen, eingeschränkt auf die sogenannten *analytischen* Sätze, deren Wahrheit auf Logik und begrifflichen Konventionen beruht. Solche Sätze besitzen keinen Realgehalt – sie sagen nichts über die wirkliche Welt aus; dies tun nur *synthetische* Sätze. Für Rationalisten gibt es dagegen auch apriorisch begründbare Sätze mit Realgehalt, sogenannte *synthetische* Sätze *apriori*. Doch sowohl Descartes' wie Kants Versuche, apriorische Prinzipien der Erfahrungswissenschaft zu begründen, wurden von der weiteren Entwicklung der Naturwissenschaft widerlegt."[10]

Dabei hat auf der anderen Seite der Empirist David Hume (1711–1776), wie Gerhard Schurz weiter ausführt, die

> „skeptischen und zur epistemischen Bescheidenheit aufrufenden Konsequenzen des Empirismus (…) konsequent ausformuliert. (…) Hume zeigte, dass die zwei Kernstücke der wissenschaftlichen Methode, das *Kausalitätsprinzip* und das *Induktionsprinzip*, weder logisch noch empirisch begründbar sind, und dieses Problem sollte die Philosophie bis in die heutigen Tage beschäftigen. (…) Im 20. Jahrhundert haben sich *post-empirische* und *post-rationalistische* Ansätze beträchtlich genähert, und in diesem Spannungsfeld hat sich auch die gegenwärtige Wissenschaftstheorie entwickelt."[11]

Die dann insbesondere vom Wiener Kreis entwickelte Richtung des sog. Logischen Empirismus[12] hing auch mit der Entwicklung der modernen Logik zusammen. Daraus erwuchs die Hoffnung, dass eine widerspruchsfreie Sprache und logische Struktur möglich seien und somit auch eine sinnvolle Bezugnahme auf empirische Tatsachen.[13] Allerdings setzte sich, z.B. in der sogenannten Proto-

---

[9] *Gerhard Schurz*, Einführung in die Wissenschaftstheorie, 3. Aufl., Darmstadt 2011, S. 13; vgl. auch *Sven Aurelius Meyer*, Sichere Kenntnis von Recht und Tatsachen. Juristische Methode und Erkenntnistheorie, 1. Aufl., Zürich 1996, S. 61 ff.

[10] *Gerhard Schurz*, Einführung in die Wissenschaftstheorie, 3. Aufl., Darmstadt 2011, S. 13.

[11] *Gerhard Schurz*, Einführung in die Wissenschaftstheorie, 3. Aufl., Darmstadt 2011, S. 13; vgl. auch *Bernhard Lauth/Jamel Sareiter*, Wissenschaftliche Erkenntnis, Ideengeschichtliche Einführung in die Wissenschaftstheorie, 2. Aufl., Paderborn 2005, S. 20 f.

[12] Vgl. auch *Bernhard Lauth/Jamel Sareiter*, Wissenschaftliche Erkenntnis, Ideengeschichtliche Einführung in die Wissenschaftstheorie, 2. Aufl., Paderborn 2005, S. 27 f.; für die Rechtswissenschaft vgl. zum Zusammenhang von Hans Kelsens (1881–1973) Reiner Rechtslehre und dem Wiener Kreis, z.B. *Matthias Jestaedt* (Hrsg.), in: Kelsen, Reine Rechtslehre, Studienausgabe der 1. Aufl. 1934, Tübingen 2008, S. XIX.

[13] *Martin Carrier*, in: Bartels/Stöckler, Wissenschaftstheorie. Ein Studienbuch, 2. Aufl., Paderborn 2009, S. 21: „Obwohl die Vertreter des Kreises zu vielen Fragen durchaus kontroverse Ansichten vertraten, teilten sie doch zentrale philosophische Überzeugungen und verpflichteten sich mit Mach auf die Erfahrung als Geltungsgrund aller

kollsatzdebatte „(...) die Ansicht durch, dass auch Beobachtungssätze wie ‚dort ist ein Tisch' prinzipiell fehlbar sind."[14]

Dies führte nach Gerhard Schurz zum Empirischen Reduktionismus.

„In der sogenannten Standardwissenschaftstheorie der 1960er Jahre war das klassische empiristische Erkenntnismodell bereits aufgegeben. Übrig blieb ein minimaler Empirismus, der in der Forderung bestand, dass wissenschaftliche Theorien empirische Konsequenzen haben müssen, an denen sie überprüft werden können. Damit wurden zwei Abgrenzungslinien durchlässig (...). Erstens wurde die Abgrenzung zwischen Wissenschaft und Metaphysik durchlässig (...). Zweitens wurde die Abgrenzung zwischen analytischen und synthetischen Sätzen durchlässig (...)."[15]

Karl R. Popper dagegen begründete mit dem Kritischen Rationalismus eine Wissenschaftstheorie, die „anti-reduktionistische Züge" trug.[16] Es ging Karl R. Popper gerade darum, trotz der oben genannten Hinweise von David Hume „(...) Sätze, die nicht verifizierbar sind, als empirische" und damit wissenschaftliche Sätze anerkennen zu können.[17] Er wollte daran festhalten, dass „ein empirisch-wissenschaftliches System (...) an der Erfahrung scheitern können" muss.[18] Wenn nun auch eine Verifikation nicht (mehr) vertretbar war[19], so sollte das Abgrenzungsproblem[20], um Wissenschaft von bloßer Spekulation unterscheiden zu können, nun mit der Methode der Falsifikation gelöst werden.[21]

---

sachhaltigen Aussagen (im Gegensatz allein zu Aussagen über Bedeutungen, die auf Konventionen beruhen). Entsprechend wiesen sie übereinstimmend so genannte ‚metaphysische Fragen' zurück, deren Kennzeichen gerade darin besteht, dass sie den Horizont aller Erfahrung überschreiten. Hinzu trat als wesentliches neues Element die Überzeugung, dass die seinerzeit neuartige Aussagen- und Prädikatenlogik ein wichtiges Werkzeug der philosophischen Argumentation darstellt (...)."

[14] *Gerhard Schurz*, Einführung in die Wissenschaftstheorie, 3. Aufl., Darmstadt 2011, S. 14.

[15] *Gerhard Schurz*, Einführung in die Wissenschaftstheorie, 3. Aufl., Darmstadt 2011, S. 15 m.w.N., letzteres insbesondere auch unter Bezugnahme auf Willard van Orman Quine; vgl. auch *Martin Carrier*, in: Bartels/Stöckler, Wissenschaftstheorie. Ein Studienbuch, 2. Aufl., Paderborn 2009, S. 28.

[16] *Gerhard Schurz*, Einführung in die Wissenschaftstheorie, 3. Aufl., Darmstadt 2011, S. 15; vgl. *Sven Aurelius Meyer*, Sichere Kenntnis von Recht und Tatsachen. Juristische Methode und Erkenntnistheorie, 1. Aufl., Zürich 1996, S. 70 ff.

[17] *Karl R. Popper*, Logik der Forschung, 8. Aufl., 1984, S. 15.

[18] *Karl R. Popper*, Logik der Forschung, 8. Aufl., 1984, S. 15.

[19] Vgl. z. B. *Gerhard Vollmer*, Wissenschaftstheorie im Einsatz, 1. Aufl., Stuttgart 1993, S. 18 ff.

[20] *Karl R. Popper*, Logik der Forschung, 8. Aufl., 1984, S. 9: „Die Aufgabe, ein solches Abgrenzungskriterium zu finden, durch das wir die empirische Wissenschaft gegenüber der Mathematik und Logik, aber auch gegenüber „metaphysischen" Systemen abgrenzen können, bezeichnen wir als *Abgrenzungsproblem*."

[21] *Gerhard Schurz*, Einführung in die Wissenschaftstheorie, 3. Aufl., Darmstadt 2011, S. 15; vgl. auch *Bernhard Lauth/Jamel Sareiter*, Wissenschaftliche Erkenntnis, Ideengeschichtliche Einführung in die Wissenschaftstheorie, 2. Aufl., Paderborn 2005, S. 21 f.; vgl. auch *Martin Carrier*, in: Bartels/Stöckler, Wissenschaftstheorie. Ein Stu-

Mit der Arbeit „Die Struktur wissenschaftlicher Revolutionen" von Thomas S. Kuhn[22] (1922–1996) erfolgte dagegen ein „fundamentaler Angriff auf die Standardwissenschaftstheorie", weil es sich bei diesem „eher historisch-soziologisch als logisch-kognitiv" angelegten Wissenschaftsmodell um eine Alternative zu den bisherigen Theorien handelte. So ist Thomas S. Kuhn „der Auffassung, daß etablierte wissenschaftliche Theorien (Kuhn spricht von „Paradigmen") weitgehend immun gegen empirische Widerlegungen sind. Nach Kuhn hat kein

> „bisher durch das historische Studium der wissenschaftlichen Entwicklung aufgedeckter Prozeß ... irgendeine Ähnlichkeit mit der methodologischen Schablone der Falsifikation durch unmittelbaren Vergleich mit der Natur." (...)."[23]

Einen noch radikaleren Schritt kann man in Paul K. Feyerabends (1924–1994) Arbeit „Wider den Methodenzwang" sehen. So schreibt Gerhard Schurz hierzu:

> „Die radikalere Richtung gab dem Relativismus starken Auftrieb – am deutlichsten ausgeprägt in Feyerabends ‚Anarchistischer Erkenntnistheorie' (...). Dem Argument der Theorieabhängigkeit wissenschaftlicher Beobachtungen und seinen relativistischen Konsequenzen konnte die Standardwissenschaftstheorie nichts Wirksames entgegensetzen. (...) Letztendlich: würde es keinen Unterschied geben zwischen dem, was die Erfahrung *zeigt,* und dem, was man theoriegelenkt *vermutet,* so wäre Erfahrungswissenschaft eine *permanente Selbsttäuschung*."[24]

Im Rahmen des Überblicks bei Gerhard Schurz werden auch die pragmatischen Wissenschaftstheorien erwähnt. Hier unterscheidet er einerseits Vertreter von Theorien, die Pragmatik im erkenntnisinternen Sinne verstehen, wie z. B. Charles Sanders Peirce (1839–1914), Bastian Cornelis van Fraassen (1941)[25] und Gerhard Schurz selbst, die mit pragmatischen Komponenten von Erkenntnis „den Begriff der Wahrheit in einem nicht-zirkulären Sinn etablieren"[26] wollen. Andererseits Vertreter von Theorien, die Pragmatik in einem erkenntnisexternen Sinn verstehen wollen, wie z. B. Richard Rorty (1931–2007) und eventuell Hilary W. Putnam (1926), wonach pragmatische „Komponenten von Erkenntnis *nichts* mit

---

dienbuch, 2. Aufl., Paderborn 2009, S. 20 f.; *Martin Carrier,* Wissenschaftstheorie zur Einführung, 3. Aufl., Hamburg 2011, S. 144 ff.

[22] Vgl. auch *Martin Carrier,* in: Bartels/Stöckler, Wissenschaftstheorie. Ein Studienbuch, 2. Aufl., Paderborn 2009, S. 30 ff.; *Martin Carrier,* Wissenschaftstheorie zur Einführung, 3. Aufl., Hamburg 2011, S. 146 ff.

[23] *Bernhard Lauth/Jamel Sareiter,* Wissenschaftliche Erkenntnis, Ideengeschichtliche Einführung in die Wissenschaftstheorie, 2. Aufl., Paderborn 2005, S. 23 (mit Originalzitat von *Thomas S. Kuhn,* Die Struktur wissenschaftlicher Revolutionen, 1. Aufl., Frankfurt 1976, S. 90).

[24] *Gerhard Schurz,* Einführung in die Wissenschaftstheorie, 3. Aufl., Darmstadt 2011, S. 17.

[25] Vgl. zu Bastian Cornelis van Fraassen auch die kurzen Hinweise bei *Bernhard Lauth/Jamel Sareiter,* Wissenschaftliche Erkenntnis, Ideengeschichtliche Einführung in die Wissenschaftstheorie, 2. Aufl., Paderborn 2005, S. 190 f.

[26] *Gerhard Schurz,* Einführung in die Wissenschaftstheorie, 3. Aufl., Darmstadt 2011, S. 17.

ihrer Wahrheit zu tun" haben.²⁷ Weiter seien noch genannt, die Strukturalistische Wissenschaftstheorie, sowie der Naturalismus und die kognitive Wende, insbesondere da nach Gerhard Schurz eine „erste Konkretisierung des Naturalismus (...) die *evolutionäre Erkenntnistheorie* (...)" ist.²⁸ Ein Vertreter der evolutionären Erkenntnistheorie ist z. B. der hier mehrfach genannte Gerhard Vollmer.²⁹ Der Überblick bei Gerhard Schurz endet übrigens mit Hinweisen auf die Hermeneutik, einem gerade Juristen typischerweise vertrautem Gebiet.³⁰ Insbesondere weist Gerhard Schurz darauf hin:

> „Die Hermeneutik hat eine weit vor Schleiermacher zurückreichende Tradition, in der von einer rigiden Abgrenzung zu Logik und Naturwissenschaft nicht die Rede ist (...). Seitens der analytischen Wissenschaftstheorie wurden (...) eine Reihe von Ansätzen entwickelt, in denen die Einheit von Hermeneutik und erfahrungswissenschaftlicher Methode herausgearbeitet wird (...). Die von Horkheimer, Adorno, Marcuse, Habermas entwickelte *kritische Theorie* kombiniert die methodendualistische Variante der Hermeneutik mit ihrer Lehre von der unvermeidlichen *Interessengebundenheit* aller Erkenntnis (z. B. Habermas (...))."³¹

Nach dem hier vertretenen Standpunkt, könnte man die Entwicklung der „Prüfkriterien" in der Wissenschaftstheorie also durchaus mit folgenden Schlagworten beschreiben. Es begann zunächst mit der Annahme von Aristoteles (384–322 v. Chr.), dass man etwas in der Welt nicht durch seine unsichere Erfahrung, sondern nur durch seine (rationale) „intuitive Induktion" sicher erkennen könne.³² Hier wäre das Prüfkriterium also wohl die „Intuition". Durch die zunehmende Verbesserung der technischen Hilfsmittel konnten immer mehr, nur mittelbar wahrnehmbare empirische Phänomene in die Betrachtung einbezogen werden. Das Prüfkriterium wechselte zur „Verifikation" von Theorien. Aufgrund zunehmender Durchdringung der Welt und Einbeziehung auch des besonders Kleinen (z. B. Quantentheorie) und des besonders Großen (z. B. Gravitationstheorie) musste die Möglichkeit einer exakten Bezugnahme von Theorie und empirischem Phänomen immer weiter aufgegeben werden. Das Prüfkriterium wechselte mit Karl R. Popper zur bloßen „Falsifikation".³³ Schließlich wird durch die Ein-

---

[27] *Gerhard Schurz*, Einführung in die Wissenschaftstheorie, 3. Aufl., Darmstadt 2011, S. 17.
[28] *Gerhard Schurz*, Einführung in die Wissenschaftstheorie, 3. Aufl., Darmstadt 2011, S. 18.
[29] Auch wenn Gerhard Vollmer von Gerhard Schurz an der angegebenen Stelle nicht erwähnt wird.
[30] *Sven Aurelius Meyer*, Sichere Kenntnis von Recht und Tatsachen. Juristische Methode und Erkenntnistheorie, 1. Aufl., Zürich 1996, S. 78 ff.
[31] *Gerhard Schurz*, Einführung in die Wissenschaftstheorie, 3. Aufl., Darmstadt 2011, S. 19 f.
[32] *Gerhard Schurz*, Einführung in die Wissenschaftstheorie, 3. Aufl., Darmstadt 2011, S. 12 m.w. N.
[33] Vgl. z. B. *Martin Carrier*, Wissenschaftstheorie zur Einführung, 3. Aufl., Hamburg 2011, S. 145 ff.

beziehung des besonders Komplexen das Problem deutlich, dass wissenschaftlicher Realismus zunehmend zurückzuweisen ist, da die „Zunahme der Leistungsfähigkeit (...) keine Annäherung an die Wirklichkeit" begründet.[34] Selbst von dem ausgewiesenen Naturwissenschaftler und Philosophen Gerhard Vollmer wird dann nurmehr von „Rationalität" als Prüfkriterium gesprochen.[35] Spätestens hier sind wir nun an einer Stelle angekommen, an der sich die Geisteswissenschaft und auch die Rechtswissenschaft von der Diskussion über eine allgemeine Wissenschaftstheorie angesprochen fühlen sollte, auch wenn alles seinen Ausgangspunkt bei der Diskussion über empirische Wissenschaften nahm.

Der entsprechende Überblick bei Martin Carrier (1955)[36] gibt auch noch Hinweise auf jüngere Tendenzen in der Wissenschaftstheorie. Interessant erscheint hier z. B. auch die Auffassung des Neuen Experimentalismus von Ian Hacking (1936). Danach spielt das Experiment eine eigenständige Rolle und ist sowohl von der Beobachtung, als auch von der Theorie zu unterscheiden.[37] Nach dem hier vertretenen Ansatz sollen Beobachtung und Experiment durchaus (selbst auch in der Geisteswissenschaft) nicht „ausgeklammert" werden. Vielmehr ist es stets sinnvoll zu fragen, ob z. B. bestimmte Rechtsfolgen neuer Gesetze den Effekt „in der Realität" haben, den man erwartet oder eben bezweckt hat. So gesehen muss das Recht eine empirisch prüfbare Wirkung zeigen.[38] Aber diese Phänome können nach dem hier vertretenen Ansatz nicht mehr zu den gesuchten wissenschaftlichen Kriterien von Wissenschaft führen. Diese Fragen, ob Recht oder eine rechtliche Theorie in der „Realität" wie beabsichtigt wirkt, d. h. funktioniert und als richtig empfunden wird, bzw., ob eine physikalische Theorie die Natur zutreffend beschreibt, d. h. Kausalverläufe vorhersagt, etc. scheint aber z. B. etwas mit der „Viabilität" des Konstruktivisten Ernst von Glasersfeld (1917–2010)[39], oder mit dem „Experimentierenden Denken im Recht"[40] nach dem Kon-

---

[34] Vgl. z. B. *Martin Carrier*, Wissenschaftstheorie zur Einführung, 3. Aufl., Hamburg 2011, S. 151 ff.; vgl. insbesondere zu Kritik an Karl R. Poppers Methode der Falsifikation z. B. *Donald Gillies*, Philosophy of Science in the Twenthieth Century: Four Central Themes, 1. Aufl., Oxford 1993, S. 210 ff.

[35] *Gerhard Vollmer*, Wissenschaftstheorie im Einsatz, 1. Aufl., Stuttgart 1993, S. 141 ff.; vgl. aber auch allgemein *Martin Carrier*, in: Bartels/Stöckler, Wissenschaftstheorie. Ein Studienbuch, 2. Aufl., Paderborn 2009, S. 35 ff.

[36] *Martin Carrier*, in: Bartels/Stöckler, Wissenschaftstheorie. Ein Studienbuch, 2. Aufl., Paderborn 2009, S. 37 ff.

[37] Vgl. *Martin Carrier*, in: Bartels/Stöckler, Wissenschaftstheorie. Ein Studienbuch, 2. Aufl., Paderborn 2009, s. 40 f.

[38] Vgl. z. B. die zutreffenden Hinweise bei *Reinhold Zippelius*, Juristische Methodenlehre, 11. Aufl., München 2012, S. 5 f.

[39] *Ernst von Glasersfeld*, Radikaler Konstruktivismus, 1. Aufl., Frankfurt a. M. 1997, S. 49 ff. (51, 55).

[40] Vgl. *Reinhold Zippelius*, Das Wesen des Rechts, München 2012, S. 86 ff., und insbesondere Die experimentierende Methode im Recht, Akademie der Wissenschaften und der Literatur, Steiner, Jahrgang 1991 Nr. 4, und Juristische Methodenlehre,

2. Einige philosophische Positionen zur Wissenschaftstheorie

zept von Reinhold Zippelius, oder mit der „juristischen Ästhetik" im Sinne von Joachim Lege (1957)[41] zu tun zu haben. So ist die Abduktion des Charles Sanders Peirce, über dessen Philosophie Joachim Lege schreibt, zwar nicht logisch zwingend, aber eben ein „schlüssiges" Verfahren, um zu entscheiden, ob etwas die (derzeit) beste Erklärung für ein Problem ist oder nicht.[42] Das Problem kann dabei ein solches der empirischen Erscheinungen sein, muss es aber nicht.[43] Die Welt der Wissenschaft besteht nach dem hier vertretenen Ansatz aus empirischen und nichtempirischen Problemen, die durch wissenschaftliche Theorien, die Kriterien der hier gesuchten allgemeinen Wissenschaftstheorie erfüllen müssen, gelöst werden sollen. Diese Einordnung der Frage eines Bezuges von Theorien zum betroffenen Theoriegegenstand eröffnet im Gegensatz zu vielen anderen Modellen die Möglichkeit einer allgemeinen Wissenschaftstheorie, die sowohl für Natur- als auch für Geisteswissenschaften formulierbar ist.[44]

---

11. Aufl., München 2012, S. 58 ff., sowie vor allem *Reinhold Zippelius,* Recht und Gerechtigkeit in der offenen Gesellschaft, 2. Aufl., Berlin 1996, S. 21 ff.

[41] *Joachim Lege,* Pragmatismus und Jurisprudenz, 1. Aufl., Tübingen 1999.

[42] Vgl. z.B. *Andreas Bartels,* in: Bartels/Stöckler, Wissenschaftstheorie. Ein Studienbuch, 2. Aufl., Paderborn 2009, S. 203 ff.; *Bernhard Lauth/Jamel Sareiter,* Wissenschaftliche Erkenntnis, Ideengeschichtliche Einführung in die Wissenschaftstheorie, 2. Aufl., Paderborn 2005, S. 188 f.; *Gerhard Schurz,* Einführung in die Wissenschaftstheorie, 3. Aufl., Darmstadt 2011, S. 52 ff.; *Joachim Lege,* in: Gabriel/Gröschner (Hrsg.), Subsumtion, 1. Aufl., Tübingen 2012, S. 259 ff.

[43] So könnte vielleicht auch *Joachim Lege,* Pragmatismus und Jurisprudenz, 1. Aufl., Tübingen 1999, S. 136 (um)interpretiert werden, wenn er schreibt: „Logik, wie Peirce sie versteht und wie sie richtigerweise zu verstehen ist, gilt bereichsunabhängig. Und es sind keine Bereiche ersichtlich, aus denen sie a priori ausgeschlossen werden müßte. (Das ist für unseren Bereich der Jurisprudenz natürlich von besonderem Interesse)." Nach dem hier vertretenen Ansatz ist allerdings darauf hinzuweisen, dass jedenfalls die derzeit herrschende Sicht zu Logik und auch zu Mathematik nur in den Bereichen „funktioniert", die diesseits der Grenze der Paradoxien liegen. Dies führt auf die Diskussion zur sog. „Grundlagenkrise in der Mathematik", die durch die Russellsche Paradoxie ausgelöst wurde und aus der Spencer-Brown herausführen kann. Vgl. Ziff. IV. 2. a); es gibt also zu lösende Probleme in bestimmten Bereichen, nämlich jenseits der Grenze der Paradoxien, in denen die Logik und Mathematik, nach derzeit herrschender Auffassung, entgegen der zitierten Aussage, doch (a priori) ausgeschlossen ist. Vgl. z.B. auch die Hinweise im Kapitel 3 Paradoxien und Antinomien-Stolpersteine auf dem Weg zur Wahrheit bei *Gerhard Vollmer,* Wissenschaftstheorie im Einsatz, 1. Aufl., Stuttgart 1993, S. 31–73; vgl. auch z.B. *Kyriakos N. Kotsoglou,* „Shonubi" revisited, in: ARSP 99/2 (2013), S. 241 ff., der in dieser Arbeit am Beispiel eines US-Amerikanischen Strafrechtsfalles dem Thema auf S. 244 wörtlich nachgeht: „ob nicht-konklusive Gründe und insbesondere statistische Daten irgendwelche Schlüsse auf den Einzelfall zulassen, nämlich personenbezogen sind."

[44] Die Gegenansicht hierzu dürfte der wissenschaftliche Realismus sein. Ein dennoch zur Begründung des Realismus vertretenes Argument ist das sog. Wunderargument oder auch „no-miracle-argument" von Hilary W. Putnam. Vgl. z.B. *Andreas Bartels,* in: Bartels/Stöckler, Wissenschaftstheorie. Ein Studienbuch, 2. Aufl., Paderborn 2009, S. 207 und z.B. *Bernhard Lauth/Jamel Sareiter,* Wissenschaftliche Erkenntnis, Ideengeschichtliche Einführung in die Wissenschaftstheorie, 2. Aufl., Paderborn 2005, S. 186 mit Bezugnahme auf Richard N. Boyd (1942), Hilary W. Putnam und Bastian Cornelis van

Sich im Rahmen dieses Überblicks im Wesentlichen an Gerhard Schurz zu orientieren, erschien deswegen sinnvoll, da fast am Ende des Überblicks wenigstens bei Gerhard Schurz, im Gegensatz zu anderen Autoren, auch ein kurzer Hinweis auf die philosophische Richtung des Radikalen Konstruktivismus erfolgt.[45] Wie sich noch zeigen soll, erscheint nämlich nach der hier vertretenen Ansicht gerade auch die Beschäftigung mit dieser philosphischen Theorie fruchtbar, nicht nur, um Hoffnungen auf belastbare objektive (empirische) Kriterien zur Formulierung einer Wissenschaftstheorie zu „zerstören"[46], sondern auch, um trotz aller „Dekonstruktion", doch einen Ausweg aus dem nach Thomas S. Kuhn und Paul K. Feyerabend drohenden „Relativismus" finden zu können. Gerade am Beispiel

---

Fraassen: „Das positive Argument für den Realismus ist, daß er die einzige Philosophie ist, die aus dem Erfolg der Wissenschaft kein Wunder macht. Daß Begriffe in ausgereiften wissenschaftlichen Theorien typischerweise referieren (dies Formulierung stammt von Richard Boyd), daß die in einer ausgereiften Wissenschaft akzeptierten Theorien typischerweise approximativ wahr sind, daß derselbe Term auf das selbe Ding referiert, (...) diese Aussagen werden vom wissenschaftlichen Realisten nicht als notwendige Wahrheiten, sondern als Bestandteil der einzigen wissenschaftlichen Erklärung für den Erfolg der Wissenschaft, und damit als Bestandteil jeder adäquaten wissenschaftlichen Beschreibung der Wissenschaft und ihrer Beziehung zu ihren Objekten betrachtet." Zum sog. Wunderargument vgl. auch *Martin Carrier*, Wissenschaftstheorie zur Einführung, 3. Aufl., Hamburg 2011, S. 151 f.: „Im Verlauf des vergangenen Vierteljahrhunderts hat die Gegenposition des wissenschaftlichen Realismus stark an Boden gewonnen. Für diese wird eine Vielzahl von Gründen geltend gemacht, aber besondere Prominenz genießt das so genannte Wunderargument. Dies sieht im Groben vor, dass ohne die Annahme, erfolgreiche Theorien erfassten die Wirklichkeit, der Erfolg der Wissenschaft unerklärlich bliebe, eben ein bloßes Wunder. Aber Wunder gibt es eben doch nicht immer wieder, und deshalb ist nach einer tragfähigen Erklärungsgrundlage für den Erfolg der Wissenschaft zu suchen. Eine solche Grundlage wird durch die Annahme bereits gestellt, erfolgreiche Theorien gäben die tatsächliche Beschaffenheit der einschlägigen Phänomene wieder (...)." Nach der hier vertretenen Ansicht reicht dies aber nicht aus. Vielmehr besteht das „Wunder" nur darin, dass Theorien im genannten Sinne funktionieren, weil sie die derzeit beste Erklärung darstellen. Eine sozusagen „evolutionäre" Entwicklung zu der immer mehr zutreffenden Theorie ist dagegen nicht überzeugend. Vgl. auch zur Debatte des wissenschaftlichen Realismus ganz grundsätzlich das Kapitel 18 „The Debate over Scientific Realism" in *John Losee*, A Historical Introduction to the Philosophy of Science, 4. Aufl., New York 2001, S. 252 ff.

[45] *Gerhard Schurz*, Einführung in die Wissenschaftstheorie, 3. Aufl., Darmstadt 2011, S. 19: „Der „radikale" Konstruktivismus wurde von Entwicklungspsychologen wie Glasersfeld (...) und Biologen wie Maturana und Varela (...) entwickelt. Seine zentrale Argumentation besteht darin, vom Konstruktcharakter unserer Wahrnehmungen und Vorstellungen von der Wirklichkeit darauf zu schließen, dass es keine erkennbare Wirklichkeit gibt, die an sich gegeben wäre."

[46] Vgl. z. B. *Bernhard Lauth/Jamel Sareiter*, Wissenschaftliche Erkenntnis, Ideengeschichtliche Einführung in die Wissenschaftstheorie, 2. Aufl., Paderborn 2005, S. 180: „Diese Theorie besitzt eine gewisse Plausibilität, solange sie auf die *soziale* Wirklichkeit beschränkt bleibt, weil gesellschaftliche Phänomene durch kommunikatives Handeln, also durch die Interaktion zwischen denkenden und handelnden Subjekten überhaupt erst generiert werden. Dagegen erscheint die konstruktivistische Ontologie wenig plausibel, wenn man versucht, ihren Gegenstandsbereich auf die physikalische Welt auszudehnen." Genau dies wird aber mit dem hier vertretenen Ansatz vorgeschlagen.

2. Einige philosophische Positionen zur Wissenschaftstheorie

von Fragen der juristischen Methodenlehre soll schließlich untersucht werden, ob belastbare wissenschaftliche Kriterien ohne Rückgriff auf empirische Prüfbarkeit formuliert werden können.[47]

Auch wenn die Beschäftigung mit dem Konstruktivismus hier empfohlen wird, so soll die folgende Untersuchung dennoch davon unabhängig und nicht als „konstruktivistische Wissenschaftstheorie" verstanden werden.[48] Vielmehr ist zu versuchen, wie dies der Untertitel des vorliegenden Buches andeutet, ganz allgemein postmoderne, zeitgenössische philosophische Ansätze für den hier vertretenen Ansatz fruchtbar zu machen.[49]

---

[47] *Ralph Christensen* (1953)/*Hans Kudlich* (1970), Gesetzesbindung. Vom vertikalen zum horizontalen Verständnis, 1. Aufl., Berlin 2008, S. 133 ff. m.w. N.

[48] Zu einem Versuch der Einordnung des hier vorgelegten Ansatzes nach Begriffen üblicher philosophischer Richtungen vgl. unten Kapitel V. FN 3.

[49] Ob der Konstruktivismus, der als philosophische Richtung möglicherweise etwas aus der Mode gekommen ist, gegen die an vielen Stellen vorgetragenen Einwände im Einzelnen verteidigt werden kann oder nicht, muss einer anderen Untersuchung vorbehalten bleiben. Hier sollen nur die Hinweise von *Gerhard Schurz,* Einführung in die Wissenschaftstheorie, 3. Aufl., Darmstadt 2011, S. 56 f. genügen, der in Kap. 2.7.1 zu zeigen versucht, dass die Argumentation für den Konstruktivismus auf einem Fehlschluss beruht: Die Prämisse des radikalen Konstruktivismus sei, dass unsere Vorstellung von der Wirklichkeit nicht etwas Vorgegebenes sei, sondern das „Ergebnis einer aktiven kognitiven Konstruktion", was epistemischer Konstruktivismus sei. Die Konklusion aus dieser Prämisse sei, dass daher auch die Wirklichkeit selbst nicht „an sich" gegeben, sondern durch uns selbst „konstruiert" sei. Dies sei aber ontologischer Konstruktivismus. Es handele sich also um einen unzulässigen Übergang vom Epistemologischen zum Ontologischen. „Der subtile Fehler (…) liegt darin, dass dabei der Begriff des ‚aussagens' im naiv-realistischen Widerspiegelungssinn aufgefasst wird. (…) Die moderne Wahrheitstheorie fasst die Beziehung zwischen wahrer Aussage und ihrem Gegenstand jedoch nicht als quasi-identische Widerspiegelung, sondern als strukturelle Korrespondenz auf, die gewisse Informationen überträgt, aber weder vollständig noch eindeutig sein muss. Die unabhängig existierende Wirklichkeit wird eben nicht als in unseren Vorstellungen unmittelbar gegeben angenommen, wie im metaphysischen Realismus, sondern sie wird lediglich als System hypothetischer Entitäten postuliert, dessen Existenz die empirischen Erfolge unserer Erkenntnis am besten erklären kann." Zu den verschiedenen Wahrheitstheorien vgl. *Axel Adrian,* Grundprobleme einer juristischen (gemeinschaftsrechtlichen) Methodenlehre, 1. Aufl., Berlin 2009, S. 634 f., sowie zu den verschiedenen Realismen *Axel Adrian,* Grundprobleme einer juristischen (gemeinschaftsrechtlichen) Methodenlehre, 1. Aufl., Berlin 2009, S. 638, 686 ff., 694 ff., sowie zur Frage nach dem Erfolg naturwissenschaftlicher Theorien *Axel Adrian,* Grundprobleme einer juristischen (gemeinschaftsrechtlichen) Methodenlehre, 1. Aufl., Berlin 2009, S. 695 ff., je m.w. N.; Nach dem hier vertretenen Ansatz werden alle Formen des wissenschaftlichen Realismus als Anknüpfungsmöglichkeit, im Sinne einer allgemeinen Wissenschaftstheorie, für eine empirische Überprüfbarkeit abgelehnt. Vgl. *Andreas Bartels,* in: Bartels/Stöckler, Wissenschaftstheorie. Ein Studienbuch, 2. Aufl., Paderborn 2009, S. 200 ff.: „*Ontologischer Realismus* (…): Die Akzeptanz einer wissenschaftlichen Theorie schließt die Überzeugungen ein, dass die durch sie postulierten Objekte und Eigenschaften unabhängig von unseren Erkenntnisfähigkeiten und unseren sprachlichen Beschreibungen existieren. *Semantischer Realismus* (…): Die Ausdrücke der Sprache einer wissenschaftlichen Theorie beziehen sich (der Absicht nach) auf Gegenstände oder Eigenschaften der Welt. Die Wahrheit oder Falschheit der Aussagen einer

3. Die vergebliche Suche nach dem letzten Metakriterium

Die oben geschilderten Probleme hinsichtlich der Kriterien einer empirischen Prüfbarkeit können sozusagen die Geisteswissenschaft als unwissenschaftliche Disziplin aussondern, jedenfalls, wenn es um geisteswissenschaftliche Theorien geht, die keine prüfbaren Aussagen über die Realität enthalten. Dies trifft insbesondere auf die Juristerei zu, wenn es z.B. nicht um empirische Fragen der Rechtssoziologie geht. Es dürfte weit überwiegender Ansicht entsprechen, dass es in der Rechtswissenschaft im Wesentlichen um Theorien geht, die sich um die richtige Formulierung von Sollensnormen drehen und, dass dabei bewusst eine „Vermengung" mit Tatsachenfeststellungen (die empirisch möglicherweise prüfbar wären) vermieden werden soll.[50]

Hier dagegen stellt sich die Frage, wer nach welchen Kriterien festlegt, ob eine Disziplin eine (echte) Wissenschaft ist oder eine „Pseudowissenschaft", also eine Disziplin, die zwar vorgibt wissenschaftlich zu sein, aber die Kriterien der Wissenschaftlichkeit nicht einhält. Gerhard Vollmer antwortet so:

„Man kann sich fragen, wer solche Standards eigentlich (deskriptiv) feststellt oder (normativ) festlegt. Wissenschaftler schaffen eine gewisse Praxis, sie *benützen* Standards, nach denen sie eigene Arbeiten ausrichten und andere beurteilen. (...) Wissenschaftstheoretiker haben eine andere Aufgabe. Um das zu verdeutlichen, müssen wir verschiedene Arbeitsebenen unterscheiden. Die erste, unterste Ebene ist die Ebene der Fakten, der Tatsachen, der Beobachtungen, der Meßergebnisse. Die zweite Ebene ist die Ebene derjenigen, die sich mit diesen Fakten befassen, also der Wissenschaftler und damit auch der Pseudowissenschaftler."[51]

---

wissenschaftlichen Theorie hängt von der Beschaffenheit der durch die Theorie beschriebenen Welt ab, also davon, ob die Gegenstände, auf die die Theorie Bezug nimmt, die ihr zugeschriebenen Eigenschaften besitzen. *Epistemischer Realismus* (...): Wissenschaftliche Theorien enthalten (jedenfalls partiell) wahre Beschreibungen der von ihnen postulierten Entitäten. Deswegen besitzen wir aufgrund der Theorien Wissen über diese Entitäten." Vgl. auch die Kritik des Demographen Herwig Birg am Konstruktivismus unten Kapitel V. FN 63.

[50] Vgl. z.B. *Andreas Funke*, in: Krüper (Hrsg.), Grundlagen des Rechts, 1. Aufl., Baden-Baden 2010, S. 45 ff., insbesondere S. 50: „Aus einem Sein kann kein Sollen abgeleitet werden (sonst beginge man einen sog. naturalistischen Fehlschluss)." Vgl. auch *Hans Poser*, Wissenschaftstheorie. Eine philosophische Einführung, 1. Aufl., Stuttgart 2001, S. 38: „Obgleich der Unterschied deskriptiv/normativ sprachsystemabhängig sein mag (weil letztlich Normierungen des Sprechens auch für die Umgangssprache erforderlich sind), ist es nicht möglich, von deskriptiven auf normative Aussagen zu schließen, obwohl dies im sogenannten *naturalistischen Fehlschluss* sehr häufig vorkommt. Dieser Fehlschluss heißt ,naturalistisch', weil man in ihm ein Prädikat wie ,gut' auf dieselbe Ebene stellt wie Eigenschaftsprädikate vom Typ ,groß', ,blau', ,spitz' etc., um irgendetwas nicht nur mit solchen, die Fakten beschreibenden Prädikaten, sondern gleichermaßen als ,gut' ,beschreiben' zu können – aber es handelt sich dabei keineswegs um eine Beschreibung, sondern um eine Bewertung!"

[51] *Gerhard Vollmer*, Wissenschaftstheorie im Einsatz, 1. Aufl., Stuttgart 1993, S. 15.

3. Die vergebliche Suche nach dem letzten Metakriterium

Gerhard Vollmer weiter:

„Auf einer dritten Stufe arbeiten dann die Wissenschaftstheoretiker, wenn sie sich mit den von den Wissenschaftlern benützten Methoden und den von ihnen entwickelten Hypothesen, Theorien, Wissenschaften befassen. Sie arbeiten also auf einer Meta-Ebene, und Wissenschaftstheorie ist eine typische Meta-Wissenschaft. (...) Natürlich kann man nun auch fragen, wer eigentlich die Wissenschaftstheoretiker kontrolliert (...). Brauchen wir dafür nicht eine weitere, eine vierte Ebene (...)?"[52]

Und Gerhard Vollmer schließlich:

„Hier entsteht also ein Problem: Wir geraten entweder in einen unendlichen Stufenbau von immer neuen Meta-Ebenen (in einen infiniten Regreß) oder aber in einen zerstörerischen Zirkel (in einen circulus vitiosus). Wir können hier nur andeuten, in welche Richtung eine Lösung für dieses Problem gehen könnte: Um sowohl den Regreß als auch den Zirkel zu vermeiden, muß man fordern, daß Kriterien ab einer gewissens Stufe *selbstanwendbar* werden. Probleme der Selbstanwendung, der Rückbezüglichkeit, der Selbstreferenz sind für die Erkenntnistheorie und ganz allgemein für die Philosophie charakteristisch. (...) Selbstanwendung hat offenbar eine zirkuläre Struktur, stellt jedoch keinen vitiösen Zirkel dar, sondern einen konstruktiven, einen *virtuosen* Zirkel. Daß damit eine *letzte* Bewertung oder eine *Letzt*begründung von Wissenschaft oder von Wissenschaftstheorie möglich oder gar schon geleistet sei, diesen Anspruch kann man allerdings nicht erheben. Eine solche Instanz gibt es gar nicht, auch nicht in der Wissenschaftstheorie auch nicht auf irgendeiner Ebene darüber."[53]

Dass sich das Problem der Selbstbezüglichkeit auch bei den Fragen der juristischen Methodenlehre stellt, dürfte wohl nur von wenigen bestritten werden.[54]

---

[52] *Gerhard Vollmer*, Wissenschaftstheorie im Einsatz, 1. Aufl., Stuttgart 1993, S. 16; vgl. aus der Rechtswissenschaft hierzu insbesondere die Diskussion zum sog. „Münchhausen-Trilemma" z.B. bei *Klaus F. Röhl/Hans Christian Röhl*, Allgemeine Rechtslehre, 3. Aufl., München 2008, S. 101 f.

[53] *Gerhard Vollmer*, Wissenschaftstheorie im Einsatz, 1. Aufl., Stuttgart 1993, S. 17; vgl. auch *Hans Poser*, Wissenschaftstheorie. Eine philosophische Einführung, 1. Aufl., Stuttgart 2001, S. 211: „Diese Metaregeln als Regeln zweiter Stufe explizit anzugeben bereitet jedoch Schwierigkeiten, denn nirgendwo im Wissenschaftsbetrieb finden sie sich niedergelegt. Vielmehr stützen sie sich auf grundsätzliche Vorstellungen von wissenschaftlichem Wissen." Zum Unterschied zwischen einem „Logischen Zirkel" und einem „hermeneutischen Zirkel" vgl. z.B. *Ralph Christensen/Hans Kudlich*, Gesetzesbindung. Vom vertikalen zum horizontalen Verständnis, 1. Aufl., Berlin 2008, S. 18 ff. m.w.N.

[54] Vgl. z.B. *Matthias Jestaedt* (Hrsg.), in: Kelsen, Reine Rechtslehre, Studienausgabe der 1. Aufl. 1934, Tübingen 2008, S. XXV ff. (XXV): „Recht entsteht und vergeht nur nach Maßgabe von Recht. Recht ist also selbstbezüglich oder auch autoreferenziell. Es steuert sich selbst." oder z.B. auch ganz praktisch *Neil MacCormick*, Das Maastrichturteil: Souveränität heute, in: JZ 1995, 797 ff. (798); vgl. auch das Vorwort bei *Ralph Christensen/Hans Kudlich*, Gesetzesbindung. Vom vertikalen zum horizontalen Verständnis, 1. Aufl., Berlin 2008: „Allerdings bleibt ein politisches Moment im Recht erhalten. Es zeigt sich immer dort, wo die Schließung der Selbstreferenz im Rechtssystem scheitert."

Dies wird, wenn es diskutiert wird, aber meist mehr als Problem gesehen.[55] Hier jedoch soll, ähnlich wie dies Gerhard Vollmer formuliert hat, durchaus eine Chance darin gesehen werden, Methoden „zu stabilisieren", wenn und weil diese

---

[55] *Alfred Büllesbach,* in: Kaufmann/Hassemer/Neumann (Hrsg.), Einführung in die Rechtsphilosophie und Rechtstheorie der Gegenwart, 8. Aufl., Heidelberg 2011, S. 428 ff.; *Klaus F. Röhl/Hans Christian Röhl,* Allgemeine Rechtslehre, 3. Aufl., München 2008, S. 447 ff.; Oft wird hier insbesondere die Systemtheorie Niklas Luhmann (1927–1998) analysiert und es werden auch z.T. die Konstruktivisten Humberto R. Maturana (1928) und Francisco J. Varela (1946–2001) in Bezug genommen, soweit ersichtlich nicht jedoch der Konstruktivist und Kybernetiker Heinz von Förster (1911–2002) oder gar der Erfinder des Indikationenkalküls George Spencer-Brown (1923); Sehr interessant ist, dass *Matthias Jestaedt* (Hrsg.), in: Kelsen, Reine Rechtslehre, Studienausgabe der 1. Aufl. 1934, Tübingen 2008, S. XXIX darauf hinweist: „Wissenschaftstheoretisch mutet das *Kelsen*sche Konzept wie eine Frühform der *Luhmann*schen Systemtheorie an." So scheinen die „alte" Reine Rechtslehre von Hans Kelsen und der hier vertretene Ansatz, der nicht zuletzt von George Spencer-Brown und den Laws of Form beinflußt ist, was noch zu zeigen sein wird, einige Gemeinsamkeiten zu haben. Dies könnte auch dadurch bestätigt werden, dass einerseits z.B. *Matthias Jestaedt* (Hrsg.), in: Kelsen, Reine Rechtslehre, Studienausgabe der 1. Aufl. 1934, Tübingen 2008, S. XXV ff. bei der Darstellung der Reinen Rechtslehre besonders die Selbstbezüglichkeit des Rechts betont und andererseits Niklas Luhmann sich seinerseits explizit auf George Spencer-Brown und dessen Laws of Form bezogen hat (vgl. z.B. aus der Vielzahl der Verweise *Niklas Luhmann,* Die Gesellschaft der Gesellschaft, 1. Aufl., Frankfurt a.M. 1998, erster Teilband, S. 45). Ähnlich dürfte zum Beispiel sein, dass „Kelsen die Jurisprudenz ‚auf die Höhe einer echten Wissenschaft (…)' führen" möchte (*Matthias Jestaedt* (Hrsg.), in: Kelsen, Reine Rechtslehre, Studienausgabe der 1. Aufl. 1934, Tübingen 2008, S. XX), dass Reine Rechtslehre Normativismus sein will (*Matthias Jestaedt* (Hrsg.), in: Kelsen, Reine Rechtslehre, Studienausgabe der 1. Aufl. 1934, Tübingen 2008, S. XXII), dass das System, also die Rechtswissenschaft als solche „rein" gehalten werden soll von Politik, anderen Disziplinen, etwa Soziologie, etc. (*Matthias Jestaedt* (Hrsg.), in: Kelsen, Reine Rechtslehre, Studienausgabe der 1. Aufl. 1934, Tübingen 2008, S. XXXIV), dass die Rechtsgeltung zuvörderst als „strukturell-formale Relation" zu konzipieren ist (*Matthias Jestaedt* (Hrsg.), in: Kelsen, Reine Rechtslehre, Studienausgabe der 1. Aufl. 1934, Tübingen 2008, S. XXXIX), dass die Theorie eine „(…) ‚alles zermalmende', da ideologiekritische, und (…) substanzparalysierende, da analytisch-dekonstruktiv(istisch)e Wirkung" hat (*Matthias Jestaedt* (Hrsg.), in: Kelsen, Reine Rechtslehre, Studienausgabe der 1. Aufl. 1934, Tübingen 2008, S. XL), und dass die Theorie ähnlich „kontra-intuitiv" ist, wie die Einsteinsche Relativitätstheorie (*Matthias Jestaedt* (Hrsg.), in: Kelsen, Reine Rechtslehre, Studienausgabe der 1. Aufl. 1934, Tübingen 2008, S. XLI). Der hier vorgelegte Ansatz will aber noch formalistischer sein, und z.B. nicht (nur) die „Reinheit" in Abgrenzung zu anderen Wissenschaften postulieren, sondern viel weitergehend die „Reinheit" einer allgemeinen Wissenschaftstheorie für alle Wissenschaften in Abgrenzung zu Kriterien, die Realismen, welcher Art auch immer, zu retten versuchen. So wird hier sogar aus der „Not" einer der „prominentesten Fehldeutungen" der Reinen Rechtslehre eine „Tugend" gemacht, und gerade durch einen bewusst „logizistisch-realitätsflüchtigen Formalismus" (*Matthias Jestaedt* (Hrsg.), in: Kelsen, Reine Rechtslehre, Studienausgabe der 1. Aufl. 1934, Tübingen 2008, S. XXXI), den man der Reinen Rechtslehre vorgeworfen hat, versucht „empirische" Probleme vollständig für eine allgemeine Wissenschaftstheorie „abzustreifen". Daher könnte der hier vertretene Ansatz auch „reine Wissenschafts- und Rechtstheorie" statt „reine Rechtslehre" genannt werden. Aufgrund der antiempirischen Position wird hier die alte Unterscheidung zwischen Theorie (Erkennen) und Praxis (Handeln) aufgeben. Alles ist nur mehr normative Theorie, bzw. normative Praxis, d.h. jedenfalls alles ist

auf sich selbst angewendet werden können.⁵⁶ Dies soll im Folgenden noch ausführlicher gezeigt werden.

4. Die Selbstanwendbarkeit der Wissenschaftstheorie

Hier geht es wohl um ein fundamentales, wenn nicht sogar um das fundamentalste Problem überhaupt. Wenn eine Wissenschaftstheorie formuliert wird, dann kann man, wie gezeigt, diese Wissenschaftstheorie auf sich selbst anwenden, um zu entscheiden, ob diese Wissenschaftstheorie nach ihren eigenen Kriterien von Wissenschaftlichkeit „wissenschaftlich" ist oder nicht.⁵⁷ So konnte und kann man z. B. dem kritischen Rationalismus von Karl R. Popper vorhalten, dass diese Wissenschaftstheorie nach ihren eigenen Kriterien keine wissenschaftliche Theorie darstellt. Dies kann damit begründet werden, dass bekanntermaßen nach der Theorie Karl R. Poppers zu fordern ist, dass ein empirisch-wissenschaftliches System an der Erfahrung scheitern können muss.⁵⁸ Das Poppersche System bzw. die Aussage selbst, dass das „System an der Erfahrung scheitern können muss" stellt dabei keine prüfbare Aussage dar. Dieser Satz kann nicht selbst an der Erfahrung scheitern, ist mithin im Sinne Karl R. Poppers selbst nicht wissenschaftlich. Also ist die Theorie des kritischen Rationalismus selbst keine prüfbare empirisch-wissenschaftliche Theorie.⁵⁹

Im Ergebnis formuliert Gerhard Vollmer dann am Ende seines Buches, insbesondere nach Berücksichtigung der Diskussionen, wie diese unter Ziffer 2 angedeutet wurden, dann auch andere Metakriterien wissenschaftlicher Rationalität, als am Anfang seines Buches, welche oben unter Ziffer 1 bereits zitiert wurden⁶⁰, nämlich Zirkelfreiheit, interne und externe Widerspruchsfreiheit, Kritisierbarkeit, Selbstanwendbarkeit, Erfüllbarkeit, Ökonomie, weitestgehende Willkürfreiheit und Problemlösungspotential. Es ist am Ende also keine Rede mehr von ursprünglich für notwendig gehaltenen Merkmalen, wie Prüfbarkeit und Testerfolg.⁶¹

---

nur etwas Normatives. Wenn dieser klassische Gegensatz aufgelöst wird, kann eine sog. „Theorie der Praxis" am Ende nicht ganz überzeugen, da ein theoretisches Erkennen der regelleitenden Praxis, wie gezeigt, nicht möglich ist. Dennoch aber für eine solche explikative „Theorie der Praxis" *Friedrich Müller/Ralph Christensen*, Juristische Methodik Band II Europarecht, 3. Aufl. 2012, S. 194 ff.

⁵⁶ Ausführlich *Axel Adrian*, Grundprobleme einer juristischen (gemeinschaftsrechtlichen) Methodenlehre, 1. Aufl., Berlin 2009, S. 544 ff., 662, 790, 793, 850 ff.; *Axel Adrian*, Wie wissenschaftlich ist die Rechtswissenschaft?, in: RECHTSTHEORIE 2010, je m.w.N.

⁵⁷ Vgl. zum Ganzen ausführlich z. B. *Gerhard Vollmer*, Wissenschaftstheorie im Einsatz, 1. Aufl., Stuttgart 1993, S. 154 ff.

⁵⁸ *Karl R. Popper*, Logik der Forschung, 8. Aufl., 1984, S. 15.

⁵⁹ *Gerhard Vollmer*, Wissenschaftstheorie im Einsatz, 1. Aufl., Stuttgart 1993, S. 154: „Bei Popper (...) wird das Problem zwar nicht *behandelt*; aber es dürfte kein Zweifel bestehen, daß es sich auch dort *stellt*."

⁶⁰ Vgl. oben Ziff. I. 1. und FN 3.

Aber nicht nur das. Gerhard Vollmer entscheidet sich am Ende auch für eine normative Sichtweise bei der Formulierung seiner Wissenschaftstheorie, nachdem er am Anfang noch offen ließ, ob „Standards eigentlich (deskriptiv) festgestellt oder (normativ) festgelegt"[62] werden. Gerhard Vollmer wörtlich:

> „Ferner sei betont, daß diese Kriterien nicht begründet werden und sich auch nicht selbst begründen. Sie sind zu verstehen als ein Vorschlag, wie der Begriff wissenschaftlicher Rationalität durch Kriterien, oder besser Metakriterien expliziert werden könnte. Sie erfüllen dabei in erster Linie eine normative Funktion: Nach diesen Kriterien sollten Wissenschaftler (...) Theorien beurteilen, wenn sie ihrerseits als rational gelten wollen."[63]

Ebenso John Losee:

> „Philosophers of science from Aristotele to Kuhn have sought to develop evaluative standards applicable to the practice of science. These efforts have been informed by a prescriptive intent. Prescriptivist philosophers of science have recommended standards by which scientific theories *ought* to be evaluated. Some observers have found this prescriptivist project to be a bit presumptuous. The philosopher of science is in the position of seeking to educate scientists about proper evaluative practice. Of course, the philosopher may appeal to actual science ‚at its best' as source or warrant of the recommended standards. Nevertheless, prescriptivist philosophy of science is a legislative activity. And application of the prescribed evaluative standards is held to contribute to the creation of ‚good science'."[64]

Wenn nun „moderne" Wissenschaftstheorie auf empirische Prüfbarkeit verzichten muss und gleichzeitig mit normativen (und nicht etwa deskriptiven) Kriterien zu formulieren ist, dann wäre es völlig unverständlich, wenn sich die Rechtswissenschaft, als klassische Disziplin für normative Kriterien und normative Theorien nicht stärker in die Diskussion und in das Ringen um das Konzept einer allgemeinen normativen Wissenschaftstheorie einmischen würde.

---

[61] Vgl. die Tabelle bei *Gerhard Vollmer,* Wissenschaftstheorie im Einsatz, 1. Aufl., Stuttgart 1993, S. 158.

[62] *Gerhard Vollmer,* Wissenschaftstheorie im Einsatz, 1. Aufl., Stuttgart 1993, S. 14.

[63] *Gerhard Vollmer,* Wissenschaftstheorie im Einsatz, 1. Aufl., Stuttgart 1993, S. 158 und vorher allgemein S. 145 ff.

[64] *John Losee,* A Historical Introduction to the Philosophy of Science, 4. Aufl., New York 2001, S. 264 f.; Versuch einer eigenen deutschen Übersetzung: „Wissenschaftstheoretiker von Aristoteles bis Kuhn haben versucht, für die wissenschaftliche Praxis anwendbare Evaluationsstandards, zu entwickeln. Diese Versuche waren getragen durch eine vorschreibende Absicht. Vorschreibende Wissenschaftstheoretiker haben Standards empfohlen mit denen wissenschaftliche Theorien evaluiert werden sollten. Einige Beobachter haben dieses vorschreibende Projekt ein bisschen als anmaßend empfunden. Der Wissenschaftstheoretiker ist (stets) in der Position zu versuchen Wissenschaftler über eine richtige evaluierbare Praxis zu unterrichten. Natürlich mag der Philosoph an die ‚besten Standards' gegenwärtiger Wissenschaft, als Quelle oder Garantie für die verlangten Standards appellieren. Dennoch ist vorschreibende Wissenschaftstheorie ein gesetzgeberischer Akt. Und die Anwendung von vorschreibenden Evaluationsstandards ist angehalten zur Schaffung von ‚guter Wissenschaft' beizutragen."

II. Rechtswissenschaft

1. Provokative These hinsichtlich der wissenschaftstheoretischen Analyse von Gerichtsurteilen

Da die hier in Grundzügen zu skizzierende Wissenschaftstheorie also jedenfalls auch auf sich selbst anwendbar sein muss und die juristische Methodenlehre den Kriterien dieser Wissenschaftstheorie[1] genügen muss, so wie die Gerichtsurteile dann den Kriterien dieser juristischen Methodenlehre genügen müssen, kann gefolgert werden, dass sowohl die juristische Methodenlehre, als auch die dementsprechenden Gerichtsurteile jeweils jedenfalls auch dem Kriterium der Selbstanwendung genügen müssen. Damit kann eine provokative These, die sich insbesondere aus dem geschilderten Problem der Selbstanwendung als wissenschaftstheoretisches Fundamentalkriterium ergibt und die beispielhaft für die juristische Methodenlehre in diesem Beitrag als konkretes Fallbeispiel mit untersucht werden soll, wie folgt formuliert werden:

Gerichtsurteile sind schon dann falsch bzw. fehlerhaft, wenn in deren Begründung keine hinreichenden Informationen enthalten sind, die deutlich machen nach welchen, vom Gericht selbst ausgewählten, juristischen Methoden das Gerichtsurteil, das den Rechtsfall entschieden hat, selbst zu überprüfen ist.[2]

---

[1] Vgl. z.B. auch *Savigny, Eike von*: Methodologie der Dogmatik, Wissenschaftstheoretische Fragen, in: Neumann/Rahlf/Savigny, Juristische Dogmatik und Wissenschaftstheorie, München 1976, S. 11: „Methodologie ist und bleibt die Wissenschaft von den Regeln wissenschaftlichen Arbeitens."

[2] Anlass für diese These gab zunächst die sog. „Maastricht-Entscheidung" des BVerfG (z.B. zitiert in BVerfG NJW 1993, 3047 ff.). Dort findet sich u.a. in Leitsatz 6 des Urteils die Aussage, die in den Gründen vom Gericht mit C II. 3. b gekennzeichnet ist, dass „(...) zwischen einer Rechtsfortbildung innerhalb der Verträge (...) und einer deren Grenzen sprengenden, vom geltenden Vertragsrecht nicht gedeckten Rechtssetzung (...)" zu unterscheiden ist; vgl. BVerfG NJW 1993, 3047 ff. (3057). Diese Rechtsprechung wurde dann fortgeführt in der sog. „Lissabon-Entscheidung" (z.B. zitiert in BVerfG NJW 2009, 2267 ff.). Die These selbst wurde dann (soweit ersichtlich erstmals) entwickelt in *Axel Adrian*, Grundprobleme einer juristischen (gemeinschaftsrechtlichen) Methodenlehre, 1. Aufl., Berlin 2009, S. 745 ff. (775), und weiter ausgeführt in *Axel Adrian*, Wie wissenschaftlich ist die Rechtswissenschaft?, in: RECHTSTHEORIE 2010, S. 521 ff. Insoweit wurde vertreten, dass die vom BVerfG angemahnte und vom EuGH zu beachtende Grenze nicht vorgefunden werden kann. Aus philosophischen Gründen kann diese vielmehr nur „konstruiert" werden. Dabei lassen sich verschiedene (gleichberechtigte) folgerichtige Konzepte von „Subsumtion", „Auslegung" und „Rechtsfortbildung", etc. modellieren. Dies führt schließlich zur Forderung, der EuGH müsse aus der Menge möglicher Methoden die für richtig gehaltene Methode auswählen, in Anlehnung an Ludwig J. J. Wittgenstein (1889–1951), ein „Sprach- und Methodenspiel" spielen, um sich so eine bindende Methodenlehre selbst erst zu schaffen. Mit dem nun vor-

Dies korrespondiert mit der These: Eine juristische Methodenlehre ist schon dann falsch bzw. fehlerhaft, wenn in dieser keine hinreichenden Informationen enthalten sind, die deutlich machen, nach welchen wissenschaftlichen Methoden bzw. nach welcher Wissenschaftstheorie die juristischen Methoden ausgewählt wurden. All das korrespondiert schließlich mit der These: Eine Wissenschaftstheorie ist schon dann falsch bzw. fehlerhaft, wenn in dieser keine hinreichenden Informationen enthalten sind, die deutlich machen, nach welchen Metamethoden die wissenschaftlichen Methoden ausgewählt wurden, u.s.f. Dies muss dann wie gezeigt in der Selbstanwendung enden, in einem konstruktiven „virtuosen Zirkel"[3] (und eben nicht in einem „circulus vitiosus"), denn es kann keine Letztbegründung geben.

Die „Provokation" dieser These dürfte vor allem darin liegen, dass in den allermeisten Urteilen keine solchen Informationen über Auswahlentscheidungen des Gerichts zu den verwendeten juristischen Methoden explizit gemacht wurden bzw. werden. Damit wären die meisten Urteile falsch.

2. Untersuchungsgegenstand: Sein und Sollen

Nach der Einteilung von Immanuel Kant (1724–1804) können drei Fragen[4] bzw. Bereiche der Philosophie unterschieden werden, auf die auch heute noch Bezug genommen wird: Was kann ich wissen? (Erkenntnistheorie), Was soll ich tun? (Ethik/Moralphilosophie) und Was darf ich hoffen? (Fragen nach Gott, der Möglichkeit von Willensfreiheit, etc.). Typischerweise wurden, wie gezeigt, erkenntnis- und wissenschaftstheoretische Fragen mehr dem Bereich der empirischen Wissenschaften, insbesondere den Naturwissenschaften zugeordnet. In der Rechtswissenschaft, die als Geisteswissenschaft qualifiziert wird und in der es um Normatives und nicht um Deskriptives geht bzw. gehen soll, werden solche Fragen weniger intensiv bzw. bewusst nur mit Zurückhaltung[5] behandelt. Hier

---

liegenden Beitrag soll darüber hinaus deutlich gemacht werden, dass diese These nicht nur nach einer bestimmten Philosophie, z.B. des sog. (radikalen) Konstruktivismus, sondern bei konsequenter Zugrundelegung wohl jeder zeitgenössischen philosophischen Richtung, sofern diese die Zweifel postmoderner Philosophie ernst nimmt, zu bejahen, mindestens jedoch zu beachten ist.

[3] *Gerhard Vollmer*, Wissenschaftstheorie im Einsatz, 1. Aufl., Stuttgart 1993, S. 17.

[4] Vgl. dazu nur *Hans Joachim Störig*, Kleine Weltgeschichte der Philosophie, 7. Aufl., Frankfurt 2011, S. 27 ff.

[5] Vgl. aus der neueren Literatur z.B. *Michael Lindemann*, in: Krüper (Hrsg.), Grundlagen des Rechts, 1. Aufl., Baden-Baden 2010, S. 245 ff., insbesondere S. 248: „Nun sollte sich der Jurist vor allem bei der Bewertung der naturwissenschaftlichen Schlussfolgerungen der Neurowissenschaftler Zurückhaltung auferlegen." Aber auch bereits sehr deutlich bei *Klaus Adomeit*, Rechtstheorie für Studenten, 4. Aufl., Heidelberg 1998, S. 8: „(...) juristische Streitfragen sind anderer Art, als die unter Philologen und Physikern. Besonders in den Naturwissenschaften haben Streitfragen prinzipiell klärbar zu sein, man würde sie nicht führen, wenn nicht die Hoffnung bestünde, durch neuentdeckte Fakten oder verfeinerte Untersuchungsmethoden Beweise für die eine oder an-

2. Untersuchungsgegenstand: Sein und Sollen 33

dagegen sollen gerade diese erstgenannten Bereiche auch rechtswissenschaftlich untersucht und für die Rechtswissenschaft fruchtbar gemacht werden, auch wenn dies derzeit wohl in der Rechtswissenschaft (nicht jedoch in der Wissenschaftstheorie) nur einer Mindermeinung oder gar Einzelmeinung entspricht.[6] Zu begründen ist dies auch damit, dass in jeder gerichtlichen Entscheidung strukturell eine „geisteswissenschaftliche" Norm mit einem „naturwissenschaftlichen" Sachverhalt zu verbinden ist, und zwar unabhängig davon, ob man dafür einen strengen Syllogismus für anwendbar hält[7], oder Logik für überhaupt nicht leistungsfähig ansieht[8], oder eine vermittelnde Lösung vertritt[9]. So sehen auch Klaus F.

---

dere Ansicht zu finden. Über das prinzipiell nicht Klärbare nachzudenken, gilt dort als unwissenschaftliche Spekulation. Dagegen ist in der Jurisprudenz nicht zu sehen, welchen Beweis ein Professor für seine bestrittene Ansicht bringen könnte. (...) Das Problem bei der Frage nach dem Recht liegt (...) nicht darin, daß die Antwort ausbleibt, sondern daß man zu viele unterschiedliche Antworten erhält und nicht weiß, woran man sich halten kann."

[6] Zur Wissenschaftlichkeit der Rechtswissenschaft bzw. zum Verhältnis von Naturwissenschaft und Rechtswissenschaft: *Ulfried Neumann,* in: Kaufmann/Hassemer/Neumann (Hrsg.), Einführung in die Rechtsphilosophie und Rechtstheorie der Gegenwart, 8. Aufl., Heidelberg 2011, S. 385 ff.; *Joachim Vogel,* Juristische Methodik, 1. Aufl., Berlin 1998, S. 8; vgl. z.B. *Arthur Kaufmann,* in: Kaufmann/Hassemer/Neumann (Hrsg.), Einführung in die Rechtsphilosophie und Rechtstheorie der Gegenwart, 8. Aufl., Heidelberg 2011, S. 26: „(...) Das ist das Wissenschaftsideal der Neuzeit, das am Vorbild der exakten Naturwissenschaften orientiert ist. (...)." Vgl. z.B. *Karl Larenz/ Claus-Wilhelm Canaris,* Methodenlehre der Rechtswissenschaft, 3. Aufl., Berlin 1995, S. 19 f.: „(...) Fragen nach dem „Sinn" können weder durch Beobachtung im Experiment, noch durch Messung oder Zählung beantwortet werden. (...) Wer das Kennzeichen der Wissenschaft darin erblickt (...), muß die Jurisprudenz, aber auch viele andere Wissenschaften, die nicht oder nicht ausschließlich in der Weise der Naturwissenschaften verfahren, aus dem Bereich der Wissenschaft von vornherein ausschließen. (...)." *Axel Adrian,* Grundprobleme einer juristischen (gemeinschaftsrechtlichen) Methodenlehre, 1. Aufl., Berlin 2009, S.633 ff.; *Axel Adrian,* Wie wissenschaftlich ist die Rechtswissenschaft?, in: RECHTSTHEORIE 2010, S. 521 ff. m.w.N.

[7] Vgl. z.B. *Hans-Joachim Koch/Helmut Rüßmann,* Juristische Begründungslehre, 1. Aufl., München 1982.

[8] Vgl. nur die Darstellung der Entwicklung von der analytischen Rechtstheorie zur juristischen, deontischen Logik und „wieder weg davon" hin zur topischen bzw. rhetorischen Jurisprudenz bei *Arthur Kaufmann,* in: Kaufmann/Hassemer/Neumann (Hrsg.), Einführung in die Rechtsphilosophie und Rechtstheorie der Gegenwart, 8. Aufl., Heidelberg 2011, S. 86 ff. Vgl. zu einem Überblick über die Diskussion, ob die axiomatische Methode in der Rechtswissenschaft fruchtbar gemacht werden kann insbesondere *Jan C. Schuhr,* Axiomatic method and the law, in: Neumann/Günther/Schulz (Org.), 25th IVR World Congress: Law, Science and Technology, Frankfurt a.M. 15–20 August 2011, Paper Series Nr. 38, Series A (Methodology, Logics, Hermeneutics, Linguistics, Law and Finance), 2012, urn:nbn:de:hebis:30:3-248968, S. 2. ff. mit Verweis auf Befürworter einerseits, nämlich Ulrich Klug, Jürgen Rödig, Elmar Bund, Eike von Savigny und Ilmar Tammelo, und auf Skeptiker andererseits, nämlich Karl Engisch, Claus-Wilhelm Canaris, Karl Larenz und Theodor Viehweg je mit Hinweisen auf deren Werke.

[9] Vgl. aus der neueren Literatur z.B. *Heiko Sauer,* in: Krüper (Hrsg.), Grundlagen des Rechts, 1. Aufl., Baden-Baden 2010, S. 168 ff., insbesondere S. 170 f., der zwar den juristischen Syllogismus (aus der Syllogistik als einem Teilgebiet der Logik) erläutert, um dessen „Schwächen" aufzuzeigen und dann weiter geht zur Darstellung der Herme-

Röhl/Hans Christian Röhl[10], mit der wohl immer noch herrschenden Meinung, in der Überwindung der Dichotomie (oder auch der logischen Differenz, des Dualismus, des Gegensatzes) von Sein und Sollen das „Kernproblem aller Jurisprudenz". Es gebe danach keinen logischen Übergang von deskriptiven zu normativen Aussagen, so dass der Übergang von Sein zu Sollen eine wertende Entscheidung erforderlich mache, einen „logischen Sprung". Nach dem hier vertretenen Ansatz handelt es sich aber bei der Trennung von Sein und Sollen[11], auch in der Rechtswissenschaft, nur um ein „Scheinproblem", was den meisten, wenn nicht allen Strömungen postmoderner Philosophie entsprechen dürfte.[12] Jedenfalls aber erscheint es sinnvoll, wenn nicht sogar notwendig, dass sich Rechtswissenschaft nicht nur mit dem Sollen, sondern auch mit dem Sein, also auch mit „Natur- und Strukturwissenschaften" beschäftigt, jedenfalls, sofern dies zur philosophischen Grundlagendiskussion und damit zur Methodendiskussion beitragen kann.[13]

---

neutik und Sprachwissenschaft, ohne die Formallogik als solche insgesamt zu erwähnen; vgl. auch z.B. *Tobias Herbst,* Die These der einzig richtigen Entscheidung, in: JZ 2012, S. 891 ff. (891): „Niemand behauptet heute ernsthaft, dass Gerichtsentscheidungen das Produkt streng logischer Operationen sind, sich also in jedem Fall zwingend aus Gesetzen oder Rechtsbegriffen ergeben." Aber auch bereits z.B. *Wolfgang Fikentscher,* Methoden des Rechts in vergleichender Darstellung, Bd. 3, 1. Aufl., Tübingen 1976, S. 751; *Philippe Mastronardi,* Juristisches Denken, 1. Aufl., Bern 2001, S. 188 ff.; *Edward E. Ott,* Methode der Rechtsanwendung, Zürich 1979, S. 93; *Jan Schapp,* Methodenlehre, allgemeine Lehren des Rechts und Fall-Lösung, in: RECHTSTHEORIE 2001, 305 ff. (317 f.) je m.w.N.

[10] *Klaus F. Röhl/Hans Christian Röhl,* Allgemeine Rechtslehre, 3. Aufl., München 2008, S. 129 ff.

[11] Vgl. dagegen die Darstellung der drei Grundauffassungen für das Verhältnis von Sein und Sollen und das entsprechende Schema bei *Arthur Kaufmann,* in: Kaufmann/Hassemer/Neumann (Hrsg.), Einführung in die Rechtsphilosophie und Rechtstheorie der Gegenwart, 8. Aufl., Heidelberg 2011, S. 91 und auch das „Hin und Her" bei der geschichtlichen Entwicklung in der juristischen Methodendiskussion in *Axel Adrian,* Grundprobleme einer juristischen (gemeinschaftsrechtlichen) Methodenlehre, 1. Aufl., Berlin 2009, S. 562 ff., 590, 594 ff. m.w.N.; Zu der Auffassung von Immanuel Kant zum Verhältnis zwischen „Sein" und „Sollen", zwischen dem „bestirnten Himmel über mir" und dem „moralischen Gesetz in mir" vgl. *Kurt Leider,* Immanuel Kants Welt- und Lebensanschauung, Lübeck 1994, S. 17 f., und *Axel Adrian,* Grundprobleme einer juristischen (gemeinschaftsrechtlichen) Methodenlehre, 1. Aufl., Berlin 2009, S. 751.

[12] Zu dieser Einschätzung vgl. auch *Klaus F. Röhl/Hans Christian Röhl,* Allgemeine Rechtslehre, 3. Aufl., München 2008, S. 44 ff. und S. 51 ff.

[13] Vgl. auch unten Ziff. IV. 5. und Ziff. V. 2. Das Phänomen des sog. „science war" scheint aber zu zeigen, dass sich typischerweise Naturwissenschaftler nicht mit Geisteswissenschaften und Geisteswissenschaftler nicht mit Naturwissenschaften beschäftigen, mag es auch Ausnahmen geben. Vgl. *Kyriakos N. Kotsoglou,* „Shonubi" revisited, in: ARSP 99/2 (2013), S. 244: „Doch das Merkmal, das die Rechtswissenschaft wohl charakterisiert, ist ihre fast einmütige anti-(natur-)wissenschaftliche Haltung." *Holm Tetens,* in: Jürgen Mittelstraß, Enzyklopädie Philosophie und Wissenschaftstheorie, 1. Aufl., Stuttgart 1996, Bd. 2, S. 1771: „Und schließlich darf in diesem Zusammenhang nicht der latente Riß vergessen werden, der die Gemeinschaft der Wissenschaftler zu spalten droht. Denn nicht wenige Natur- und Technikwissenschaftler stellen immer einmal wieder die Wissenschaftlichkeit großer Teile der Kultur- und Geisteswissenschaften in Fra-

3. Methodik und Dogmatik

Da die oben genannte provokative These spezifisch Gerichtsurteile als richtig oder falsch qualifiziert, müsste vorab aber auch die dieser These zu Grunde liegende Rechtsdogmatik festgestellt werden.[14] Hier soll es allerdings genügen zu bemerken, dass zumindest in der sog. „westlichen Welt"[15] Richter jedenfalls zwischen Rechtsprechung und Gesetzgebung zu unterscheiden haben und, dass die Gesetzgebung so zu organisieren ist, dass deren Folgen, bzw. deren Verantwortung, auf die Mehrheit der Rechtsunterworfenen zurückführbar ist. Kurz: Richter müssen sich innerhalb ihrer Rechtsprechungsbefugnis halten und die Gesetze so anwenden, wie diese vom Gesetzgeber verstanden werden wollen, und nicht nur entsprechend einer „privaten Meinung" des Richters.[16]

---

ge, während sich die so angegriffenen Kultur- und Geisteswissenschaftler über die dabei zugrundegelegten und ihrer Auffassung nach einseitigen und verkürzten W.kriterien empören. Diese Auseinandersetzungen nehmen gerade in jüngster Zeit durchaus gelegentlich die Form eines ‚science war' an." Vgl. auch Kapitel V. FN 17.

[14] In den bisherigen Untersuchungen, in *Axel Adrian,* Wie wissenschaftlich ist die Rechtswissenschaft?, in: RECHTSTHEORIE 2010, S. 251 ff. und *Axel Adrian,* Grundprobleme einer juristischen (gemeinschaftsrechtlichen) Methodenlehre, 1. Aufl., Berlin 2009, S. 83 ff. m.w.N, die sich (auch) mit Europarecht und einer gemeinschaftsrechtlichen Methodenlehre befassen, wurde bereits problematisiert, dass man das Verhältnis zwischen Dogmatik und Methodik als (unauflösbar?) ineinander verschlungen beurteilen kann; vgl. dazu auch *Friedrich Müller/Ralph Christensen,* Europarecht, 3. Aufl., Berlin 2012, S. 220 ff.; *Winfried Hassemer,* Juristische Methodenlehre und Richterliche Pragmatik, in: RECHTSTHEORIE 2008, S. 1 ff. (15 f.) m.w.N.

[15] Vgl. Wikipedia unter dem entsprechenden Stichwort: „Der Begriff westliche Welt, der Westen oder westliche Hochkultur (auch Okzident genannt) kann je nach Kontext verschiedene Bedeutungen haben. Während er ursprünglich die westeuropäische Kultur definierte, wird er heute meistens auf gemeinsame Werte der Nationen in Europa und Nordamerika bezogen, die Bürger- und Menschenrechte garantieren, nach westlichen Werten wie Freiheit, Rechtsstaatlichkeit, Gleichheit, Individualismus, Toleranz leben und die Demokratie praktizieren. Die Gesellschaftssysteme der Westlichen Welt beruhen auf dem Wirtschaftssystem der kapitalistischen Marktwirtschaft. Dazu gehören auch die sprachlich und kulturell eng verwandten früheren Kolonien wie Lateinamerika oder Australien, deren ethnische Identität und dominierende Kultur von Europa abgeleitet wurden. (...)."

[16] Vgl. auch *Ralph Christensen/Hans Kudlich,* Gesetzesbindung. Vom vertikalen zum horizontalen Verständnis, 1. Aufl., Berlin 2008, S. 18, 167 ff., die von „methodenbezogenen Normen" insbesondere der Verfassung sprechen. Die hier maßgeblichen dogmatischen Grundlagen eines demokratischen Rechtsstaats dürften unstreitig, wenigstens in der „groben Struktur", wenn auch nicht im Detail, den Mitgliedstaaten der Europäischen Union, den Institutionen der Europäischen Union und wohl auch den meisten anderen Staaten der „westlichen Welt" insoweit gemein sein, als es um Gewaltentrennung und Umsetzung eines demokratischen Prinzips geht. Hier sollen aber insbesondere die philosophischen Fragestellungen, die noch fundamentalere Probleme betreffen, im Vordergrund stehen. Dabei wird hier vertreten, dass die Methodik sozusagen die Menge möglicher Methoden bereitstellt, während die vom Richter anzuerkennende Dogmatik über die Zulassung verschiedener Methoden und die Methodenlehre bestimmt. So kann und muss der Richter schließlich die Menge richtiger Methoden aus der Menge möglicher Methoden erst als für sich verbindlich auswählen.

III. Postmoderne und zeitgenössische Philosophie

Diejenige Philosophie wird als postmoderne Philosophie bezeichnet bzw. qualifiziert, die an der Existenz des Selbst, an der Existenz einer objektiven Wahrheit und Wirklichkeit, an der Möglichkeit von einheitlicher Bedeutung von Sprache und an einer verlässlichen Beziehung zwischen Sprache und Wirklichkeit zweifelt.[1] Die gegenwärtige Diskussion kommt an diesen grundlegenden Zweifeln nicht (mehr) vorbei. Daher werden heute diese Zweifel auch von der überwiegenden Zahl von philosophischen Strömungen und Ansichten geteilt und problematisiert. Nur z. T. dürfte es noch zeitgenössische Philosophierichtungen geben, die z. B. dennoch auf eine (mögliche) Beziehung der Erkenntnis zur (objektiven) Realität abstellen, mag diese Realität auch nurmehr hypothetisch angenommen werden. Als Beispiel für eine zeitgenössische, aber nicht in dem aufgeführten Sinne postmoderne Philosophie, kann hier die sog. „Evolutionäre Erkenntnistheorie" genannt werden. Einer der gegenwärtig wichtigsten Vertreter dieser Ansicht ist Gerhard Vollmer.[2]

Dass die zeitgenössische philosophische Diskussion an der Existenz einer objektiven Wahrheit und damit auch an der (objektiven) Existenz des Selbst, sowie an einer verlässlichen Beziehung zwischen Sprache und Wirklichkeit, bzw. zwischen Logik der (Wort-)Sprache und der Mathematik und der durch diese abgebildeten Wirklichkeit zweifelt, resultiert aus der „revolutionären" Entwicklung der naturwissenschaftlichen Erkenntnisse in den letzten 100 Jahren. Will man diese Zweifel „nachempfinden", muss man sich auch mit der heutigen Physik, bzw. deren Grundlagenforschung beschäftigen, jedenfalls, sofern diese grundlegende philosophische Fragestellungen betrifft.

Dass die zeitgenössische philosophische Diskussion an der Möglichkeit von einheitlicher Bedeutung von Sprache, also an sich von einheitlicher Logik der (Wort-)Sprache und der Mathematik (um diese Bedeutung dann z. B. zur einheit-

---

[1] Vgl. dazu z. B. *Hans Jörg Sandkühler* (Hrsg.), Enzyklopädie Philosophie, 1. Aufl., Hamburg 2010, Bd. 2, unter dem Stichwort „Moderne/Postmoderne", S. 1632 ff.; vgl. aber auch aus der Rechtswissenschaft *Klaus F. Röhl/Hans Christian Röhl,* Allgemeine Rechtslehre, 3. Aufl., München 2008, S. 44 ff., mit Hinweis auf Jacques Derrida (1930–2004), Richard Rorty, Gunther C. M. Teubner (1944) und einer kritischen Einschätzung, die entgegen dem hier vertretenen Ansatz davon ausgeht, dass die genannten fundamentalen Zweifel wohl nicht weiterführen.

[2] Vgl. dazu *Axel Adrian,* Grundprobleme einer juristischen (gemeinschaftsrechtlichen) Methodenlehre, 1. Aufl., Berlin 2009, S. 685 ff. m.w. N. auch auf verschiedene Werke von Gerhard Vollmer.

III. Postmoderne und zeitgenössische Philosophie   37

lichen, abgeschlossenen Beschreibung bzw. Modellierung einer einheitlichen, objektiven, endlichen, abgeschlossenen Wirklichkeit verwenden zu können) zweifelt, resultiert aus der „revolutionären" Entwicklung der Erkenntnisse in der formalen Logik, Mathematik und Sprachphilosophie in den letzten 100 Jahren. Will man diese Zweifel „nachempfinden" muss man sich also auch mit der heutigen Logik, Mathematik und Sprachphilosophie, bzw. deren grundlegenden philosophischen Fragestellungen beschäftigen.

Die derzeit viel beachteten Neurowissenschaften[3], sofern diese aus der Biologie oder Medizin kommen, könnte man mehr der Naturwissenschaft, also der ersten Kategorie zuordnen. Sofern diese aber Denkvorgänge des menschlichen Gehirns mit Computermodellen simulieren oder mit Neuro-Fuzzy-Systemen modellieren, könnte man diese mehr den Strukturwissenschaften, also der Logik und der Mathematik zuordnen. Daher sollen diese Fragen in einem eigenen Abschnitt behandelt werden. Nach dem hier vertretenen Ansatz stellt dies aber nur eine Gliederung und keine „weltanschauliche Kategorisierung" dar.

---

[3] Ob natur- oder strukturwissenschaftlich basiert, die Neurowissenschaften dürften heute auch die wesentlichen Beiträge zur „urphilosophischen" Fragestellung nach der Möglichkeit von Willensfreiheit liefern. Diese wird allenthalben in der Rechtswissenschaft vorausgesetzt, obwohl sich dazu auch Aussagen finden, wie z.B. bei *Klaus F. Röhl/Hans Christian Röhl*, Allgemeine Rechtslehre, 3. Aufl., München 2008, S. 139: „Das Problem der Willensfreiheit (Determinismusproblem) ist schlechthin unlösbar." Dies zeigt, dass dieses „alte" Problem weiter, unter Berücksichtigung neuester Erkenntnisse aus möglichst allen Wissenschaften, zu analysieren bleibt. Siehe die sehr zahlreichen Nachweise z.B. bei *Michael Lindemann*, in: Krüper (Hrsg.), Grundlagen des Rechts, 1. Aufl., Baden-Baden 2010, S. 257 ff.; vgl. auch unten Ziff. IV. 4. lit. a).

IV. Wissenschaftliche Erkenntnisse

Im Folgenden sollen einige dieser „revolutionären" Erkenntnisse kurz dargestellt werden[1], um zu helfen die oben genannten Zweifel zu erzeugen, die zu den Überzeugungen zutreffender postmoderner Philosophie führen. Das Problem hierbei besteht darin, die Vollständigkeit und Radikalität der Dekonstruktion aller bisher für „sicher" geglaubten „Richtigkeitskriterien" zu erreichen, obwohl wir unsere Existenz selbst, die unserer Mitmenschen und die unserer Alltagswelt und die Möglichkeit zu leben, zu denken und mit anderen zu kommunizieren, jede Sekunde „spüren". Unsere Erfahrung „lehrt" uns von klein auf, dass alles um uns herum und auch wir selbst „wirklich" und „stabil" existieren. Diese „Vorurteile" gilt es nun zu entkräften.

1. Naturwissenschaft/Empirie

a) Mesokosmos und Makrokosmos – Relativitätstheorie

„(...) Die kognitive Nische des Menschen nennen wir Mesokosmos. Es ist eine Welt der mittleren Dimensionen: Mittlerer Entfernungen und Zeiten, kleiner Geschwindigkeiten und Kräfte, geringer Komplexität. Unsere Intuition (unser ‚ratiomorpher Apparat') ist auf die Welt der mittleren Dimensionen, auf den Mesokosmos geprägt. Hier ist unsere Intuition brauchbar – hier sind unsere spontanen Urteile zuverlässig; hier fühlen wir uns zu Hause. Während Wahrnehmung und Erfahrung vorwiegend mesokosmisch geprägt sind, vermag wissenschaftliche Erkenntnis den Mesokosmos zu überschreiten. Das geschieht in drei Richtungen. Zum besonders Kleinen, zum besonders Großen und zum besonders Komplizierten. Die Intuition lässt uns dabei erfahrungs- und erwartungsgemäß im Stich: Die Verhältnisse, etwa der Quantentheorie, der Relativitätstheorie, oder der Chaostheorie, kann sich niemand richtig vorstellen. Gleichwohl müssen wir fortwährend mit den Systemen umgehen. Dafür benötigen wir Werk- und ‚Denkzeuge', Unterricht und Übung. Das wichtigste ‚Denkzeug' ist die Sprache. Weitere Leitern zum Ausstieg aus dem Mesokosmos sind Algorithmen, Kalküle, Mathematik, Computer. (...)."[2]

---

[1] Vgl. auch bereits den zutreffenden Hinweis (und die Warnung), sich mit fachfremden Dingen beschäftigen zu müssen bei *Ralph Christensen/Hans Kudlich,* Theorie richterlichen Begründens, 1. Aufl., Berlin 2001, S. 448: „Dabei ist sie (die Theorie des richterlichen Begründens) gezwungen, eine Vielzahl wissenschaftlicher Perspektiven zu integrieren, wie etwa Linguistik und Soziologie, was mit dem Risiko verbunden ist, ständig über Dinge zu reden, die man nicht genau versteht." Daher erfolgten bereits und erfolgen in diesem Beitrag weiterhin längere Wortlautzitate wichtiger Denker, insbesondere aus anderen Disziplinen, um möglichst keinen Missverständnissen zu erliegen.

1. Naturwissenschaft/Empirie

Bevor man aus dem Mesokosmos „ausstieg", ging man ursprünglich davon aus, dass Raum und Zeit absolut sind. Diese Ansicht wurde stark geprägt von Isaac Newton und wird als klassische Physik auch heute in der Schule unterrichtet.[3] In dieser Weltbeschreibung gibt es objektive Raumzeit-Strukturen, wobei der Raum durch die euklidische Geometrie beschrieben wird.[4] Diese Strukturen sind unabhängig von allem „materiellen Geschehen".[5] Auch zu Zeiten Isaac Newtons gab es aber eine Gegenposition. Diese wurde von Gottfried Wilhelm Leibniz (1646–1716) vertreten. Danach sind Raum und Zeit nichts Absolutes, sondern stellen nur Relationen zwischen Körpern und Ereignissen dar.[6] Schließlich wurde später diese sog. „relationale" Gegenposition zu Isaac Newton durch Ernst W. J. W. Mach (1838–1916) mit neuen beachtlichen Argumenten vertreten, was auch die für die postmoderne Philosophie entscheidende Erweiterung der Erkenntnis beeinflusste[7], nämlich die spezielle und insbesondere die allgemeine Relativitätstheorie von Albert Einstein (1879–1955). So führt Albert Einstein selbst aus:

„(…) Die Naturforscher jener Zeiten waren vielmehr zumeist vom Gedanken durchdrungen, daß die Grundbegriffe und Grundgesetze der Physik nicht im logischen Sinne freie Erfindungen des menschlichen Geistes seien, sondern dieselben aus den Experimenten durch ‚Abstraktion' – d.h. auf einem logischen Weg – abgeleitet werden konnten. Die klare Erkenntnis von der Unrichtigkeit dieser Auffassung brachte eigentlich erst die allgemeine Relativitätstheorie; denn diese zeigte, dass man mit

---

[2] *Gerhard Vollmer*, Wieso können wir die Welt erkennen?, 1. Aufl., Stuttgart 2003, S. 21.

[3] Vgl. *Stephen Hawking* (1942), Eine kurze Geschichte der Zeit, Die Suche nach der Urkraft des Universums, 1. Aufl., Reinbek 1991, S. 210–212: „Zu Newtons Zeit konnte der Gebildete noch den gesamten Horizont menschlichen Wissens überblicken, zumindest in groben Umrissen. Seither aber hat sich die Entwicklung der Wissenschaft so beschleunigt, dass dazu niemand mehr imstande ist. Da man Theorien ständig verändert, um sie neuen Beobachtungen anzupassen, können sie nie zu einer für den Laien verständlichen Form verarbeitet und vereinfacht werden. Man muss schon ein Spezialist sein, und selbst dann kann man nur hoffen, einen kleinen Ausschnitt aus dem Spektrum wissenschaftlicher Theorien wirklich zu verstehen. Überdies ist das Tempo des Fortschritts so groß, das der Wissensstoff, den man an der Schule oder Universität vermittelt bekommt, stets schon ein bisschen veraltet ist. Nur wenige Menschen vermögen mit dem raschen Wandel unserer Erkenntnisse Schritt zu halten, und das nur, wenn sie dafür ihre ganze Zeit opfern und sich auf ein kleines Fachgebiet spezialisieren. Alle anderen haben kaum die Vorstellung von den Fortschritten, die erzielt werden, und der Aufregung, die sie hervorrufen. Vor siebzig Jahren haben, wenn man Eddington Glauben schenken darf, nur zwei Menschen die allgemeine Relativitätstheorie verstanden. Heute sind es Zehntausende von Hochschulabsolventen, und viele Millionen Menschen sind zumindest in großen Zügen mit ihr vertraut."

[4] *Gerhard Vollmer*, Was können wir wissen?, Bd. 1, 3. Aufl., Stuttgart 2003, S. 168 ff.: „Newtons Theorie wurde von Kant für absolut wahr gehalten."

[5] *Michael Esfeld* (Hrsg.), Philosophie der Physik, 3. Aufl., Berlin 2012, S. 13 ff. und insbes. S. 32 ff.

[6] *Michael Esfeld* (Hrsg.), Philosophie der Physik, 3. Aufl., Berlin 2012, S. 13 ff.

[7] *Michael Esfeld* (Hrsg.), Philosophie der Physik, 3. Aufl., Berlin 2012, S. 17.

einem von dem Newtonschen weitgehend abweichenden Fundament dem einschlägigen Kreis von Erfahrungstatsachen sogar in befriedigenderer und vollkommenerer Weise gerecht werden konnte, als es mit Issac Newtons Fundament möglich war. Aber ganz abgesehen von der Frage der Überlegenheit wird der fiktive Charakter der Grundlagen dadurch völlig evident, daß zwei wesentlich verschiedene Grundlagen aufgezeigt werden können, die mit der Erfahrung weitgehend übereinstimmen. Es wird dadurch jedenfalls bewiesen, daß jeder Versuch einer logischen Ableitung der Grundbegriffe und Grundgesetze der Mechanik aus elementaren Erfahrungen zum Scheitern verurteilt ist. Wenn es nun wahr ist, das die axiomatische Grundlage der theoretischen Physik nicht aus der Erfahrung erschlossen, sondern frei erfunden werden muß, dürfen wir dann überhaupt hoffen, den richtigen Weg zu finden? Noch mehr: Existiert dieser richtige Weg nicht nur in unserer Illusion? Dürfen wir denn hoffen, von der Erfahrung sicher geleitet zu werden, wenn es Theorien gibt, wie die klassische Mechanik, die der Erfahrung weitgehend gerecht werden, ohne die Sache in der Tiefe zu erfassen? Hierauf antworte ich mit aller Zuversicht, daß es den richtigen Weg nach meiner Meinung gibt und daß wir ihn auch zu finden vermögen. Nach unserer bisherigen Erfahrung sind wir nämlich zum Vertrauen berechtigt, daß die Natur die Realisierung des ‚mathematisch denkbar Einfachsten' ist. Durch rein mathematische Konstruktion vermögen wir nach meiner Überzeugung diejenigen Begriffe und diejenige gesetzliche Verknüpfung zwischen ihnen zu finden, die den Schlüssel für das Verstehen der Naturerscheinungen liefern. Die brauchbaren mathematischen Begriffe können durch Erfahrung wohl nahegelegt, aber keinesfalls aus ihr abgeleitet werden. Erfahrung bleibt natürlich das einzige Kriterium der Brauchbarkeit einer mathematischen Konstruktion für die Physik. Das eigentlich schöpferische Prinzip liegt aber in der Mathematik. In einem gewissen Sinn halte ich es also für wahr, daß dem reinen Denken das Erfassen des Wirklichen möglich sei, wie es die Alten geträumt haben."[8]

Albert Einstein hofft also trotz allem weiter auf eine verlässliche Beziehung zwischen Mathematik und Wirklichkeit.[9] Insofern ist bei ihm der Zweifel, der

---

[8] *Albert Einstein,* Mein Weltbild, 1. Aufl., Zürich 1979, S. 137; Man könnte Albert Einstein danach aber wohl wenigstens schon als Rationalisten bezeichnen.

[9] Albert Einstein zitiert nach *Hans Joachim Störig,* Kleine Weltgeschichte der Philosophie, 7. Aufl., Frankfurt 2011, S. 780 m.w.N.: „Nach meiner Überzeugung muß man (…) behaupten: die in unserem Denken und sprachlichen Äußerungen auftretenden Begriffe sind alle – logisch betrachtet – freie Schöpfungen des Denkens und können nicht aus den Sinnes-Erlebnissen induktiv gewonnen werden. Dies ist nur deshalb nicht so leicht zu bemerken, weil wir gewisse Begriffe und Begriffs-Verknüpfungen (Aussagen) gewohnheitsmäßig so fest mit gewissen Sinnes-Erlebnissen verbinden, dass wir uns der Kluft nicht bewußt werden, die – logisch unüberbrückbar – die Welt der sinnlichen Erlebnisse von der Welt der Begriffe und Aussagen trennt. So ist z. B. die Reihe der ganzen Zahlen offenbar eine Erfindung des Menschengeistes, ein selbstgeschaffenes Werkzeug, welche das Ordnen gewisser sinnlicher Erlebnisse erleichtert. Aber es gibt keinen Weg, diesen Begriff aus den Erlebnissen selbst gewissermaßen herauswachsen zu lassen. Ich wähle hier gerade den Begriff der Zahl, weil er dem vorwissenschaftlichen Denken angehört, und an ihm der konstruktive Charakter trotzdem noch leicht erkennbar ist (…). Damit Denken nicht in „Metaphysik" bzw. leeres Gerede ausartet, ist es nur notwendig, daß genügend viele Sätze des Begriffssystems mit Sinnes-Erlebnissen hinreichend sicher verbunden seien, und das Begriffssystem (…) möglichste Einheitlich-

postmoderne Philosophie ausmacht, noch nicht in der Schärfe gegeben, wie dieser hier vermittelt werden soll.[10]

b) Mikrokosmos – Quantentheorie

Christiaan Huygens (1629–1695) gilt als Begründer der Wellenoptik, da er vertrat, Licht habe Wellencharakter. Diese theoretische Annahme konnte er allerdings (noch) nicht durch Experimente eindeutig nachweisen. Isaac Newton entwickelte, sozusagen als Gegenposition, ebenfalls im 17. Jahrhundert eine „geometrische Optik". Er nahm dabei an, Licht bestehe aus Teilchen (Korpuskeltheorie). Daher spricht man auch heute noch vom Dualismus von Wellentheorie (Christiaan Huygens) und Korpuskeltheorie (Isaac Newton). Zwar zeigte 1802 Thomas Young (1773–1829) experimentell mit dem sog. Doppelspaltexperiment[11], dass Licht, welches durch einen „Doppelspalt" fällt, ein sog. Interferenz-

---

keit und Sparsamkeit zeige. Im Übrigen aber ist das ‚System' ein (logisch) freies Spiel mit Symbolen nach (logisch) willkürlich gegebenen Spielregeln. Dies gilt in gleicher Weise für das Denken des Alltags, wie für das mehr bewußt systematisch gestaltete Denken in den Wissenschaften." Vgl. auch allgemein zum Verständnis von Mathematik und Erfahrung als Quelle der Naturbeschreibung *Martin Carrier,* Wissenschaftstheorie zur Einführung, 3. Aufl., Hamburg 2011, S. 136 ff.

[10] Vgl. aber *Brigitte Falkenburg,* Mythos Determinismus. Wieviel erklärt uns die Hirnforschung?, 1. Aufl., Heidelberg 2012, S. 237 f.: „Die physikalische Erklärung von Phänomenen durch deterministische Naturgesetze vernachlässigt (...) die Zeitrichtung. Dasselbe gilt für alle anderen deterministischen Theorien, insbesondere für Maxwells Elektrodynamik oder Einsteins Spezielle und Allgemeine Relativitätstheorie. Einstein hielt die Zeit für eine Illusion, weil er an den Determinismus glaubte. (...) Jedoch zeigt schon die elektromagnetische Strahlung, dass nicht alle physikalischen Vorgänge reversibel sein können."

[11] Eine der m. E. besten Darstellungen des Problems findet sich bei *Roger Penrose* (1931), Computerdenken, 1. Aufl., Heidelberg, Berlin 2002, S. 224–229: „(...) Betrachten wir das „archetypische" Experiment der Quantenmechanik: Ein Elektronenstrahl, Licht oder eine andere Art von ‚Teilchenwellen' fällt durch zwei enge Schlitze auf einen Schirm. (...) Wir wollen uns für Licht entscheiden und die Lichtquanten nach der üblichen Terminologie ‚Photonen' nennen. Als Teilchen (...) gibt das Licht sich am deutlichsten auf dem Schirm zu erkennen. Dort kommt es in Form diskreter, lokalisierter Energiepakete an (...) niemals trifft nur die Energie eines ‚halben' Photons (oder irgendein anderer Bruchteil) auf. Der Lichteinfall ist ein Phänomen des Alles-oder-Nichts in Photonen-Einheiten. Man bekommt immer nur ganze Zahlen von Photonen zu sehen. Hingegen scheinen die Photonen sich wellenförmig zu verhalten, wenn sie durch die Schlitze treten. Nehmen wir zunächst an, dass nur ein Spalt offen ist (der andere sei blockiert). Nach dem Passieren des Spalts wird das Licht sich seitlich ausbreiten, und zwar durch Beugung, ein typisches Wellenphänomen. Aber man kann noch immer am Teilchenbild festhalten und sich vorstellen, die Nähe der Spaltkanten üben auf die Photonen irgendeinen Einfluss aus, der sie um einen zufälligen Betrag nach der einen oder anderen Seite ablenke. (...) Anscheinend werden die Photonen tatsächlich in zufälliger Weise abgelenkt, wenn sie den Spalt passieren; dabei gelten für verschiedene Ablenkungswinkel unterschiedliche Wahrscheinlichkeiten, und dadurch entsteht dann die beobachtete Beleuchtungsverteilung. Aber das Grundproblem des Teilchenbilds taucht auf, wenn wir den zweiten Spalt öffnen! Auf dem Schirm zeigt sich ein sogenanntes

muster ("Streifen") zeigt, also Maxima und Minima. Wie bei allen Wellen lässt sich also Licht durch Interferenz auslöschen. Das wurde als eindeutiger Beweis für den Wellencharakter des Lichts angesehen. Allerdings erfolgte die Entdeckung des sog. photoelektrischen Effektes ungefähr im gleichen Zeitraum. Mit dem Begriff photoelektrischer Effekt (oder auch lichtelektrischer Effekt bzw. Photoeffekt) werden Prozesse der Wechselwirkung von Lichtteilchen (Photonen) mit Materie bezeichnet. Albert Einstein erhielt 1922 den Nobelpreis für Physik, für seine Arbeit aus dem Jahr 1905 mit dem Titel „Über einen die Erzeugung und Verwandlung des Lichtes betreffenden heuristischen Gesichtspunkt" mit der dieses Phänomen erklärt wurde, und zwar unter der Annahme, dass Licht aus Kor-

---

Interferenzmuster, das aus etwa drei Millimeter breiten Streifen in der Nähe der Schirmmitte besteht. (...) Vielleicht hatten wir erwartet, dass sich durch das Öffnen des zweiten Spalts einfach die Intensität der Beleuchtung auf dem Schirm verdoppelt. Das ist sogar richtig, wenn wir die gesamte Beleuchtung betrachten. Aber wie sich jetzt zeigt, ist das detaillierte Muster der Intensität vollkommen verschieden von dem früheren Muster bei nur einem Spalt. An manchen Stellen des Schirms – wo das Muster am hellsten ist – ist die Beleuchtungsintensität nicht nur zweimal, sondern viermal so groß wie zuvor. An anderen Stellen – wo das Muster am dunkelsten ist – sinkt die Intensität auf Null. Die Punkte mit Intensität Null stellen vielleicht für das Teilchenbild das größte Rätsel dar. An diesen Punkten konnte ein Photon, solange nur ein Spalt offen war, ganz unbehelligt ankommen. Doch seit wir den zweiten Spalt geöffnet haben, stellt sich auf einmal heraus, dass das Photon irgendwie gehindert wird, dasselbe zu tun wie vorher. Wieso haben wir dem Photon, indem wir einen zweiten Weg zur Auswahl angeboten haben, in Wirklichkeit beide Wege versperrt? Im Maßstab des Photons liegt – wenn wir seine Wellenlänge als Maß für seine ‚Größe' nehmen – der zweite Spalt rund 300 ‚Photonengrößen' vom ersten entfernt. (...) Woher weiß dann das Photon beim Durchgang durch einen Spalt, ob der andere offen ist oder nicht? Im Prinzip kann der Abstand der beiden Schlitze beliebig groß werden, ohne dass dieses ‚Auslöschen' oder ‚Verstärken' aufhört. Das Licht scheint sich nun beim Passieren eines Spalts (oder beider Schlitze) wie eine Welle und nicht wie ein Teilchen zu verhalten! (...) Jedes einzelne Photon verhält sich ganz für sich wie eine Welle! In gewissem Sinne passiert jedes Teilchen beide Schlitze zugleich und interferiert mit sich selbst! Indem man nämlich die Gesamtintensität des Lichts genügend reduziert, kann man erreichen, dass nur noch ein einziges Photon zur selben Zeit in die Nähe der Schlitze gelangt. Das Phänomen der destruktiven Interferenz, bei dem zwei Alternativwege für das Photon es irgendwie fertig bringen, einander als verwirklichte Möglichkeiten auszulöschen, gilt für einzelne Photonen. Steht dem Photon nur einer der beiden Wege offen, dann kann es diesen Weg durchlaufen. Steht dem Photon nur der andere Weg offen, so kann es stattdessen diesen anderen nehmen. Doch wenn dem Photon beide Wege zur Verfügung stehen, dann löschen die beiden Möglichkeiten einander wie durch ein Wunder aus, und das Photon kann anscheinend keinen der beiden Wege durchlaufen! (...) Als Beleg dafür, dass das Teilchen nicht teilweise durch einen und teilweise durch den anderen Spalt geht, kann man eine abgeänderte Situation betrachten: An einem der beiden Schlitze ist ein Teilchendetektor angebracht. Da ein Photon – oder jedes andere Teilchen – bei der Beobachtung immer als ein Ganzes und nicht als Bruchteil eines Ganzen auftritt, muss unser Detektor unbedingt entweder ein ganzes Photon nachweisen oder gar keines. Doch wenn der Detektor an einem der beiden Schlitze sitzt, so dass ein Beobachter sagen kann, welchen Spalt das Photon passiert hat, verschwindet das wellige Interferenzmuster auf dem Schirm. Damit Interferenz eintreten kann, muss offensichtlich ein ‚Mangel an Wissen' darüber bestehen, durch welchen Spalt das Teilchen ‚wirklich' getreten ist. (...) Die obige Darstellung trifft keineswegs nur auf Photonen zu."

puskeln, also Teilchen, besteht. Dies und die Entdeckung des sog. Wirkungsquantums von Max K. E. L. Planck (1858–1947) im Jahre 1900 stellen wohl den Beginn der sog. Quantenmechanik dar.

Nun scheint es, oberflächlich betrachtet, so zu sein, dass man als Physiker entweder eine Wellentheorie oder eine Teilchentheorie „einsetzt", je nachdem was man untersuchen will. Aber dies ist nicht der Fall. Die Quantenmechanik (bzw. genauer die unter dem Begriff der Quantentheorie zusammengefasste Theoriefamilie)[12] betrifft ein viel fundamentaleres Problem. Mit Roger Penrose kann man sagen:

„Der Leser sollte innehalten, um die Tragweite dieser außerordentlichen Tatsache zu bedenken. Es geht gar nicht darum, dass Licht sich manchmal wie Teilchen und manchmal wie Wellen verhält, sondern um folgendes: *Jedes einzelne Teilchen verhält sich ganz für sich genommen wellenförmig; und verschiedene alternative Möglichkeiten, die einem Teilchen offenstehen, können einander manchmal auslöschen!*"[13]

„Für Elektronen oder jede andere Teilchenart, ja sogar für ganze Atome gilt das Gleiche. Die Regeln der Quantenmechanik scheinen sogar darauf zu bestehen, dass Billardkugeln und Elefanten sich auf diese seltsame Art zu benehmen haben und dass verschiedene alternative Möglichkeiten sich irgendwie zu komplexzahligen Kombinationen ‚addieren' können! Doch in Wirklichkeit sehen wir niemals, dass Billardkugeln oder Elefanten sich so seltsam überlagern."[14]

Man müsste also an sich jeden Gegenstand als eine solche „Teilchenwelle" beschreiben.

„Die Überlegungen des vorausgehenden Abschnitts zeigen, welche Grenzen der Anwendung anschaulicher Modelle wie ‚Welle' und ‚Teilchen' im Mikrobereich gesetzt sind. (…) Keines der anschaulichen Modelle ‚Welle' bzw. ‚Teilchen' beschreibt das wirkliche Verhalten von Licht bzw. von Elektronen umfassend. Ein Elektron ist weder Teilchen noch Welle; Licht ist weder eine Wellenerscheinung noch ein Strom von Teilchen im klassischen Sinn. Ein umfassendes anschauliches Modell für das Verhalten von Licht (Elektronen) gibt es bis heute nicht. Seit etwa 50 Jahren existiert allerdings eine einheitliche und umfassende mathematische Theorie für die Physik der Mikroteilchen, die Quantenmechanik (…). Das Verhalten eines Teilchens in einer gegebenen Versuchsanordnung wird durch eine ortsabhängige Wellenfunktion $\Psi(x)$ beschrieben. $\Psi(x)$ ist die Lösung einer Differentialgleichung, der sogenannten Schrödinger-Gleichung. Die Wellenfunktion $\Psi(x)$ besitzt im Allgemeinen komplexe Werte, ihr selbst kommt keine physikalische Bedeutung zu. Dagegen ist $|\Psi(x)|$ ein Maß für die Aufenthaltswahrscheinlichkeit eines Teilchens am Ort x. (…) Die Quantenmechanik liefert grundsätzlich nur Wahrscheinlichkeitsaussagen über den Ort von Mikroteilchen in einer gegebenen Versuchsanordnung. Über das Verhalten einzelner Mikro-

---

[12] Vgl. zu den Begriffen Quantenmechanik, Quantentheorie und Quantenfeldtheorie z.B. *Manfred Stöckler*, in: Bartels/Stöckler, Wissenschaftstheorie. Ein Studienbuch, 2. Aufl., Paderborn 2009, S. 243 ff. und *Manfred Stöckler*, Materie in Raum und Zeit?, in: Philosophia naturalis, 1990, S. 111 ff.

[13] *Roger Penrose*, Computerdenken, 1. Aufl., Heidelberg, Berlin 2002, S. 228.

[14] *Roger Penrose*, Computerdenken, 1. Aufl., Heidelberg, Berlin 2002, S. 229.

teilchen können keine Aussagen gemacht werden. Der Begriff ‚Bahn eines Teilchens' verliert im atomaren Bereich seinen Sinn.

Quantenmechanische Aussagen unterscheiden sich somit grundlegend von denen der klassischen Mechanik. In der klassischen Physik wird jede Erscheinung als notwendige Folge bestimmter Ursachen gedeutet; umgekehrt wird der Zustand der Natur zu einem bestimmten Zeitpunkt als Ursache aller späteren Vorgänge angesehen, die zwangsläufig folgen müssen: Der Ablauf der Vorgänge in der Natur ist determiniert. (...) In der quantenmechanischen Beschreibung der Natur gibt es einen solchen Determinismus nicht. Die Quantenmechanik liefert nur Wahrscheinlichkeitsaussagen, die erst am Verhalten vieler Mikroobjekte experimentell überprüft werden können.

Man könnte deshalb vermuten, daß die Quantenmechanik nur eine vorläufige und unvollständige Theorie ist, die eines Tages durch eine bessere ersetzt werden kann, welche Kausalaussagen für den atomaren Bereich ermöglicht. Das entscheidende Argument gegen diesen Einwand und für die statistische Deutung der Quantenmechanik stammt von Heisenberg. Nach dem von ihm ausgesprochenen Unschärfeprinzip ist es nämlich grundsätzlich unmöglich, überhaupt den Anfangszustand eines physikalischen Systems zu irgendeinem Zeitpunkt genau zu bestimmen. Damit entfällt die Grundlage für eine kausale Beschreibung der Natur."[15]

„Die bisherigen Überlegungen mit Mikroteilchen zeigten, daß es nicht möglich ist, die klassischen Begriffe Ort, Bahn, Impuls, usw. ohne weiteres auf sie anzuwenden. Die Heisenbergsche Unschärferelation zeigt auf, welcher Einschränkung die Anwendung klassischer Begriffe auf Mikroteilchen unterliegt. Mit ihr kann auch verständlich gemacht werden, warum man das Verhalten solcher Mikroteilchen manchmal als Teilchen, manchmal als Welle beschreibt, obwohl die Mikroobjekte weder Teilchen noch Wellen sind. Eine mögliche Formulierung des Heisenbergschen Unschärfeprinzips lautet: Ort und Impuls eines Teilchens können nicht gleichzeitig beliebig genau bestimmt werden."[16]

Bei der 1927 von Werner Heisenberg (1901–1976) formulierten Unschärferelation handelt es sich um ein prinzipielles Phänomen und nicht um ein Problem, das man z. B. mit leistungsfähigeren Computern beheben könnte.[17]

„Werner Heisenberg etwa schrieb, es sei unmöglich, ‚zu der Realitätsvorstellung der klassischen Physik (...) zurückzukehren, also zur Vorstellung einer objektiven, realen Welt, deren kleinste Teile in der gleichen Weise objektiv existieren wie Steine und Bäume, gleichgültig, ob wir sie beobachten oder nicht.' (...) Wovon handelt dann die Quantenmechanik eigentlich? Für Physikstudenten ist es zunächst ein Haufen abstrakter Mathematik, „Hilberträume", (...), etc., und man mag die Hoffnung haben, dass man mit dem weitergehenden Verständnis dieser Mathematik auch Einsicht in den physikalischen Inhalt der Theorie erhält. (...) Doch am Ende des Tages bleibt wohl der Eindruck, dass ein Verständnis der Natur im ursprünglichen Sinn des Wor-

---

[15] *Anton Müller/Ernst Leitner/Wolfgang Dilg,* Physik Leistungskurs 3. Semester, 7. Aufl., 1989, S. 153 f.

[16] *Anton Müller/Ernst Leitner/Wolfgang Dilg,* Physik Leistungskurs 3. Semester, 7. Aufl., 1989, S. 155.

[17] Vgl. *Axel Adrian,* Grundprobleme einer juristischen (gemeinschaftsrechtlichen) Methodenlehre, 1. Aufl., Berlin 2009, S. 711 FN 590 m.w.N.

tes unmöglich ist. Der Determinismus und die Idee einer objektiven physikalischen Realität wurden mit der Quantenmechanik zu Grabe getragen. (...)."[18]

c) Ergebnis: Prinzipieller Zweifel an objektiver Wirklichkeit

Im Grunde basiert die Hoffnung, Theorien an der Realität auf deren (objektive) Richtigkeit hin überprüfen zu können, ohnehin auf einer Paradoxie[19]. Inwieweit Naturgesetze durch Messungen und Messgeräte überhaupt nachgewiesen werden können, wird in einem Dialog zwischen Werner Heisenberg und Albert Einstein erörtert und prinzipiell in Frage gestellt.[20] Während eines zitierten Dialogs, „lässt" Werner Heisenberg Albert Einstein folgendes sagen:

„(...), ich kann vorsichtiger sagen, es mag heuristisch von Wert sein, sich daran zu erinnern, was man wirklich beobachtet. Aber vom prinzipiellen Standpunkt aus ist es

---

[18] Wörtlich zitiert nach *Michael Esfeld* (Hrsg.), Philosophie der Physik, 3. Aufl., Berlin 2012, S. 110 f.; Der Textabschnitt endet sodann wie folgt: „Zusammen mit der Quantenphysik entstand auch eine Disziplin, die wir *Quantenphilosophie* nennen können. Die Quantenphilosophie versucht zu begründen, warum, ganz gleich, wie skurril und unverständlich die Quantenmechanik erscheinen mag, Physik gar nicht anders sein kann – warum also eine Beschreibung der Natur im klassischen Sinne prinzipiell unmöglich ist. Gleichzeitig muss sie aber erklären, wie die Quantenmechanik dennoch unsere Erfahrungswirklichkeit beschreiben kann, in der Katzen entweder tot oder lebendig, nicht aber beides zugleich oder keines von beidem sind. Doch die Quantenphilosophie erklärt nichts. Sie ist selbst kaum zu verstehen." Vgl. zu verschiedenen auch aktuellen Interpretationen der Quantentheorie z.B. *Manfred Stöckler*, in: Bartels/Stöckler, Wissenschaftstheorie. Ein Studienbuch, 2. Aufl., Paderborn 2009, S. 258 ff.

[19] Aber nicht nur im empirischen Bereich begegnen uns Paradoxien. Auch im normativen Bereich enden Konzepte mit Paradoxien. Vgl. z.B. den Hinweis bei *Ralph Christensen/Hans Kudlich,* Gesetzesbindung. Vom vertikalen zum horizontalen Verständnis, 1. Aufl., Berlin 2008, S. 216: „Die triviale Alltagspraxis der Jurisprudenz weist also bei genauer Betrachtung Untiefen auf. Es zeigt sich nämlich das Paradox, dass Juristen an das gebunden sind, was sie selbst produzieren."

[20] Dieser Dialog veranschaulicht auch das sog. Basisproblem. Danach können Theorien nicht unmittelbar an der empirischen Realität geprüft werden, weil die Vorstellung von Realität sozusagen ihrerseits theorieabhängig ist. Die Überprüfung von Annahmen mit empirischen Methoden führt entweder in einen epistemologischen Zirkel oder in einen unendlichen Regress. Vgl. dazu *Bernhard Lauth/Jamel Sareiter*, Wissenschaftliche Erkenntnis, Ideengeschichtliche Einführung in die Wissenschaftstheorie, 2. Aufl., Paderborn 2005, S. 25 f. und dort u.a. wörtlich: „Wissenschaftliche Theorien sind im strengen Sinne weder definitiv verifizierbar (wegen des Induktionsproblems), noch definitiv falsifizierbar (wegen des Basisproblems). Eine empirische Überprüfung von wissenschaftlichen Theorien läuft also immer darauf hinaus, daß wir unzuverlässige Theorien mit unzuverlässigen Daten vergleichen müssen: Ein *direkter Vergleich* zwischen Theorie und Realität ist daher nicht möglich." Lauth/Sareiter wollen aber dennoch nicht so weit gehen, wie der vorliegende Ansatz, und führen trotz aller postmodernen Zweifel, ab S. 179 ff. einige Argumente an, „die für die Annahme bzw. Beibehaltung einer realistischen Ontologie und einer realistischen Semantik sprechen"; vgl. zum Zusammenhang von Quantentheorie und der Frage, was eigentlich ein Messgerät ist auch z.B. *Manfred Stöckler,* in: Bartels/Stöckler, Wissenschaftstheorie. Ein Studienbuch, 2. Aufl., Paderborn 2009, S. 256 f.

ganz falsch, eine Theorie nur auf beobachtbare Größen gründen zu wollen. Denn es ist ja in Wirklichkeit genau umgekehrt. Erst die Theorie entscheidet darüber, was man beobachten kann. Sehen Sie, die Beobachtung ist ja im Allgemeinen ein sehr komplizierter Prozess. Der Vorgang, der beobachtet werden soll, ruft irgendwelche Geschehnisse in unserem Meßapparat hervor. Als Folge davon laufen dann in diesem Apparat weitere Vorgänge ab, die schließlich auf Umwegen den sinnlichen Eindruck und die Fixierung des Ergebnisses in unserem Bewußtsein bewirken. Auf diesem ganzen langen Weg vom Vorgang bis zur Fixierung in unserem Bewußtsein müssen wir wissen, wie die Natur funktioniert, müssen wir die Naturgesetze wenigstens praktisch kennen, wenn wir behaupten wollen, dass wir etwas beobachtet haben. Nur die Theorie, das heißt die Kenntnis der Naturgesetze, erlaubt uns also, aus dem sinnlichen Eindruck auf den zugrunde liegenden Vorgang zu schließen. Wenn man behauptet, dass man etwas beobachten kann, so müßte man also eigentlich genauer so sagen: Obwohl wir uns anschicken, neue Naturgesetze zu formulieren, die nicht mit den bisherigen übereinstimmen, vermuten wir doch, das die bisherigen Naturgesetze auf dem Weg vom zu beobachtenden Vorgang bis zu unserem Bewußtsein so genau funktionieren, das wir uns auf sie verlassen und daher von Beobachtungen reden dürfen."[21]

Wenn die Idee einer objektiven physikalischen Realität bzw. Wirklichkeit von der Physik, wie oben zu zeigen versucht wurde, insbesondere durch die Allgemeine Relativitätstheorie und die Quantenphysik[22] selbst „zu Grabe getragen" wurde, ist aber auch ganz prinzipiell jede Hoffnung auf die Möglichkeit einer

---

[21] *Werner Heisenberg,* Der Teil und das Ganze, München 1969, S. 80 f.

[22] Vgl. aber z.B. *Manfred Stöckler,* in: Bartels/Stöckler, Wissenschaftstheorie. Ein Studienbuch, 2. Aufl., Paderborn 2009, S. 258, der nicht so weit reichende philosophische Konsequenzen aus der Quantentheorie ziehen möchte. Er möchte vielmehr „das Fazit ziehen, dass man die Auseinandersetzung um den Realismus besser ohne Unterstützung der Quantentheorie führt." Stöckler fragt in seinem Beitrag „Philosophen in der Mikrowelt – ratlos? – Zum gegenwärtigen Stand des Grundlagenstreits in der Quantenmechanik", in Zeitschrift für allgemeine Wissenschaftstheorie, 1986, S. 68 ff. (92) schließlich, ob man für eine Abschwächung des erkenntnistheoretischen Anspruchs, was hier vertreten wird, da sogar die wissenschaftstheoretische Aufgabe des Kriteriums der empirischen Prüfbarkeit gefordert wird, plädieren soll, oder ob man dennoch der Tradition des Realismus anhängen soll. Stöckler wörtlich: „Die meisten Physiker und vermutlich auch die Mehrzahl der Wissenschaftstheoretiker haben sich für erstere Variante entschieden. Hier soll, jedoch für die Minderheit eine Lanze gebrochen werden." Vgl. auch *Manfred Stöckler,* Materie in Raum und Zeit?, in: Philosophia naturalis, 1990, S. 111 ff. und *Manfred Stöckler,* Umsturz im Weltbild der Physik: Bemerkungen zur Interpretation der Quantentheorie und zu ihren Folgen für die Naturauffassung der Gegenwart, in: Naturauffassungen in Philosophie, Wissenschaft, Technik, Bd. IV, hgg. von L. Schäfer & E. Ströker, Freiburg/München 1996, S. 35 ff.; Wie hier allerdings z.B. auch *Brigitte Falkenburg,* Mythos Determinismus. Wieviel erklärt uns die Hirnforschung?, 1. Aufl., Heidelberg 2012, S. 98 ff., 238 f., 244 ff., 279 ff., und z.B. S. 397: „Die Quantentheorie, „die seltsame Theorie des Lichts und der Materie", ist bis heute philosophisch nicht wirklich verstanden. Der lange Weg zur Quantenphysik der Atome lehrt übrigens auch, wie stark Modelle an der Wirklichkeit vorbeigehen können, ohne dass dies ihr heuristisches Potential beeinträchtigen muss. Modelle müssen überhaupt nicht wirklichkeitsgetreu sein, um als nützliche Werkzeuge für Naturerkenntnis oder für technische Anwendungen zu dienen."

empirischen Überprüfbarkeit von Theorien an der Wirklichkeit verlorengegangen.[23]

Es bleibt dann z. B. nur die Frage nach der „Gangbarkeit" von Theorien, also die Frage nach einer (praktischen) Nützlichkeit, wie dies z. B. Ernst von Glasersfeld mit dem sog. „Radikalen Konstruktivismus" vorschlug.[24] Dies ist insofern „radikaler"[25], als z. B. die „Evolutionäre Erkenntnistheorie" von Gerhard Vollmer und auch als der „Kritische Rationalismus" von Karl R. Popper, die die Hoffnung einer „evolutionären" Entwicklungsmöglichkeit der (natur-)wissenschaftlichen Erkenntnisse hin zu immer besseren (i. S. v. realitätsgetreueren) Beschreibungen, der immer noch (wenigstens hypothetisch) für existierend gehaltenen Realität, nicht vollständig aufgegeben haben. Nach richtigem Verständnis kann es heute darum aber nicht mehr gehen, sondern nur noch um Widerspruchsfreiheit einer Theorie, die (nach welchen sonstigen Kriterien auch immer) für die Lösung des gestellten Problems brauchbar ist.[26]

---

[23] Vgl. auch ganz grundsätzlich *Brigitte Falkenburg*, Mythos Determinismus. Wieviel erklärt uns die Hirnforschung?, 1. Aufl., Heidelberg 2012; vgl. zum Zusammenhang von Quantentheorie und Verlust des Determinismus z. B. *Manfred Stöckler*, in: Bartels/Stöckler, Wissenschaftstheorie. Ein Studienbuch, 2. Aufl., Paderborn 2009, S. 257; In der Rechtswissenschaft vgl. z. B. *Klaus F. Röhl/Hans Christian Röhl*, Allgemeine Rechtslehre, 3. Aufl., München 2008, S. 100 f., sehen zwar auch die Bedeutung von Albert Einstein und Werner Heisenberg, und stellen beide in den Zusammenhang zur Hinführung auf postmoderne Philosophie, namentlich in Hinsicht auf den Konstruktivismus. Allerdings wird dabei (noch) nicht festgestellt, dass unabhängig von Konstruktivismus und ganz allgemein von postmoderner Philosophie, heute das Konzept des Determinismus in der modernen theoretischen Physik „obsolet" ist. Vgl. auch den Hinweis von *Karsten Schneider*, in: Funke/Lüdemann, Öffentliches Recht und Wissenschaftstheorie, 1. Aufl., Tübingen 2009, S. 55 f.: „Die moderne Wissenschaftstheorie steht diesbezüglich (für das Verhältnis zwischen Methodologie und Gegenstand) auf dem prima facie überraschenden Standpunkt, dass weder analysierende noch historisierende Untersuchungen irgendeines ‚praktischen Entscheidungsverhaltens' Prüfsteine der Wahrheit einer Methodologie liefern können. Mit anderen Worten geht es der modernen Wissenschaftstheorie dabei um die These, dass Methodologie nicht als eine empirische Disziplin begriffen werden sollte, die sich einer Überprüfung durch Fakten (im konkreten Fall also etwa denjenigen der Rechtsprechungsgeschichte) zu unterziehen hätte. Nach einem berühmten Diktum Karl Poppers wird Methodologie heute ganz allgemein als eine ‚philosophische' oder auch ‚metaphysische' Disziplin bezeichnet, man könnte auch sagen: als ‚normativer Vorschlag'."

[24] *Axel Adrian*, Grundprobleme einer juristischen (gemeinschaftsrechtlichen) Methodenlehre, 1. Aufl., Berlin 2009, S. 761 ff. m.w. N.

[25] *Ernst von Glasersfeld*, Radikaler Konstruktivismus, 1. Aufl., Frankfurt a. M. 1997, S. 52 ff., auch mit dem Hinweis auf diesen Unterschied zu Karl R. Poppers Auffassung.

[26] Eine „Weltformel" (diskutiert werden hier z. B. die Stringtheorie von Stephen Hawking oder die Theorie der Schleifen-Quantenquantengravitation von Martin Bojowald, etc.) am Ende der Entwicklungen der Erkenntnisse hin zur (nach dem hier vertretenen Ansatz nur vermeintlich) wirklichkeitsgetreuesten Theorie, müsste alles beschreiben können und auch den Anfang von allem kennen. Vgl. aber *Martin Bojowald*, Zurück vor dem Urknall, 3. Aufl., Frankfurt a. M. 2009, S. 12: „Das Urknall-Modell des Universums beruht sowohl auf der Allgemeinen Relativitätstheorie in der Beschreibung von Raum, Zeit und der treibenden Gravitationskraft als auch auf der Quantentheorie

IV. Wissenschaftliche Erkenntnisse

Damit muss man sich nun aber folgerichtig gerade mit der Möglichkeit des einzig verbliebenen „Richtigkeitskriteriums", nämlich der Widerspruchsfreiheit (Kohärenz) und Selbstbezüglichkeit von wissenschaftlichen Aussagen, Theorien, Konzepten, etc. befassen, also mit der Leistungsfähigkeit von Logik und Mathematik, zusammengefasst mit der „Strukturwissenschaft".[27]

(...) Trotz aller Erfolge ergibt die Allgemeine Relativitätstheorie zusammen mit der Quantentheorie (...) keine vollständige Beschreibung des Universums. Löst man die mathematischen Gleichungen der Allgemeinen Relativitätstheorie, um ein Modell des zeitlichen Verlaufs des Universums zu erhalten, so erhält man immer einen Zeitpunkt, die sogenannte Urknall-Singularität, zu dem die Temperatur des Universums unendlich groß war. (...) Aber Unendlich als Resultat einer physikalischen Theorie bedeutet schlicht, dass die Theorie überstrapaziert wurde. Ihre Gleichungen verlieren an solch einem Punkt sämtlichen Sinn." Auch Stephen Hawking zeigt auf, aus welchen Teiltheorien eine Weltformel bestehen müsste und welche Probleme dabei entstehen (*Stephen Hawking*, Eine kurze Geschichte der Zeit, Die Suche nach der Urkraft des Universums, 1. Aufl., Reinbek 1991, S. 196): „In den vorangegangenen Kapiteln habe ich die allgemeine Relativitätstheorie, also die Teiltheorie der Gravitation, und die Teiltheorien beschrieben, welche die schwache, die starke und die elektromagnetische Kraft bestimmen. Die letzten drei lassen sich zu den sogenannten Großen Vereinheitlichten Theorien, den GUTs, zusammenfassen, die aber noch nicht sehr befriedigend sind, weil sie die Gravitation nicht einbeziehen und weil sie eine Reihe von Größen, zum Beispiel die relativen Massen der verschiedenen Teilchen, enthalten, die sich nicht aus der Theorie ableiten lassen, sondern so gewählt werden müssen, daß sie mit den Beobachtungsdaten übereinstimmen. Die Hauptschwierigkeit, eine Theorie zu finden, die die Gravitation mit den anderen Kräften vereinigt, liegt darin, dass die allgemeine Relativitätstheorie eine ‚klassische Theorie' ist, das heißt, die Unschärferelation der Quantenmechanik nicht berücksichtigt. Andererseits beruhen die anderen Teiltheorien wesentlich auf der Quantenmechanik. Deshalb ist es zunächst erforderlich, die allgemeine Relativitätstheorie mit der Unschärferelation zu verbinden." Und weiter *Stephen Hawking*, Eine kurze Geschichte der Zeit, Die Suche nach der Urkraft des Universums, 1. Aufl., Reinbek 1991, S. 210–212: „Selbst wenn wir eine vollständige einheitliche Theorie entdecken, würde dies nicht bedeuten, dass wir ganz allgemein Ereignisse vorhersagen konnten. Das hat zwei Gründe. Erstens wird unsere Vorhersagefähigkeit durch die Unschärferelation der Quantenmechanik eingeschränkt. Dieses Prinzip läßt sich durch nichts außer Kraft setzen. In der Praxis wirkt sich diese Einschränkung jedoch weniger restriktiv aus als die zweite. Sie erwächst aus unserer Unfähigkeit, die Gleichungen der Theorie, von sehr einfachen Situationen abgesehen, exakt zu lösen. (Wir können noch nicht einmal exakte Lösungen für die Bewegung dreier Körper in Newtons Gravitationstheorie finden, und die Schwierigkeiten wachsen mit der Zahl der Körper und der Komplexität der Theorie.) Die Gesetze, die – von ganz extremen Bedingungen abgesehen – das Verhalten der Materie regieren, sind uns bereits bekannt. Vor allem kennen wir die grundlegenden Gesetze, die chemische und biologische Prozesse steuern. Aber das berechtigt uns nicht, von gelösten Problemen in jenen Bereichen zu sprechen. Jedenfalls haben wir zum Beispiel bislang wenig Erfolg damit gehabt, menschliches Verhalten aus mathematischen Gleichungen vorherzusagen! Selbst wenn wir also ein vollständiges System von grundlegenden Gesetzen fänden, stünden wir in den folgenden Jahren noch immer vor der schwierigen Aufgabe, bessere Näherungsmethoden zu entwickeln, um brauchbare Vorhersagen über wahrscheinliche Konsequenzen komplizierter realer Situationen zu machen."

[27] *Albert Einstein*, Mein Weltbild, 1. Aufl., Zürich 1979, S. 141: „Soweit sich die Gesetze der Mathematik auf die Wirklichkeit beziehen, sind sie nicht gewiß. Und soweit sie gewiß sind, beziehen sie sich nicht auf die Wirklichkeit." Auch *Bart Kosko*, Die

2. Strukturwissenschaft/Kohärenz

a) Logik

Ausführungen zur Logik[28] beginnen oft bei Aristoteles, insbesondere weil er die Syllogistik darlegte, die für unseren „heutigen" Justizsyllogismus immer noch Bedeutung hat. Dabei benutzte Aristoteles „logos" im Sinn von „Definition", Platon (428/427–348/447 v. Chr.) in den Bedeutungen „Darstellung", „Erklärung", „Aussage". Bei Heraklit (535–475 v. Chr.) bedeutete es die „ewige Struktur der Welt". Die Stoa sah im „logos" das „Vernunftprinzip des Weltalls und das, woraus alle Tätigkeit entsteht". Im Johannes Evangelium bedeutet „logos" schließlich „Wort Gottes".[29] Daraus wird bereits deutlich, dass man glaubte und z.T. wohl auch heute noch (irrtümlich) glaubt, Logik in diesem „alten" Sinne, „steckt in allem", also in der Welt (Natur), in der Mathematik und in der Sprache. Auch heute noch kann man im sog. klassischen Justizsyllogismus[30], dem Schlussverfahren, der richterlichen Entscheidungsfindung, dem logischen Obersatz, der aus der Rechtsnorm gebildet wird, die „Geisteswissenschaft" und dem logischen Untersatz, der die Tatsachenfeststellung enthält, die „Naturwissenschaft"[31] zuordnen.[32] So wurde und wird auch heute noch in dieser „klassischen Logik" mit „Worten" gearbeitet, da man eine „formale Struktur" nicht von der zu strukturierenden Welt unterscheidet. Von Anfang an hatte man es aber mit logischen Paradoxien zu tun. Zu nennen ist als Urform aller Paradoxien, diejenige des Parmenides, der im 6./7. Jahrhundert v. Chr. in Knossos auf Kreta und in Athen lebte und dessen berühmtester Ausspruch als Kreter war: „Alle Kreter sind Lügner und alle von Kretern aufgestellten Behauptungen sind Lügen."[33]

Zukunft ist fuzzy, 1. Aufl., München 2001, zitiert Albert Einstein auf dem Klappentext der vorderen Umschlagklappe seines Buches.

[28] Das Wort leitet sich von griechisch „logos" her, was wiederum auf „legein" zurückführbar ist, was „sprechen", „reden" bedeutet. Das Wort meint „vernünftige Rede".

[29] Siehe zum Ganzen den Beitrag zum Stichwort „logos", aus dem z.T. auch wörtlich zitiert wurde, in *Rowohlt*, Rowohlt Philosophielexikon, 1. Aufl., Reinbek 1991; *Jens Soentgen*, Selbstdenken, 1. Aufl., Wuppertal 2003, S. 117 ff.

[30] *Karl Engisch*, Logische Studien zur Gesetzesanwendung, 3. Aufl., Heidelberg 1963, S. 7 f.; *ders.*, in: FS Juristische Fakultät zur 600-Jahr-Feier der Ruprecht-Karls-Universität Heidelberg, Heidelberg 1986, S. 3 ff. (55); *Wolfgang Fikentscher*, Methoden des Rechts in vergleichender Darstellung, Bd. 3, 1. Aufl., Tübingen 1976, S. 745; *Karl Larenz*, Methodenlehre der Rechtswissenschaft, 6. Aufl., Berlin 1991, S. 271; *Edward E. Ott*, Methode der Rechtsanwendung, Zürich 1979, S. 93; *Reinhold Zippelius*, Juristische Methodenlehre, 11. Aufl., München 2012, S. 79 f.

[31] Vgl. z.B. *Wolfgang Fikentscher*, Methoden des Rechts in vergleichender Darstellung, Bd. 3, 1. Aufl., Tübingen 1976, S. 751; *Philippe Mastronardi*, Juristisches Denken, 1. Aufl., Bern 2001, S. 188 ff.; *Jan Schapp*, Methodenlehre, allgemeine Lehren des Rechts und Fall-Lösung, in: RECHTSTHEORIE 2001, 305 ff., 317 f.

[32] *Axel Adrian*, Wie wissenschaftlich ist die Rechtswissenschaft?, in: RECHTSTHEORIE 2010, S. 529 f.

[33] Diese Paradoxie ist aus dem Brief des Paulus an Titus 1, 12. bekannt; allgemein zur Bedeutung von Paradoxien in der Wissenschaftstheorie vgl. *Gerhard Vollmer*, Wis-

Als erster schlug wohl Gottfried Wilhelm Leibniz, wenn auch nur ansatzweise vor, ein Denkverfahren zu (er)finden, bei dem es nicht auf die Bedeutungen der einzelnen Elemente des Denkverfahrens, also auf den Zusammenhang zwischen Zeichen und Sprachbedeutung oder Zeichen und Welt- bzw. Naturerscheinung, etc. ankommt. Vielmehr sollte die Beweisführung auf Schlüssigkeit allein nach streng festgesetzten Regeln in der Art eines „Kalküls" erfolgen.[34] Es dauerte dann fast drei Jahrhunderte bis über die Arbeiten von George Boole (1815–1864), Charles Sanders Peirce und insbesondere Gottlob Frege (1848–1925) die formale Logik entwickelt wurde, die die „Kohärenz", also die Widerspruchsfreiheit als (einziges) Richtigkeitskriterium hat, und deren Kalküle für die meisten „normalen" Menschen aber nicht mehr ohne weiteres zu verstehen sind. Nun unterscheidet sich die Denkstruktur (Logik) von den üblicherweise zu bedenkenden Phänomenen in der Welt (Natur) und der Sprache. Die Alltagssprache, aber auch die Rechtssprache, scheinen mit der „Zeichensprache" formaler Logik-Kalküle nichts mehr gemeinsam zu haben. Diese symbolische Logik hat sich heute zu einer eigenständigen Wissenschaft entwickelt, die nichts mehr mit der „Realität", also mit Welt (Natur) und Sprache zu tun hat.[35]

Gottlob Frege, der als Begründer der modernen Logik angesehen wird, hat aber auch versucht, die damals unzusammenhängenden Teilgebiete der Mathematik, also sogar die gesamte Mathematik, auf ein einziges logisches System (z. B. Gottlob Freges Aussagenlogik mit Quantoren) zurückzuführen. Auch ist Georg

---

senschaftstheorie im Einsatz, 1. Aufl., Stuttgart 1993, S. 31 ff.; speziell in der Rechtswissenschaft vgl. z. B. *Jan C. Joerden*, Logik im Recht, 2. Aufl., 2009, S. 380 ff.; und speziell für den Konstruktivismus *Heinz von Foerster*, Entdecken oder Erfinden – wie lässt sich Verstehen verstehen?, in: Gumin/Mohler, Einführung in den Konstruktivismus, 12. Aufl., München 2010, S. 51 f.

[34] *Hans Joachim Störig*, Kleine Weltgeschichte der Philosophie, 7. Aufl., Frankfurt 2011, S. 764 f.

[35] *Gerhard Vollmer*, Was können wir wissen?, Bd. 1, 3. Aufl., Stuttgart 2003, S. 168 f.: „Was ist denn dann die richtige Arithmethik, die wahre Mengenlehre, die eigentliche Topologie, die wirkliche Analysis? Sogar Logiker formulieren verschiedene logische Systeme, von denen einige zu anderen im Widerspruch stehen. Welche Logik ist dann die richtige? In Strukturwissenschaft wie Logik und Mathematik sind solche Fragen sinnlos. Ein formales System sagt überhaupt nichts über die Welt; es kann nicht wahr oder falsch sein. Jedes widerspruchsfreie System von Aussagen ist legitim. Wir können fragen, ob das System vollständig, unabhängig, fruchtbar, durchsichtig, einfach ist. Wir können sogar fragen, ob es auf die Wirklichkeit anwendbar ist, d. h., ob wir seinen Grundbegriffen eine Interpretation geben können derart, dass die Realität (oder vielmehr ein gewisser Ausschnitt der realen Welt) ein Modell des formalen Systems wird. So bezieht sich die Geometrie als eine Disziplin der reinen Mathematik nicht auf die reale Welt. Aber wenn wir ‚Punkt' als ‚Elementarteilchen', ‚Gerade' als ‚Lichtstrahl' usw. interpretieren, dann (und nur dann) können wir fragen, ob das physikalische Universum euklidische oder nicht euklidische Struktur hat, d. h., welche interpretierte Geometrie geeigneter ist, die reale Welt zu beschreiben. Nur die Kombination eines formalen Systems mit einer Interpretation kann wahr oder falsch sein; das formale System selbst ist gegenüber faktischer Wahrheit neutral."

Cantor (1845–1918) zu nennen, der mit der Mengenlehre ein damals neues, weiteres Teilgebiet der Mathematik entwickelte. Heute kann man in der kurzen ideengeschichtlichen Einführung in die Wissenschaftstheorie von Lauth und Sareiter, mit dem Titel „Wissenschaftliche Erkenntnis" folgende Sätze lesen:

> „Der wichtigste Anwendungsbereich für Regeln und Methoden der formalen Logik sind mathematische Theorien. Alle bekannten mathematischen Theorien sind logisch auf die Mengenlehre (…) zurückführbar, d.h. alle mathematischen Begriffe sind innerhalb der Mengenlehre definierbar, und alle bekannten Lehrsätze sind innerhalb der Mengenlehre beweisbar."[36]

Bertrand Russell (1872–1970) und Alfred Whitehead (1861–1947) haben 1902–1913 den Versuch unternommen, in ihrem Werk „Principia Mathematica", die gesamte Mathematik aus einer endlichen Zahl von Axiomen und Schlussregeln abzuleiten. Damit wird deutlich, dass man damals erkannte, dass Logik und Mathematik zwar nicht (mehr) die faktische Realität (Welt, Natur, Sprache) „abbilden" sollten/konnten[37], aber man hatte damals die Hoffnung, dass diese Strukturen dann (wenigstens) selbst auf eine einzige Grundlage zurückgeführt werden könnten. Dann aber muss Strukturwissenschaft über Strukturwissenschaft Aussagen treffen. Dies stößt auf nicht unerhebliche Probleme und führt sogar wieder an den Anfang zurück, u.a. zur Urparadoxie des Epimenides. Insoweit z.B. Paul Watzlawick (1921–2007)[38]:

> „Das Problem des epimenidischen Satzes, das diese Logik nicht zu lösen vermag, liegt in seiner Rückbezüglichkeit (Selbstreferenz), das heißt in der Tatsache, dass er etwas über sich selbst aussagt, und sich diese Aussage selbst leugnet. Epimenides' Bekenntnis seiner Lügenhaftigkeit macht ihn daher zum Urvater aller Paradoxien. (…) Seit Juni 1901 jedoch, als Bertrand Russell die berühmte Paradoxie der Menge aller Mengen entdeckte, die sich nicht selbst als Element enthalten (…), ist die Paradoxie nicht mehr nur ein ominöses Knistern im Gebälk der aristotelischen Konstruktion unserer Welt, sondern – um den treffenden Ausdruck Heinz von Foersters zu borgen – der Apostel des Aufruhrs im Königreich der Orthodoxie'. Wie noch zu zeigen sein wird, steht sie autonom jenseits der scheinbar so allumfassenden Begriffe von wahr und falsch. In seiner Autobiographie beschreibt Russell die persönlichen Folgen seiner Entdeckung: ‚Zunächst vermutete ich, daß ich den Widerspruch recht einfach lösen können werde, und das es sich um irgendeinen trivialen Denkfehler handelte. Langsam wurde es mir aber klar, daß dies nicht der Fall war. Burali-Forti hatte bereits einen ähnlichen Widerspruch entdeckt, und auf Grund meiner logischen

---

[36] *Bernhard Lauth/Jamel Sareiter,* Wissenschaftliche Erkenntnis, Ideengeschichtliche Einführung in die Wissenschaftstheorie, 2. Aufl., Paderborn 2005, S. 199; vgl. ebenso auch *Willard van Orman Quine,* Methods of Logic, erstmals 1964, Grundzüge der Logik, Frankfurt a.M. 2013, S. 24.

[37] Dies knüpft wieder an das oben unter Ziff. 1. Lit. c) zitierte an: *Albert Einstein,* Mein Weltbild, 1. Aufl., Zürich 1979, S. 141: „Soweit sich die Gesetze der Mathematik auf die Wirklichkeit beziehen, sind sie nicht gewiß. Und soweit sie gewiß sind, beziehen sie sich nicht auf die Wirklichkeit."

[38] *Paul Watzlawick,* Die erfundene Wirklichkeit, München 2006, S. 229.

Analyse stellt es sich heraus, dass hier eine Verwandtschaft zum antiken griechischen Widerspruch von Epimenides, dem Kreter, vorlag, demzufolge alle Kreter Lügner sind. Es schien eines erwachsenen Mannes unwürdig, Zeit für solche Trivialitäten zu verschwenden, aber was blieb mir übrig? Etwas stimmte da nicht, denn diese Widersprüche leiteten sich unausweichlich aus allgemein anerkannten Prämissen ab.' (…)."

Und schließlich Paul Watzlawick[39]:

„(…) die These, daß mathematische Wirklichkeiten nicht Entdeckungen, sondern Erfindungen sind, ist besonders für den mathematischen Laien einer der faszinierendsten Aspekte (…)."[40]

Heute geht man davon aus, dass es verschiedene Logik-Systeme gibt, deren einziges gemeinsames Richtigkeitskriterium ihre Widerspruchsfreiheit („Kohärenz") ist. Es gibt weder ein System, dass deswegen „richtig" ist, weil es die Wirklichkeit zutreffend beschreibt, noch ein System, dass deswegen „richtig" ist, weil es das „Ur- oder Meta-System"[41] ist, aus dem alle anderen Logik- bzw. Mathematik-Systeme abgeleitet werden könnten.[42] So ist bereits auf Rudolf Carnap (1891–1970) hinzuweisen, der mit dem sog. „Toleranzprinzip" einen wesentlichen Beitrag zur Entwicklung von Logik und formalen Sprachen geleistet hat. Es gibt nach diesem Prinzip nicht nur eine, sondern mehrere Logiken, wobei ein Sprachsystem bzw. ein Logiksystem dann zulässig ist, wenn es hinreichende Re-

---

[39] *Paul Watzlawick*, Die erfundene Wirklichkeit, München 2006, S. 233.

[40] Vgl. übrigens *Hans Poser*, Wissenschaftstheorie. Eine philosophische Einführung, 1. Aufl., Stuttgart 2001, S. 330: „Ganz anders dagegen der Mathematiker und theoretische Physiker Roger Penrose, der sich vehement gegen eine solche Elimination des Geistigen wehrt: Mathematische Objekte ‚gibt' es unabhängig von realen Gehirnen und ihren Modellen." Hier wird dagegen vertreten, dass die ontologische Existenz mathematischer Objekte nicht zugänglich ist. Daher erübrigt sich der Streit über deren Ontologie. Dies ergibt sich insebsondere auch aus dem Phänomen des Selbstrefentiellen. Die Rechtsprechungsbefugnisnormen sind ebenso selbstreferenziell, denn der Richter wird durch eine Norm befugt, Recht zu sprechen. Dieselbe Norm unterliegt dabei aber auch seiner eigenen Rechtsprechung. Für die Rechtswissenschaft vgl. *Neil MacCormick*, Das Maastricht-Urteil: Souveränität heute, in: JZ 1995, 797 ff. (798); Interdisziplinär, aber auch für die Rechtswissenschaft: *Douglas R. Hofstadter*, Gödel, Escher, Bach, Ein endlos geflochtenes Band, 18. Aufl., Stuttgart 2008, S. 25 f. und S. 736 ff.; und ausführlich *Axel Adrian*, Grundprobleme einer juristischen (gemeinschaftsrechtlichen) Methodenlehre, 1. Aufl., Berlin 2009, S. 761 ff., 850 ff.

[41] *Axel Adrian*, Grundprobleme einer juristischen (gemeinschaftsrechtlichen) Methodenlehre, 1. Aufl., Berlin 2009, S. 31 ff., 311 f., 633 ff. m.w.N.; vgl. aber *Winfried Hassemer*, Juristische Methodenlehre und Richterliche Pragmatik, in: RECHTSTHEORIE 2008, S. 1 ff., 12: „Gesetzesbindung wird in einem strengen Sinne nur gelingen, wenn Methodenbindung gelingt. Ist es hingegen so, dass der Richter in der Wahl der jeweiligen Auslegungsregel frei ist, so ist er im Maße dieser Freiheit auch in der Generierung von Auslegungsergebnissen frei. Solange und soweit wir nicht über eine Meta-Regel der Auslegungsregeln verfügen, die nicht nur Inhalt und Struktur dieser Regeln festlegt, sondern auch verbindlich anordnet, in welcher Entscheidungssituation welche Auslegungsregel verwendet werden muss, lassen sich Auslegungsergebnisse nicht sichern."

[42] Vgl. bereits oben *Gerhard Vollmer*, Was können wir wissen?, Bd. 1, 3. Aufl., Stuttgart 2003, S. 168 f.

2. Strukturwissenschaft/Kohärenz

geln aufweist, die den logischen Gebrauch der Sätze des Systems festlegen. Rudolf Carnap:

„(...) Wir wollen nicht Verbote aufstellen, sondern Festsetzungen treffen. (...) Jeder mag seine Logik, d.h. seine Sprachform, aufbauen, wie er will (...)."[43]

Nach dem hier vertretenen Ansatz, der auch durch die Arbeit von George Spencer-Brown motiviert ist, und der wohl repräsentativ für alle postmodernen Philosophien stehen kann, beginnt jeder Mensch, indem er etwas unterscheidet[44] (nach Begriffen der Logik beginnt man also mit der „Negation"[45]), um es zu

---

[43] *Rudolf Carnap,* Logische Syntax der Sprache, 2. Aufl., Wien 1968, S. 44 f.; vgl. auch *Jürgen Mittelstraß,* Enzyklopädie Philosophie und Wissenschaftstheorie, 1. Aufl., Stuttgart 1996, Bd. 4, S. 318 f., zum Stichwort „Toleranzprinzip", aus dem Toleranzprinzip der Syntax nach Rudolf Carnap wurde von W. Stegmüller weitergehend ein allgemeineres „Prinzip der wissenschaftstheoretischen Toleranz" entwickelt, wonach Toleranz nicht nur gegenüber Meinungen und Argumente, sondern auch hinsichtlich von Begründungen, im Sinne eines pluralistischen Verständnisses gefordert wurde.

[44] Vgl. insbesondere das sog. calculus of indication, also Indikationenkalkül (auch Kalkül der Unterscheidung, Kalkül der Form, Kalkül der Bezeichnung, Formenkalkül, Brownscher Kalkül) von *George Spencer-Brown,* Laws of Form, erstmals London 1969, *George Spencer-Brown,* Gesetze der Form, 2. Aufl., Leipzig 1999, mit dem Aufruf: Draw a distinction! Triff eine Unterscheidung!

[45] Durch die Unterscheidung entsteht nach George Spencer-Brown dagegen ein sog. markierter Raum, was mit einem sog. cross symbolisiert wird. Insofern besteht zwar zwischen cross und Negation eine Ähnlichkeit, da jeweils zwei Werte zugrunde gelegt werden, markiert und unmarkiert bzw. wahr und falsch. Dennoch ist nach George Spencer-Brown eine Unterscheidung bereits dann getroffen, wenn man einen Raum markiert. Dabei muss man im Gegensatz zur Negation der Logik aber nicht (auch) wissen, was es mit dem unmarkierten Raum auf sich hat. Vgl. hierzu genauer z.B. *Felix Lau,* Die Form der Paradoxie. Eine Einführung in die Mathematik und Philosophie der „Laws of Form" von G. Spencer-Brown, 4. Aufl., Heidelberg 2012, S.122 ff.; vgl. auch allgemein *Tatjana Schönwälder-Kuntze/Katrin Wille/Thomas Hölscher,* George Spencer-Brown: Eine Einführung in die Laws of Form, 2. Aufl., Wiesbaden 2009 und die Sachbuchrezension von *Dirk Baecker,* George Spencer-Brown und der feine Unterschied – Sein Kalkül bekehrte nicht nur Luhmann, in: Franfurther Allgemeine Zeitung vom 14.10.1997; soweit ersichtlich gibt es bislang nur sehr wenige Hinweise auf George Spencer-Brown in der Rechtswissenschaft. Vgl. z.B. *Klaus F. Röhl/Hans Christian Röhl,* Allgemeine Rechtslehre, 3. Aufl., München 2008; S. 100; *Thomas Vesting,* Kein Anfang und kein Ende – Die Systemtheorie des Rechts als Herausforderung für Rechtswissenschaft und Rechtsdogmatik, in: Quelle: http://www.jura.uniaugsburg.de/fakultaet/vesting/veroeffentlichungen.html. S. 3 f. (in gekürzter Fassung in der Zeitschrift JURA 2001, Heft 5, S. 299–305); vor allem hat Arnd-Christian Kulow ein Angebot gemacht, wie man mit George Spencer-Brown und den Laws of Form in der Rechtswissenschaft argumentieren kann. Vgl. *Arnd-Christian Kulow,* in: Hösch (Hrsg.), Zeit und Ungewissheit im Recht, Boorberg 2011, S. 216 ff. und *Arnd-Christian Kulow,* in: Busch/Kutscha, Recht, Lehre und Ethik der öffentlichen Verwaltung, 1. Aufl., 2013, S. 289 ff.; vgl. auch *Karl-Heinz Ladeur,* Postmoderne Rechtstheorie, 2. Aufl., Berlin 1995, S. 91, mit Verweis auch auf George Spencer-Brown: „Erkenntnis bleibt nicht nur instrumentell an Sprache gebunden, sondern der konstitutive Charakter der Sprache für das Subjekt führt epistemologisch, am Status des Beobachters orientierten Konzeption zu der Annahme, daß das Subjekt den Inhalt der Sprache selbst modelliert, ausgehend von Unterscheidungen auf einem dunkel bleibenden Hintergrund."

begreifen.⁴⁶ Man hebt (willkürlich?) bestimmte Merkmale heraus, um eine erste Menge wesentlicher Begriffsmerkmale zusammenzufassen, diese von der unbegreifbaren „Menge aller Mengen" zu unterscheiden⁴⁷, und einen Begriff zu bilden. Erst dann kann der Mensch Zusammenhänge von Begriffenem herstellen (nach Begriffen der Logik erfolgt dann die „Konjunktion"). Man verbindet Begriffe zu „Begriffsnetzen", die keinen Anfang und kein Ende, und insbesondere keine „Stützpfeiler/Aufhänger" in der Realität haben.⁴⁸ Das Netz „schwebt" im „Nichts". Es gibt keine (objektiven) Richtigkeitskriterien, außer das Prüfkriterium der Kohärenz, der Widerspruchsfreiheit des Netzes selbst.⁴⁹ Nun kann der Mensch diese „Begriffsnetze" mit anderen teilen, um, wenn er sich selbst an seine Unterscheidungen und Verbindungen bindet, sich und seine Entscheidun-

---

⁴⁶ Die Untersuchung, ob und ggf. wie das („einwertige") Indikationenkalkül von George Spencer-Brown, das dreiwertige Kalkül Francisco J. Varela und die unendlich wertige „fuzzy-Logik" im Einzelnen logisch, mathematisch und wissenschaftstheoretisch für die Methodenlehre fruchtbar gemacht werden könnten, muss einem gesonderten Beitrag vorbehalten werden. Vgl. auch *Felix Lau*, Die Form der Paradoxie. Eine Einführung in die Mathematik und Philosophie der „Laws of Form" von G. Spencer-Brown, 4. Aufl., Heidelberg 2012, S. 21.

⁴⁷ Zu dem Begriff „Menge aller Mengen", also der Paradoxie von Bertrand Russell und die Zusammenhänge mit dem Indikationenkalkül George Spencer-Browns vgl. z.B. *Felix Lau*, Die Form der Paradoxie. Eine Einführung in die Mathematik und Philosophie der „Laws of Form" von G. Spencer-Brown, 4. Aufl., Heidelberg 2012, S. 114 ff. Im Grunde beginnt alles m. E. mit der Unterscheidung des Selbst im Gegensatz zur Umwelt. Nur wenn man sich selbst als „denkendes Wesen" abgrenzt, hat man die Voraussetzung geschaffen, Wesentliches von Unwesentlichem zu unterscheiden, und „sich selbst so konstruiert", dass man „Begriffe" überhaupt bilden kann. Diese erste Unterscheidung ist also „logisches Prius" für alle weiteren Unterscheidungen. Es geht darum zunächst zu erkennen: Ich=Ich und Ich≠Welt und Ich∧Welt, etc. George Spencer-Brown würde sagen: „Triff eine (erste) Unterscheidung! Sei ein Beobachter!" Vgl. insbesondere *Felix Lau*, Die Form der Paradoxie. Eine Einführung in die Mathematik und Philosophie der „Laws of Form" von G. Spencer-Brown, 4. Aufl., Heidelberg 2012, S. 108 ff.; vgl. auch *Brigitte Falkenburg,* Mythos Determinismus. Wieviel erklärt uns die Hirnforschung?, 1. Aufl., Heidelberg 2012, S. 207: „Aus wissenschaftstheoretischer Sicht ist (…) festzuhalten: Die Erfahrung eines einheitlichen Ich, Selbst oder Selbstbewusstseins ist ein *vorwissenschaftliches* Phänomen, das sich in der Hirnforschung bisher *nicht* durch eine wissenschaftliche Erklärung reproduzieren lässt." Und *Brigitte Falkenburg,* Mythos Determinismus. Wieviel erklärt uns die Hirnforschung?, 1. Aufl., Heidelberg 2012, S. 208 f.: „Aus Sicht der philosophischen Phänomenologie ist das Selbstbewusstsein nicht mehr und nicht weniger als unser subjektives Erleben der Ich-Perspektive. (…) Es gibt viele Theorien darüber, wie das Gehirn diese Ich-Perspektive hervorbringt. Manche Hirnforscher nennen es ein ‚Selbst-Konstrukt'. (…) Singer hat hierfür den Terminus *Metarepräsentation* geprägt. Anders als die Vorstellung von Dingen oder Personen im Aktualbewusstsein handelt es sich dabei nach Singer um eine Repräsentation höherer Stufe, die Vorstellung einer Vorstellung, mit der sich das Gehirn sozusagen selbst bei der Arbeit zusieht."

⁴⁸ Vgl. z.B. das Konzept des „Holismus" nach *Willard van Orman Quine,* Methods of Logic, erstmals 1964, Grundzüge der Logik, Frankfurt a. M. 2013, S. 18.

⁴⁹ Vgl. z.B. das Konzept von Ernst von Glasersfelds gerade zu den Begriffen „Viabilität" und „Radikaler Konstruktivismus" erstmals 1975, *Ernst von Glasersfeld,* Radikaler Konstruktivismus, 1. Aufl., Frankfurt a. M. 1997, S. 49 ff. (51, 55).

gen für andere nachvollziehbar und vorhersagbar zu machen (z. B. für die Wissenschaft) oder er kann diese benutzen, um zu entscheiden, ob ein Begriff etwas Neues ist, was überrascht und (noch) nicht vorhersehbar ist (z. B. für die Kunst). Alle Mathematik scheint, wie gezeigt, auf Logik zurückführbar zu sein.[50] Alle Mathematik und Logik hat aber nichts mit den Phänomenen der Welt zu tun. Jedes mathematische oder logische Modell zur Beschreibung der Welt oder auch der (Alltags-)Sprache ist stets nur Modell und nicht selbst Welt bzw. Sprache. Die Verbindung von Modell und Phänomen ist stets nur Vergleich bzw. „Analogie" und daher prinzipiell „fehlbar". Im Grunde ist dieser Vergleich sogar nur ein Vergleichen von Modellen, die als Modell gedacht sind, und „Modellen", die man für „reale" Phänomene hält, bzw. die man als solche definiert.[51] Ein „echter Ausstieg" aus dem Modell (hin zur „realen Welt") ist prinzipiell nicht möglich.[52] Man ist stets im mathematischen bzw. logischen Modell „gefangen".[53] Die Modelle selbst sind wohl[54], wie oben angedeutet, hinsichtlich ihrer Widerspruchs-

---

[50] Gegen diese wohl herrschende Ansicht wendet sich aber nun gerade George Spencer-Brown, der umgekehrt durch die Laws of Form aufzeigen will, dass das Indikationenkalkül als mathematisches Kalkül, sowohl der Mathematik (Arithmetik und Algebra) als auch der Logik zugrunde liegt; vgl. hierzu *Felix Lau,* Die Form der Paradoxie. Eine Einführung in die Mathematik und Philosophie der „Laws of Form" von G. Spencer-Brown, 4. Aufl., Heidelberg 2012, S. 119 ff.

[51] Vgl. auch schon *Gunther Teubner,* Recht als autopoietisches System, 1. Aufl., Frankfurt a. M. 1989, S. 17: „Was hindert eine streng konstruktivistische Weltsicht daran, zwischen Umweltkonstruktionen der Systeme und ihren realen Umwelten zu unterscheiden, wenn zugleich klargestellt ist, daß beides nur das Konstrukt eines Beobachters ist?"

[52] *Axel Adrian,* Grundprobleme einer juristischen (gemeinschaftsrechtlichen) Methodenlehre, 1. Aufl., Berlin 2009, S. 822, 825, 828 f., 833, und insbesondere hinsichtlich des eigenen Ansatzes: S. 841 ff. und S. 850 ff.; vgl. insoweit auch die Einwände gegen den wissenschaftlichen Realismus unter den Stichworten „pessimistische Meta-Induktion" und „Theoretische Unterbestimmtheit", z. B. bei *Andreas Bartels,* in: Bartels/Stöckler, Wissenschaftstheorie. Ein Studienbuch, 2. Aufl., Paderborn 2009, S. 217 ff. m.w. N.

[53] Vgl. auch schon den „frühen" *Ludwig J. J. Wittgenstein,* Tractatus logico-philosophicus, Werkausgabe von Suhrkamp Taschenbuch, Bd. 1, 1. Aufl., Frankfurt a. M. 1984, 5.6, S. 67: *„Die Grenzen meiner Sprache* bedeuten die Grenzen meiner Welt"; vgl. auch das Problem der sog. Theorieabhängigkeit z. B. bei *Andreas Bartels,* in: Bartels/Stöckler, Wissenschaftstheorie. Ein Studienbuch, 2. Aufl., Paderborn 2009, S. 208 f.

[54] Die Begründung der Logik, d.h. die Frage, warum wir etwas für „logisch", also für „folgerichtig" halten ist, wohl mit eines der komplexesten Probleme, die es zu lösen gilt. Z. B. schreibt *Joachim Lege,* Pragmatismus und Jurisprudenz, 1. Aufl., Tübingen 1999, dazu wörtlich, S. 74: „(...) Logik ist die Lehre der Folgerichtigkeit – es fragt sich nur: Der Folgerichtigkeit wovon? Es hat auf diese Frage in der Philosophiegeschichte im Wesentlichen drei Antworten gegeben: Logik sei die Lehre der Folgerichtigkeit des Seins oder der Wirklichkeit (man kann das die ontologische Auffassung nennen), des Denkens (psychologische Auffassung) oder aber, und das ist die moderne Sichtweise, die Lehre von der Folgerichtigkeit einer Sprache (sprachliche Auffassung). Man nehme den Satz vom Widerspruch: Es könne nicht etwas zugleich A und Non-A sein. Fragt man nach dem Grund seiner Geltung, so konnte man sagen: er liege im Wesen des

freiheit auf die Negation und Konjunktion zurückführbar. Denn es gilt: NICHT und UND, also Negation und Konjunktion genügen, um (in der 2-wertigen Logik) *alle* Wahrheitsfunktionen auszudrücken.[55]

Auch, wenn man die Welt also stets nur modellieren, aber nicht selbst erkennen kann, so sollte nicht unerwähnt bleiben, dass es auch „mehrwertige" Logik-Systeme gibt, und nicht nur die o. g. 2-wertige Logik. Insbesondere ist so beispielhaft die sog. Fuzzy-Logik[56] zu nennen, die aus folgenden Gründen u. U. eine „filigranere" Modellierung von „Begriffsnetzen" ermöglicht. Oft geht es nämlich um die Modellierung von wenig „formalen" Fragen, wie z.B.: Wie viele Haare müssen ausfallen, bis man eine Glatze hat? Wie viele Sandkörner kann man wegnehmen, bis kein Sandhaufen mehr vorhanden ist? Diese Fragen werden u. a. durch die sog. Paradoxie des Haufens, auch Sorites-Paradoxie (von griechisch sorós: Haufen), anschaulich gemacht. Diese Paradoxie wird aber in der oben beschriebenen formalen Logik nicht anerkannt, da diese zwei wichtige Sätze dieser formalen, 2-wertigen Logik in Frage stellt. Nämlich das Identitätsgesetz (q=q) und den Satz vom ausgeschlossenen Widerspruch $\neg(q \wedge \neg q)$. Durch solche Paradoxien zeigt sich aber die „Unmöglichkeit" mit der oben beschriebenen 2-wertigen Aussagen- oder Prädikatenlogik die Welt zutreffend zu modellieren, wenn versucht wird, formalen Zeichen dieser Logik-Systeme Bedeutungen von Phänomenen außerhalb des jeweiligen Logik-Systems beizulegen. Denn es gibt keine allgemeingültige Definition davon wie viele/wenige Sandkörner vorzuliegen haben, damit man „Sandhaufen" sagen muss/darf. Würde man beim Fehlen von 10 Sandkörnern sagen, nun liegt kein Haufen mehr vor? Es kommt wohl auf die Ausgangszahl der ursprünglich vorhandenen Sandkörner an. Manchmal ist

---

Seins, im Wesen des Denkens oder im Wesen der Sprache. (…)." Nach dem hier vertretenen Ansatz wird entsprechend George Spencer-Brown und der Laws of Form vertreten, dass Logik und Mathematik auf dem basalen mathematischen Kalkül der (ersten) Unterscheidung, also auf der Form der Unterscheidung aufbauen. Vgl. auch *Felix Lau,* Die Form der Paradoxie. Eine Einführung in die Mathematik und Philosophie der „Laws of Form" von G. Spencer-Brown, 4. Aufl., Heidelberg 2012, S. 125 ff.

[55] Vgl. nur *Willard van Orman Quine,* Methods of Logic, erstmals 1964, Grundzüge der Logik, Frankfurt a. M. 2013, S. 35 f.

[56] Vgl. die Definition z.B. bei *Dagmar Borchers/Olaf Brill/Uwe Czaniera,* Einladung zum Denken, 1. Aufl., Wien 1998, S. 223, zitiert aus *Axel Adrian,* Grundprobleme einer juristischen (gemeinschaftsrechtlichen) Methodenlehre, 1. Aufl., Berlin 2009, S. 702 ff. m.w.N.: „(…) fuzzy logic Alltagsorientierte Variante der Mengenlehre bzw. der Logik, in der die Anwendbarkeit eines Prädikats als graduelles Problem behandelt wird. In der klassischen Logik ist ein Satz wie z.B. ‚Dieses Zimmer ist kalt' entweder wahr oder falsch. Im Alltag behandeln wir eine solche Aussage häufig aber als ‚eher wahr', ‚ziemlich falsch' o. ä. In der fuzzy logic wird nun eine Gesamtmenge 1 an ‚Glaubwürdigkeit' auf eine Aussage und ihre Verneinung verteilt: Wenn eine Aussage zum Grad (1–n) wahr ist, dann ist sie zum Grad n falsch. fuzzy logic wird in Kontrollsystemen angewendet, die empfindlich für graduelle Eigenschaftsveränderungen sein müssen, wie z.B. Waschmaschinen. (…)." *Klaus F. Röhl/Hans Christian Röhl,* Allgemeine Rechtslehre, 3. Aufl., München 2008, S. 133 f. und S. 616 m.w.N.

2. Strukturwissenschaft/Kohärenz

das Objekt eben als „Sandhaufen" zu qualifizieren (q) und manchmal nicht (¬q), obwohl wir uns innerhalb desselben Systems bewegen. Die (unendlich-wertige) Fuzzy-Logik[57] stellt eine Möglichkeit dar diese vagen („fuzzy") Begriffe zu verarbeiten und dennoch folgerichtige und widerspruchsfreie Systeme bzw. „Begriffsnetze" zu konstruieren. Dies erscheint einerseits hier „erkenntnistheoretisch", aber andererseits auch gerade für die rechtswissenschaftliche Methodenlehre interessant, um trotz aller „Unterbestimmtheit" aller denkbaren Systeme und Begriffsnetze, strukturwissenschaftlich möglichst lange widerspruchsfreie Konzepte zu verfolgen, bis eine „Willensentscheidung" z.B. die eines Richters zur Lösung von Fragen erforderlich wird.[58] Dies kann hier nicht weiter vertieft werden.[59] Allerdings kann die insbesondere von Bart Kosko aufgezeigte „Notwendigkeit" der „Fuzzy-Logik" zur „filigraneren" Modellierung von „vagen" Systemen[60] ein Hinweis darauf sein, dass der Beginn allen Denkens, der, wie gezeigt, darin liegen muß, eine (erste) Unterscheidung zu treffen, oft nur zu „vagen" Begriffen führt oder führen kann. Gerade weil man die Distanz des eigenen Bewusstseins zur hypothetischen „realen Welt" erspürt, ist man sich nie sicher und kann und darf sich, wie gezeigt, auch nie sicher sein, die Begriffe „richtig"

---

[57] *Bernhard Lauth/Jamel Sareiter,* Wissenschaftliche Erkenntnis, Ideengeschichtliche Einführung in die Wissenschaftstheorie, 2. Aufl., Paderborn 2005, S. 193 ff.

[58] Vgl. zum Ganzen auch *Axel Adrian,* Grundprobleme einer juristischen (gemeinschaftsrechtlichen) Methodenlehre, 1. Aufl., Berlin 2009, S. 702 ff. m.w.N.

[59] Vgl. auch den Hinweis von *Karten Schneider,* in: Funke/Lüdemann, Öffentliches Recht und Wissenschaftstheorie, 1. Aufl., Tübingen 2009, S. 62: „Die Wissenschaftstheorie verfügt jedoch seit längerer Zeit über die Einsicht, wonach dieses Ideal auf einer methodologisch unvollständigen, unkritischen Problemwahrnehmung beruht. Danach sind Prämissen niemals vollständig beweisbar. Diese Einsicht in die Unmöglichkeit, die Wahrheit von Prämissen vollständig zu beweisen, wurde beispielsweise zur Grundlage des Skeptizismus Humescher Prägung. Angesichts der logischen Unmöglichkeit, die Wahrheit von Prämissen vollständig zu beweisen (Begründungen zu begründen), beschäftigt sich heute konsequenterweise keine theoretische Wissenschaftsdisziplin mit den vergeblichen Versuchen, die Wahrheit ihrer Axiome zu beweisen. Das Vorgehen theoretischer Wissenschaft ist anders, mehr indirekt: Wissenschaften formulieren gehaltvolle Theorien, die sich durch hohe Prüfbarkeit und möglichst umfängliches Erklärungsvermögen auszeichnen. Die Frage nach ‚Begründungen für Begründungen' ist somit nicht nur aus logischer Sicht müßig, sondern letztlich ganz und gar unwissenschaftlich." Hier wird allerdings dennoch weiter gefragt, und versucht, die Frage nach Letztbegründungen durch die Selbstbezüglichkeit und die Fundamentierung aller Konstruktionen auf der Form der Unterscheidung trotz allem „logisch" und wissenschaftlich zu beantworten.

[60] Vgl. insbesondere *Bart Kosko,* Die Zukunft ist fuzzy, 1. Aufl., München 2001, und die Vorschläge, wie man eine „philosophische Bedeutung" der „Fuzzy-Logik" in der Rechtswissenschaft, insbesondere für die juristische Methodenlehre fruchtbar machen kann. *Axel Adrian,* Grundprobleme einer juristischen (gemeinschaftsrechtlichen) Methodenlehre, 1. Aufl., Berlin 2009, S. 633 ff., 702 ff., 745 ff.; für ein Beispiel, wie „Fuzzy-Set-Systeme" praktisch zur Untersuchung von Unbestimmten Rechtsbegriffen eingesetzt werden, vgl. *Oliver Munte,* Konkretisierung unbestimmter Rechtsbegriffe mit Hilfe von Fuzzy-Logik am Beispiel des § 1610 BGB, 1. Aufl., Münster 2000.

gebildet zu haben. Um dies aber modellieren zu können, benötigt man eine „vage Logik".[61]

b) Mathematik

Hier stellt sich zunächst die Frage nach dem Unterschied zwischen Mathematik und den bereits soeben behandelten Logik-Systemen. Man kann vertreten, dass Logik die Grundstruktur zur Verfügung stellt, während die Verbindung dieser logischen Struktur mit bestimmten Bedeutungen, z. B. von Zahlen, dann z. B. die Arithmetik[62] (griechisch, αριθμητική [τέχνη], *arithmitiké [téchne]*, wörtlich „die Zahlenmäßige [Kunst]"), als ein Teilgebiet der Mathematik, hervorbringt.[63] Als einfaches Beispiel kann man sagen: Die mathematische „Addition" beinhaltet die logische „Konjunktion". Die Bedeutung dessen was nun verarbeitet wird, ist aber der „Begriff" (der Gedanke) einer Zahl. Dies mutet sehr abstrakt an, denn:

> „Auch, wenn uns Zahlen sehr vertraut sind, sollte man sich immer vor Augen halten, dass sie keine physikalische Existenz haben, sondern dass es sich um Abstraktionen handelt (…). Von zwei Mengen sagt man, sie haben dieselbe Anzahl von Elementen, wenn die Elemente der Mengen paarweise einander zugeordnet werden können, wie in dem Film ‚Seven Brides for seven Brothers' (…). War das Konzept einer Zahl einmal erkannt, war es nur natürlich, den ersten Zahlen eigene Namen zu geben: Eins, zwei, drei, vier usw. sind die von uns verwendeten Bezeichnungen. (…) Obwohl die *Bezeichnungen* für unsere Zahlen vollkommen beliebig sind, ist ihre natürliche Ordnung etwas ihnen Eigenes und nichts, das wir willkürlich festgelegt haben. (…) Es gibt nur endlich viele Buchstaben (…) aber unendlich viele Zahlen (…) Es besteht daher die Notwendigkeit, irgendeine Bezeichnungsform zu erfinden, die über den naiven Weg einer immer größeren Liste verschiedener Namen für verschiedene Zahlen hinausgeht. (…) Bei den römischen Ziffern steht das X beispielsweise für die Zehn und das V für die Fünf. (…) Beispielsweise gibt es bei den römischen Zahlen kein eigenes Symbol für die Fünfzehn – wir schreiben einfach XV (…)."[64]

---

[61] Vgl. zum Ganzen *Axel Adrian,* Grundprobleme einer juristischen (gemeinschaftsrechtlichen) Methodenlehre, 1. Aufl., Berlin 2009, S. 745 ff.

[62] Vgl. zu dieser Definition und zur weiteren Beschreibung das Stichwort bei Wikipedia: „(…) Sie umfasst das Rechnen mit den Zahlen, vor allem den natürlichen Zahlen. Sie beschäftigt sich mit den Grundrechenarten, also mit der Addition (Zusammenzählen), Subtraktion (Abziehen), Multiplikation (Vervielfachen), Division (Teilen) sowie den zugehörigen Rechengesetzen. Zur Arithmetik gehört auch die Teilbarkeitslehre mit den Gesetzen der Teilbarkeit ganzer Zahlen sowie der Division mit Rest. Die Arithmetik kann als Teil der Algebra verstanden werden, etwa als „Lehre von den algebraischen Eigenschaften der Zahlen." Die Arithmetik leitet zur Zahlentheorie über, die sich im weitesten Sinn mit den Eigenschaften der Zahlen beschäftigt. (…)."

[63] Vgl. diesen Zusammenhang bereits bei *Willard van Orman Quine,* Methods of Logic, erstmals 1964, Grundzüge der Logik, Frankfurt a. M. 2013, S. 23 f.; vgl. aber auch z. B. *Joachim Lege,* Pragmatismus und Jurisprudenz, 1. Aufl., Tübingen 1999, S. 136 ff.

[64] *Peter M. Higgins,* Das kleine Buch der Zahlen, 1. Aufl., Springer Spectrum, Heidelberg 2013, S. 19 ff.

2. Strukturwissenschaft/Kohärenz

Bei der Erörterung der Entdeckung der Zahlen wird sehr deutlich, dass sowohl der „Begriff" und die „Begriffsmerkmale" einer Zahl, z. B. „6"[65], entsprechend der „natürlichen Ordnung", oder besser der definierten „Begriffsmerkmale", eindeutig bestimmt sind, und auch eindeutig durch „beliebig" verwendbare „Zeichen"[66], z. B. „6", „VI", etc., ausgedrückt werden können. Hinzu kommt, dass durch die Verbindung der mathematischen Begriffe (also z. B. der Zahlen) mit den Strukturen (Kalkülen) der modernen formalen Logik-Systeme, auch eine eindeutige Verarbeitung sichergestellt werden kann.[67] Dies steht im Gegensatz zu normalsprachlichen „Begriffen" und deren entsprechenden „Begriffsmerkmalen", wie z. B. „Tisch", sowie deren „Zeichen" bzw. „Bezeichnungen". Ganz zu schweigen von der „Distanz" der Alltagssprache, und oft auch der Rechtssprache, zur formalen Logik.[68]. Übrigens hat Gottlob Frege bereits 1884 die Frage gestellt, ob die Gesetze der Arithmetik synthetische Urteile a priori im Sinne Immanuel Kants sind.[69] Dies hat auch Bedeutung für die Frage nach der absoluten Zeit. Nicht nur die Idee des absoluten Raumes wurde durch die Physik der Allgemeinen Relativitätstheorie aufgegeben. Auch die Idee der absoluten Zeit musste durch die Physik der Allgemeinen Relativitätstheorie aufgegeben werden, und damit auch die Hoffnung, dass Zeit und die diese beschreibende Arithmetik auf synthetischen Urteilen a priori basieren könnte.

---

[65] *Peter M. Higgins,* Das kleine Buch der Zahlen, 1. Aufl., Springer Spectrum, Heidelberg 2013, S. 9 ff., zeigt diese „Begriffsmerkmale", wie folgt auf: „Sechs ist ein Produkt aus zwei kleineren Zahlen, nämlich Zwei und Drei, und sie ist damit eine sogenannte *Rechteckzahl,* also eine Zahl, die sich als eine rechteckige Anordnung von Punkten darstellen lässt. (…) Allerdings ist 6 auch eine Dreieckszahl: Da $6 = 1 + 2 + 3$, können wir sie in natürlicher Weise als eine Dreiecksanordnung von sechs Punkten ansehen (…). Schließlich hat 6 als einzige Zahl die Eigenschaft, dass sie sowohl gleich der Summe als auch gleich dem Produkt all ihrer kleineren Faktoren ist: $6 = 1 \times 2 \times 3 = 1 + 2 + 3$. Außerdem ist sie gleich der Summe und dem Produkt einer Folge von aufeinanderfolgenden Zahlen. Es gibt mit Sicherheit keine andere Zahl dieser Art. (…)." Diese Begriffsmerkmale hat der Begriff 6, unabhängig davon, mit welchen Zeichen (z. B. „6", „VI", etc.) man diesen hinschreibt. Vgl. auch *Andreas Bartels* in: Bartels/Stöckler, Wissenschaftstheorie. Ein Studienbuch, 2. Aufl., Paderborn 2009, S. 219: „Was also *sind* Raumzeit-Punkte, Quantenteilchen und natürliche Zahlen wirklich? Die Antwort des ontologischen Strukturrealisten lautet: Sie sind nichts von alledem. Der Streit um die richtige metaphysische Interpretation läuft daher ins Leere."

[66] *Peter M. Higgins,* Das kleine Buch der Zahlen, 1. Aufl., Springer Spectrum, Heidelberg 2013, S. 21, verweist darauf, dass zwar Franzosen heute noch zu 70 „soixante-dix" (60 und 10), zu 80 „quatre-vingt (4 Zwanziger), etc. sagen, während die französisch sprechende Bevölkerung in Belgien lieber „septante" und „octante", etc. sagt.

[67] Vgl. z. B. *Willard van Orman Quine,* Methods of Logic, erstmals 1964, Grundzüge der Logik, Frankfurt a. M. 2013, S. 308 f.

[68] So kann man diskutieren, ob ein Tisch immer vier Beine haben muss, oder ob er eine bestimmte Größe aufweisen muss, damit man diesen nicht als „Beistelltisch", etc. bezeichnen sollte, etc. Dies zeigt wieder die mögliche „philosophische" Bedeutung der Sorites-Paradoxie und der Fuzzy-Logik, vgl. bereits oben am Ende von Ziff 1. a).

[69] *Gottlob Frege,* Die Grundlagen der Arithmetik, Reclam, Stuttgart 1987, S. 40 ff.

Bereits oben unter Ziff. 1. a) wurde schon auf die Euklidische Geometrie hingewiesen, die zusammen mit der Newtonschen Mechanik für das klassische physikalische Weltbild lange Jahre eine „feste" Grundlage darstellte, und auch heute noch für klassische physikalische Probleme im „Mesokosmos" (näherungsweise) eingesetzt werden kann und eingesetzt wird.[70] Die „Verbindung" zwischen strukturwissenschaftlicher Geometrie und realer Welt empfand man als so unauflöslich, dass man, insbesondere mit der Kant'schen Philosophie, sogar annahm, der Mensch könne die Welt nur in der Raumvorstellung (und in der Zeitempfindung) erkennen, wie sie sich seinen, a priori vorhandenen synthetischen Urteilen entsprechend, darstellen würde.[71]

Nikolai Lobatschewski (1792–1856) und János Bolyai (1802–1860) definierten unabhängig voneinander und fast gleichzeitig, als Erste eine nichteuklidische Geometrie, also eine Geometrie die „anders" aussieht, als die Euklidische, die man typischerweise in der Schule erlernt und im Alltag gebraucht, weil diese sozusagen unseren Mesokosmos, mit den mittleren Größen, Massen, Geschwindigkeiten, etc., gut beschreibt und modelliert. Durch die Allgemeine Relativitätstheorie wurde jedoch gezeigt, dass das mathematische Konzept der Euklidischen

---

[70] Vgl. z. B. nur *Werner Heisenberg,* Schritte über Grenzen, 2. Aufl., München 1973, S. 89 ff.: „(...) Daraus folgt, daß wir nicht mehr sagen: Die Newtonsche Mechanik ist falsch und muß durch die richtige Quantenmechanik ersetzt werden. Vielmehr gebrauchen wir jetzt die Formulierung: ‚Die klassische Mechanik ist eine in sich geschlossene wissenschaftliche Theorie. Sie ist überall eine streng ‚richtige' Beschreibung der Natur, wo ihre Begriffe angewendet werden können.' Wir billigen der Newtonschen Mechanik also auch heute noch einen Wahrheitsgehalt, ja sogar strenge und allgemeine Gültigkeit zu, deuten wir durch den Zusatz, wo ihre Begriffe angewendet werden können' an, daß wir den Anwendungsbereich der Newtonschen Theorie für beschränkt halten. Der Begriff der ‚abgeschlossenen wissenschaftlichen Theorie' stammt in dieser Form erst aus der Quantenmechanik. Wir kennen in der heutigen Physik im Wesentlichen vier große Disziplinen, die wir in diesem Sinne als abgeschlossene Theorien betrachten können: neben der Newtonschen Mechanik, die Maxwell'sche Theorie mit der speziellen Relativitätstheorie, dann Wärmelehre und statistische Mechanik und schließlich die (unrelativistische) Quantenmechanik mit Atomphysik und Chemie. (...)."

[71] *Gerhard Vollmer,* Was können wir wissen?, Bd. 1, 3. Aufl., Stuttgart 2003, S. 192 f.: „Kants Argument beruht auf der Existenz synthetischer Urteile a priori. Ihre Existenz in Mathematik und Wissenschaft schien ihm evident. Deshalb kümmerte er sich nicht besonders um klare Definitionen, scharfe Kriterien, nicht einmal um überzeugende Beispiele für solche Urteile. Sein Anliegen war nicht ob, sondern vielmehr, wie sie möglich sind (seine Antwort: durch apriorische Anschauungsformen und Begriffe) und ob sie die Metaphysik begründen könnten (Antwort: nein). Wenn es nun tatsächlich synthetische Urteile a priori gäbe, dann wäre Kants Position vielleicht die einzig annehmbare. Sollte uns jemand perfektes faktisches Wissen vorstellen und fragen, wie solches möglich sei, so bliebe uns vermutlich nichts anderes übrig, als auf Kants Lösung zurückzugreifen. Gegenüber der Frage, die Kant sich selbst gestellt hat, müßten wir den Ausweg, den er uns gezeigt hat, wohl dankbar akzeptieren. Bis zum heutigen Tage hat jedoch niemand ein einziges Exemplar synthetischer Urteile a priori geliefert. Obwohl sie logisch möglich sind, scheinen solche Urteile nicht zu existieren. Auch Newtons Theorie, von Kant für absolut wahr gehalten, erwies sich als fehlbar und sogar als falsch."

2. Strukturwissenschaft/Kohärenz

Geometrie den Makrokosmos nicht zutreffend beschreiben kann. Will man nun Modelle für den Makrokosmos des Universums, mit seinen enormen Größen, Massen und Geschwindigkeiten erstellen, muss man nach der allgemeinen Relativitätstheorie, einen durch die Gravitation gekrümmten Raum abbilden. Dazu können nur nichteuklidische Geometrien eingesetzt werden. So weist z. B. Filler[72] darauf hin:

„Solange die euklidische Geometrie das einzig bekannte geometrische System darstellte, schien die Frage nach der geometrischen Struktur des Raumes geklärt (...). Es war selbstverständlich, daß die Struktur des Raumes unserer Anschauung (und somit der euklidischen Geometrie) entspricht (...). Die Frage, welches geometrische System die Struktur des Universums beschreibt, läßt sich auf die Frage nach der *Krümmung des realen Raumes* (...) zurückführen. Besäße dieser überall die Krümmung Null, so wäre er ein euklidischer Raum, bei konstanter positiver bzw. negativer Krümmung würde der reale Raum durch die elliptische bzw. hyperbolische Geometrie beschrieben. Die wirklichen Verhältnisse sind jedoch weitaus komplizierter, da schon die Konstanz der Krümmung des realen Raumes keinesfalls als gegeben angenommen werden kann. So muß durchaus die Möglichkeit betrachtet werden, daß die Krümmung des Raumes an verschiedenen Orten unterschiedlich ist, und somit an verschiedenen Stellen des Raumes unterschiedliche geometrische Verhältnisse herrschen. Diese Probleme verdeutlichen bereits, daß die Frage nach der geometrischen Struktur unseres Universums eine äußerst komplexe ist. Die Komplexität dieser Frage wurde noch vergrößert durch die Erkenntnis der Relativitätstheorie, daß der *Raum* der Realität nicht von der *Zeit* zu trennen ist. (...).“

Und weiter:

„Die Entstehung der nichteuklidischen Geometrien und die darauf aufbauenden neuen physikalischen Erkenntnisse konnten nicht ohne gravierende Auswirkungen auf die Philosophie bleiben. Die noch in der ersten Hälfte des 19. Jahrhunderts dominierende KANTsche Philosophie wurde durch die beschriebenen Entwicklungen der Geometrie in wesentlichen Grundfesten in Frage gestellt (...). Allerdings erfaßte die Mehrheit der Philosophen die sich daraus für sie ergebenden Probleme erst mit großer Verspätung. Die Ausarbeitung der nichteuklidischen Geometrie durch GAUSS, BOLYAI und LOBATSCHEWSKI gelangte zunächst nicht in ihr Blickfeld und erst die darauf fußenden Neuerungen in der Physik um die Jahrhundertwende fanden größere Aufmerksamkeit. Die Ursache hierfür dürfte darin liegen, daß die großen Philosophen – anders als in den früheren Jahrhunderten – mit ihrem mathematischen Wissen nicht mehr auf der Höhe der Zeit waren und sich Naturwissenschaften und Philosophie zunehmend voneinander entfernten.“[73]

---

[72] *Andreas Filler*, Mathematische Texte, Bd. 7, Euklidische und Nichteuklidische Geometrie, 1. Aufl., Mannheim/Leipzig/Wien/Zürich 1993, S. 230 f.
[73] *Andreas Filler*, Mathematische Texte, Bd. 7, Euklidische und Nichteuklidische Geometrie, 1. Aufl., Mannheim/Leipzig/Wien/Zürich 1993, S. 232. Ebenso weisen *Holger Lyre*, in: Bartels/Stöckler, Wissenschaftstheorie. Ein Studienbuch, 2. Aufl., Paderborn 2009, S. 230 f. und *Bernhard Lauth/Jamel Sareiter*, Wissenschaftliche Erkenntnis, Ideengeschichtliche Einführung in die Wissenschaftstheorie, 2. Aufl., Paderborn 2005, S. 21 in diesem Zusammenhang darauf hin, dass der „Versuch Immanuel Kants Idee einer „transzendentalphilosophischen" Begründung der euklidischen Geometrie

Wenn wir also aus dem Mesokosmos „aussteigen" wollen, sollen bzw. müssen wir, wie gezeigt, das Logik- bzw. Mathematik-System wechseln und im Makrokosmos „relativistisch" und im Mikrokosmos „quantenmechanisch" rechnen. Sollen wir ein physikalisches Problem mit gigantischen Massen lösen, wie im Makrokosmos, die aber in winzigem Volumen, das gegen Null geht, „gepackt" sind (Problem der sog. „Urknall-Singularität"[74]), wäre ein mathematisches System erforderlich, das alle bisherigen Systeme kombiniert. Dies, obwohl bereits heute klar ist, dass ein bloßer Wechsel von einem mathematischen System in das andere schwierig ist und man nach Werner Heisenberg die „Unschärferelation" und den Verlust des deterministischen Konzepts nicht vermeiden kann.[75]

---

und der Newtonschen Mechanik durch Rekurs auf die „Bedingungen der Möglichkeit" von empirischer Erkenntnis überhaupt" gescheitert ist. Dies steht auch in Beziehung mit den Entwicklungen in der modernen formalen Logik und der Interpretation axiomatischer Systeme (insbesondere durch Gottlob Frege und David Hilbert (1862–1943)). Letztlich kann man zwar die formale Struktur strukturwissenschaftlich zwingend, widerspruchsfrei, etc. gestalten, aber nicht die Verbindung dieser formalen Struktur und der „Welt da draußen" (z. B.: durch Subsumtion). Vgl. nur zum Stichwort „Axiom/Axiomatisch" wörtlich *Hans Jörg Sandkühler,* Enzyklopädie Philosophie, 1. Aufl., Hamburg 2010, Bd. 1, S. 203: „Erst in Verbindung mit der durch Frege eingeleiteten Durchsetzung der modernen Logik und den Ideen zur nichteuklidischen Geometrie setzte sich eine Auffassung durch, nach der bestimmte Sätze nicht absolut als A. anzunehmen sind, sondern Sätze lediglich durch ihre Funktion in einer bestimmten Axiomatik (Am.) zu A. werden. Einen entscheidenden Mangel der Euklidischen Axiomatisierung der Geometrie erkannte Gottlob Frege darin, dass dort der Prozess des Gewinnens von Theoremen aus den angenommenen A. nicht in präziser Weise bestimmt wird, sondern es der Intuition überlassen bleibt, welcher Schluss von A. auf Theoreme als gerechtfertigt anzunehmen ist. Zur Behebung dieses Defizits entwickelte Frege in seiner *Begriffsschrift* (1879) und in *Grundgesetz der Arithmetik* (1893/1903) u. a. auch axiomatische Systeme der klassischen Aussagen- und Prädikatenlogik. Eine weitere Stufe der modernen Entwicklung der Am. stellt Hilberts Axiomatisierung der Geometrie in *Grundlagen der Geometrie* von 1899 dar. Hier wird eine formalistische Begründung der Geometire geliefert, bei der nicht vorausgesetzt wird, dass mit den A. inhaltliche Behauptungen getroffen werden. Mit den A. und Regeln des Systems wird lediglich eine Struktur bestimmt, die aber für unterschiedliche inhaltliche Interpretationen offen ist. Die geometrische Interpretation dieses Systems ist lediglich eine der möglichen inhaltlichen Interpretationen. Nach der modernen Auffassung haben Aussagen oder Formeln nur in einer bestimmten Am., als Bestandteil des A.system, die Eigenschaft, A. zu sein und sind stets auf ein solches System relativiert." Vgl. auch *Jan C. Schuhr,* Axiomatic method and the law, in: Neumann/Günther/Schulz (Org.), 25th IVR World Congress: Law, Science and Technology, Frankfurt a. M. 15–20 August 2011, Paper Series Nr. 38, Series A (Methodology, Logics, Hermeneutics, Linguistics, Law and Finance), 2012, urn:nbn:de:hebis:30:3-248968, S. 2 m.w.N., der darauf hinweist, dass gerade der Erfolg der axiomatischen Methode mit der Allgemeinen Relativitätstheorie von Albert Einstein diese zum dominanten methodischen Standard machte. Und auch *Jan C. Schuhr,* Free will, robots, and the aciom of choice, in: Neumann/Günther/Schulz (Org.), 25th IVR World Congress: Law, Science and Technology, Frankfurt a. M. 15–20 August 2011, Paper Series Nr. 37, Series C (Bioehtics/Medicine/Technology/Environment), 2012, um:nbn:de:hebis:30:3-248952, S. 4: „In modern mathematics, axioms do not contain any claim to truth." m.w.N.

[74] Vgl. bereits die Hinweise in Kapitel IV. FN 26.
[75] Vgl. bereits oben unter Ziff. IV 1. b) und c).

2. Strukturwissenschaft/Kohärenz

Logik und Mathematik können also stets nur als Modelle von Realität (d.h. auch von Sprache), die uns nicht zugänglich ist und die wiederum nur als Modell gedacht werden kann, geschaffen werden. Unabhängig von der physikalischen Problematik der „Unschärferelation" stellt sich nun aber rein strukturwissenschaftlich die Frage, ob verschiedene Modelle zu einem einzigen (großen und geschlossenen) vollständigen und widerspruchsfreien System verbunden werden könnten. An dieser Stelle ist nun auf die Arbeiten von Kurt Gödel (1906–1978) hinzuweisen. Die Gödelschen Unvollständigkeitssätze, die 1931 veröffentlicht wurden, besagen[76] folgendes:

Ein System kann mit Hilfe der diesem zu Grunde liegenden Axiome und Regeln stets Aussagen formulieren, die in dem System mit dessen Axiomen und Regeln weder bewiesen noch widerlegt werden können. Es gibt also stets unbeweisbare Aussagen (Erster Unvollständigkeitssatz).

Ein System kann mit Hilfe der diesem zu Grunde liegenden Axiome und Regeln nicht beweisen, dass das System mit seinen Axiomen und Regeln widerspruchsfrei ist (Zweiter Unvollständigkeitssatz).

Der zweite Unvollständigkeitssatz stellt dabei selbst ein konkretes Beispiel für den ersten Unvollständigkeitssatz dar.[77] Damit wurde eine der Logik und Mathematik innewohnende prinzipielle Grenze aufgezeigt. Gerhard Vollmer wörtlich:

„Insbesondere haben die Gödelschen Resultate über Vollständigkeit und Unvollständigkeit formaler Logiksysteme eine wichtige Grenze aufgezeigt.[78] Post spricht deshalb von einem Naturgesetz über die Grenzen des menschlichen Mathematisierungsvermögens und Scholz (1969, 289, 367) nennt die Gödelschen Sätze sogar eine zweite Kritik der reinen Vernunft."[79]

---

[76] Vgl. zum Beweis selbst, der nur sehr schwer nachzuvollziehen ist, der aber natürlich die philosophische Bedeutung weit mehr in sich trägt, als die bloße Darstellung der Ergebnisse z.B.: *Ernst Nagel/James R. Newman,* Der Gödelsche Beweis, 8. Aufl., München 2007.
[77] *Bernhard Lauth/Jamel Sareiter,* Wissenschaftliche Erkenntnis, Ideengeschichtliche Einführung in die Wissenschaftstheorie, 2. Aufl., Paderborn 2005, S. 249 ff.
[78] Hinsichtlich des Indikationenkalküls in Bezug auf die gödelschen Sätze vgl. *George Spencer-Brown,* Laws of Form, erstmals London 1969, *George Spencer-Brown,* Gesetze der Form, 2. Aufl., Leipzig 1999, Kap. 9 und 10, S. 43 ff. und dazu die Erläuterungen von *Felix Lau,* Die Form der Paradoxie. Eine Einführung in die Mathematik und Philosophie der „Laws of Form" von G. Spencer-Brown, 4. Aufl., Heidelberg 2012, S. 83, 113, 117 f.
[79] *Gerhard Vollmer,* Evolutionäre Erkenntnistheorie, 8. Aufl., Stuttgart 2002, S. 12; vgl. auch *Bernhard Lauth/Jamel Sareiter,* Wissenschaftliche Erkenntnis, Ideengeschichtliche Einführung in die Wissenschaftstheorie, 2. Aufl., Paderborn 2005, S. 184 unter Bezugnahme auf Kurt Gödel: „Wir müssen also entweder die klassische Logik in irgendeiner Weise revidieren oder aber die Einsicht akzeptieren, daß wir nicht allwissend sind, d.h. daß der Wahrheitswert einer mathematischen Aussage nicht davon abhängt, ob wir einen Beweis oder Gegenbeweis für die Aussage konstruieren können."

Auch Roger Penrose wörtlich:

„(...) Wie Gödel zeigte, muß jedes beliebige derart präzise (‚formale') mathematische System von Axiomen und Ableitungsregeln – vorausgesetzt, es ist umfassend genug, Beschreibungen einfacher mathematischer Aussagen (...) zu enthalten, und vorausgesetzt, es ist widerspruchsfrei – einige Aussagen einschließen, die mit den innerhalb des Systems zulässigen Mitteln weder beweisbar noch widerlegbar sind. Die Wahrheit solcher Aussagen ist demnach mit den erlaubten Verfahren ‚unentscheidbar'. In der Tat vermochte Gödel zu zeigen, dass gerade der Satz über die Konsistenz des Axiomensystems selbst, wenn er in Form einer passenden arithmetischen Aussage codiert ist, eine solche ‚unentscheidbare' Aussage sein muß. (...)."[80]

Und Roger Penrose weiter:

„(...) Oft hält man den Gödelschen Satz für etwas Negatives – zeigt er doch die notwendige Beschränktheit formalisierter mathematischer Gedankengänge. Wenn wir einen noch so umfassenden Formalismus zu besitzen glauben, wird es stets einige Aussagen geben, die seinem Netz entgehen. (...) Die strengen mathematischen Formalisten sollten in der Tat beunruhigt sein, denn gerade durch unsere Schlußfolgerung haben wir bewiesen, daß der formalistische Begriff von ‚Wahrheit' notwendigerweise unvollständig ist. Bei jedem formalen System der Arithmetik gibt es Aussagen, die wir als wahr erkennen können, denen aber das von den Formalisten vorgeschlagene und oben dargestellte Verfahren dennoch nicht den Wahrheitswert wahr zuweist. Um dem zu entgehen, würde ein strenger Formalist vielleicht vorschlagen, überhaupt nicht vom Begriff Wahrheit zu reden, sondern sich nur auf die Beweisbarkeit innerhalb eines bestimmten formalen Systems zurückziehen."[81]

c) Ergebnis: Prinzipieller Zweifel an objektiver Struktur

Nach dem hier vertretenen Ansatz, der wohl repräsentativ für postmoderne Philosophie stehen kann, kann der Mensch also zwar Begriffe strukturwissenschaftlich exakt zu „Begriffsnetzen" verbinden und wissenschaftlich das Prüfkriterium der Kohärenz, also der Widerspruchsfreiheit des Netzes anbieten, und dann, rein praktisch, die Passung, oder Gangbarkeit (Viabilität) seines Konzepts für die ihm gestellte Frage hinterfragen. Aber dieses Begriffsnetz kann nicht nur keinen Anfang und kein Ende, und keine „Stützpfeiler" bzw., „Aufhänger" haben, sondern es kann prinzipiell noch nicht einmal mit den Mitteln und Strukturen dieses Begriffsnetzes beweisen, dass es widerspruchsfrei und zugleich vollständig ist, also ein gestelltes Problem vollständig erfasst.[82] Es bleibt uns nichts

---

[80] *Roger Penrose,* Computerdenken, 1. Aufl., Heidelberg, Berlin 2002, S. 99.
[81] *Roger Penrose,* Computerdenken, 1. Aufl., Heidelberg, Berlin 2002, S. 105; genau dies wird nach dem hier vertretenen Ansatz auch vorgeschlagen.
[82] Ähnlich bereits *Karl-Heinz Ladeur,* Postmoderne Rechtstheorie, 2. Aufl., Berlin 1995, S. 93 mit Verweis auf Varela: „Die Logik der Selbstreferenz nimmt eine auch philosophisch thematisierte Grundlosigkeit unserer Erfahrung auf, die Unmöglichkeit eines Anfangs und damit auch eines Zentrums, von dem aus der Anfang beobachtet und fortgesetzt werden könnte. Sie akzeptiert eine Situation, in der ‚niemand für sich in Anspruch nehmen kann, die Dinge in einem umfassenden Sinne besser zu verstehen als

anderes übrig, als verschiedene „Begriffsnetze" für verschiedene Probleme möglichst widerspruchsfrei zu knüpfen und zur Diskussion zu stellen. Entscheidend dabei dürfte dann aber sein, dass wir stets angeben in welchem „Begriffsnetz" wir uns gerade bewegen. Nur so kann klar werden, mit welchen Axiomen und mit welchen Regeln wir strukturwissenschaftlich das einzig verbliebene Richtigkeitskriterium, nämlich Widerspruchsfreiheit „konstruiert" haben. So wie Logiker vorab Axiome und Regeln festlegen, und so wie Physiker angeben, ob sie „klassische", „relativistische", oder „quantenmechanische" Mathematiksysteme, je nach Fragestellung auswählen, so müssen wir „analog" verfahren und im juristischen Urteil vorab festlegen, nach welchem Modell von „Subsumtion", „Auslegung" und „Rechtsfortbildung" wir den Fall beurteilen wollen. Ohne dieses „logische Prius", ohne eine solche vorherige Auswahlentscheidung, entzieht man seinen Argumenten und Urteilsgründen die gewünschte wissenschaftliche, aber insbesondere die gerade in der Juristerei auch rechtsstaatlich gebotene Transparenz und Überprüfbarkeit. Es scheint aber nicht nur die Rechtspraxis, sondern auch die rechtswissenschaftliche Diskussion, dieser (schon nicht mehr neuen) Entwicklung in den Strukturwissenschaften immer noch „hinterher zu hinken". Dass moderne Philosophen, Physiker und Strukturwissenschaftler dann aber (noch) nicht von der Wissenschaftlichkeit der Jurisprudenz überzeugt werden können, erscheint somit wenig überraschend. Dies ist umso bedauerlicher, als heute aufgrund eben dieser o. g. Entwicklungen, auch klar sein dürfte, dass die empirische Überprüfbarkeit von Theorien nicht mehr als Richtigkeitskriterium angesehen werden kann, sondern es nur noch auf die „praktische Nützlichkeit" der Theorien ankommen kann. Naturwissenschaften sind also nicht (mehr) wegen der Prüfbarkeit ihrer Theorien an der Realität „überlegen", sondern wegen deren, im Vergleich zur Jurisprudenz, klaren, komplexen und trotz postmoderner Zweifel eindeutigen strukturwissenschaftlichen Basis.

3. Sprache

a) Die Beziehungen zwischen Sprache, Logik und Welt

Obwohl die Geschichte der Entstehung und Entwicklung der (Sprach-)Logik viel weiter zurückreicht[83], soll hier mit Ludwig J. J. Wittgenstein begonnen werden. Wittgenstein veröffentlichte zu Lebzeiten hinsichtlich seiner Überlegungen zu Logik und Philosophie nur sein erstes von zwei Hauptwerken. Im „Tractatus logico-philosophicus" wollte er 1921[84] zeigen, welche Beziehungen zwischen

---

andere' (...)." Vgl. dazu aber auch unten Ziff. 3. lit. b) zum Konzept des „Holismus" nach *Willard van Orman Quine*.

[83] Vgl. z. B. die Hinweise auf Aristoteles oben unter Ziff. 2. lit. a).

[84] Geschrieben hat Ludwig J. J. Wittgenstein diese Abhandlung als Soldat 1918. Veröffentlicht wurde diese 1921. Schließlich hat sich Ludwig J. J. Wittgenstein mit dieser Arbeit 1929 in Cambridge bei Bertrand Russell und George Edward Moore promoviert.

Logik, Sprache und Welt bestehen. Der „frühe" Wittgenstein glaubte, (nur) in der Logik die Welt in bzw. mit Sprache abbilden und verstehen zu können. Die Realität könne nur über die logische Form der Sätze überhaupt Bedeutung haben. So sagt Wittgenstein z.B.: „Was jedes Bild, welcher Form auch immer, mit der Wirklichkeit gemein haben muß, um sie überhaupt – richtig oder falsch – abbilden zu können, ist die logische Form, das ist, die Form der Wirklichkeit."[85] Und weiter: „Der Satz ist ein Bild der Wirklichkeit. Der Satz ist ein Modell der Wirklichkeit, so wie wir sie uns denken."[86] So kann Wittgenstein (noch) sagen: „Die meisten Sätze und Fragen, welche über philosophische Dinge geschrieben worden sind, sind nicht falsch, sondern unsinnig."[87] Damit wird bzw. wurde versucht, Sprache und Welt über Logik zu verstehen.[88] Wittgensteins zweites Hauptwerk, „Philosophische Untersuchungen" begann er wohl ab 1938 und stellte es mit Unterbrechungen bis 1948 weitestgehend fertig. Es erschien aber erst nach seinem Tod 1953. Wittgenstein durchlebte sozusagen selbst einer sog. „linguistic turn"[89]. Der „späte" Wittgenstein verwirft[90] nämlich sein ursprüngliches ontolo-

---

Vgl. z.B. *Joachim Schulte,* Wittgenstein eine Einführung, Reclam, Stuttgart, 1989, S. 11 ff.

[85] *Ludwig J. J. Wittgenstein,* Tractatus logico-philosophicus, Werkausgabe von Suhrkamp Taschenbuch, Bd. 1, 1. Aufl., Frankfurt a.M. 1984, 2.18, S. 16.

[86] *Ludwig J. J. Wittgenstein,* Tractatus logico-philosophicus, Werkausgabe von Suhrkamp Taschenbuch, Bd. 1, 1. Aufl., Frankfurt a.M. 1984, 4.01, S. 30.

[87] *Ludwig J. J. Wittgenstein,* Tractatus logico-philosophicus, Werkausgabe von Suhrkamp Taschenbuch, Bd. 1, 1. Aufl., Frankfurt a.M. 1984, 4.003, S. 25.

[88] Ursprünglich ging man davon aus, dass die Alltagssprache, also, die sog. „natürlichen Sprachen" zu vage und so ungenau sind, als dass diese den Anforderungen von Wissenschaft, bzw. der dazu erforderlichen exakten Logik, entsprechen könnten. Daher wurde vertreten, dass nur durch die Schaffung sog. „formaler Sprachen" sinnvolle von sinnlosen Sätzen unterschieden werden könnten. Damit sind nun auch im Zusammenhang mit Sprache wieder Logiker und Mathematiker zu nennen, also neben dem „frühen" Wittgenstein z.B. Gottlob Frege (Begriffsschrift), Bertrand Russell und Alfred North Whitehead (Principia Mathematica), Rudolf Carnap (Der logische Aufbau der Welt). Nach dem hier vertretenen Ansatz kann daher auch wieder auf die bereits oben angeführten Zweifel an der Möglichkeit einer (objektiven) Realität oder (objektiven) Struktur verwiesen werden, um zu erklären, warum die Schaffung exakter formaler Sprachen nicht zielführend sein konnte.

[89] Der Begriff wurde von Richard Rorty erst später eingeführt; als linguistic turn (linguistische Wende, sprachkritische Wende, sprachanalytische Wende, Wende zur Sprache) wird wohl die Abwendung von der Idee, das Sprache ontologisch fundiert ist, hin zur Frage, wie durch (bloße) Beziehungen Bedeutung von Sprache begriffen werden kann, verstanden. *Klaus F. Röhl/Hans Christian Röhl,* Allgemeine Rechtslehre, 3. Aufl., München 2008, S. 51 ff., verbinden diese Wende mit dem Neopragmatismus: „(...) Als Neopragmatismus bezeichnet man eine Richtung der Gegenwartsphilosophie, wiederum vor allem amerikanischer Autoren (*Rorty, Putnam, Brandom*), die zwar an den klassischen Pragmatismus anknüpfen, aber die Sprache inhaltlich und methodisch in den Mittelpunkt rücken. Die philosophische Untersuchung wird zur Sprachanalyse. Das ist die sog. Sprachphilosophische Wende des Pragmatismus. An die Stelle einer (pragmatischen) Theorie der Wahrheit tritt eine pragmatische Theorie der Bedeutung." Vgl. auch z.B. *Martin Carrier,* in: Bartels/Stöckler, Wissenschaftstheorie. Ein Studienbuch,

3. Sprache

gisches Fundament (d.h. die Idee, die Welt als Gesamtheit von Tatsachen zu sehen), sowie die Möglichkeit einer eindeutigen Beziehung zwischen Welt und deren Abbildung in Gedanken.[91] Es kommt danach nicht mehr auf eine exakte Analyse des Wortes an, sondern auf die Untersuchung seines jeweiligen Gebrauchs, welcher die Bedeutung freilegt. Alles ist (nur) „Sprachspiel", wobei die Regeln nicht endgültig festlegbar sind.[92] Die Regeln, wie das Sprachspiel zu spielen ist, sind durch ein (übergeordnetes) Sprachspiel festzulegen, dessen Regeln wiederum durch ein (diesem übergeordnetes) Sprachspiel, usf. Diese dadurch erforderliche „Regelung von Regelungen" scheint ein selbstähnlicher und unendlich andauernder Prozess zu sein.[93]

Es stellt sich damit aber nun die ganz grundsätzliche Frage, ob man nach dem „linguistic turn", überhaupt noch verlässlich feststellen kann, welche Bedeutung ein bestimmtes Wort bzw. Zeichen, insbesondere einer Alltagssprache, d.h. „natürlichen Sprache", hat. So wird u. a. kritisiert, dass der vom „späten" Wittgenstein verfolgte Ansatz nur eine Beschreibung liefert und nicht wirklich erklärt, wie Bedeutung entsteht.[94]

---

2. Aufl., Paderborn 2009, S. 43 f. und *Andreas Bartels,* in: Bartels/Stöckler, Wissenschaftstheorie. Ein Studienbuch, 2. Aufl., Paderborn 2009, S. 214.

[90] Ob und insbesondere in wie weit diese Behauptung zutrifft, wird freilich kontrovers diskutiert. Hier kann dem nicht nachgegangen werden. Festmachen kann man diese Diskussion jedenfalls daran, dass Wittgenstein selbst sagt, dass er im Tractatus „schwere Irrtümer (…) erkennen (…)" musste. Dies schreibt er bekanntermaßen im Vorwort seiner Philosophischen Untersuchung, vgl. *Ludwig Wittgenstein,* Philosophische Untersuchungen, Werkausgabe von Suhrkamp Taschenbuch, Bd. 1, 1. Aufl., Frankfurt a.M. 1984, S. 232. Für den hier vorgelegten Ansatz reicht es aus, dass wohl unstreitig ein Problem darin zu sehen ist, das Struktur und Welt nicht in einer zwingenden bzw. eindeutigen Beziehung stehen können.

[91] Zum Zusammenhang mit Fragen der Wissenschaftstheorie vgl. z.B. *Donald Gillies,* Philosophy of Science in the Twenthieth Century: Four Central Themes, 1. Aufl., Oxford 1993, S.228 ff.

[92] *Hans Joachim Störig,* Kleine Weltgeschichte der Philosophie, 7. Aufl., Frankfurt 2011, S. 740 ff.; vgl. z.B. *Ludwig J. J. Wittgenstein,* Philosophische Untersuchungen, Werkausgabe von Suhrkamp Taschenbuch, Bd. 1, 1. Aufl., Frankfurt a.M. 1984, S. 262.

[93] *Robert Brandom,* Begründen und Begreifen, 1. Aufl., Suhrkamp, Frankfurt a.M. 2001, S. 72: „Die Vorstellung, es könnte ein autonomes Sprachspiel geben, eines, das gespielt werden könnte, obwohl man kein anderes gespielt hat, und das ausschließlich aus nichtinferentiellen Berichten besteht, (…) ist also komplett falsch."

[94] Wenn Wittgenstein schließlich so zu verstehen ist, dass es bei der Ermittlung des Sprachspiels bzw. dessen Regeln auf den faktischen Gebrauch der Sprache durch eine empirische Prüfung ankommen sollte, kann dies nach dem hier vertretenen Ansatz nicht überzeugen. Ein Rückgriff auf etwas Gegebenes, zu Beschreibendes, tatsächlich Festzustellendes, kann aus erkenntnistheoretischen Gründen nicht weiterführen. Dies bedeutet, dass alle pragmatischen Theorien, die ein ähnliches Konzept vertreten, wie z.B. die inferentialistische Semantik von Robert Brandom, und diesem folgend Ralph Christensen und Hans Kudlich für die Rechtswissenschaft, an demselben Einwand leiden, nämlich dass wir uns vom „Mythos des Gegeben" befreien müssen und empirische Hoffnungen „über Bord werfen" sollten. Nach dem hier vorgeschlagenen Ansatz ist stattdessen Bedeutung konsequent weiter strukturwissenschaftlich zu konstruieren. Be-

Dieses Zwischenergebnis soll durch nachfolgende Abbildung 1 verdeutlicht werden:

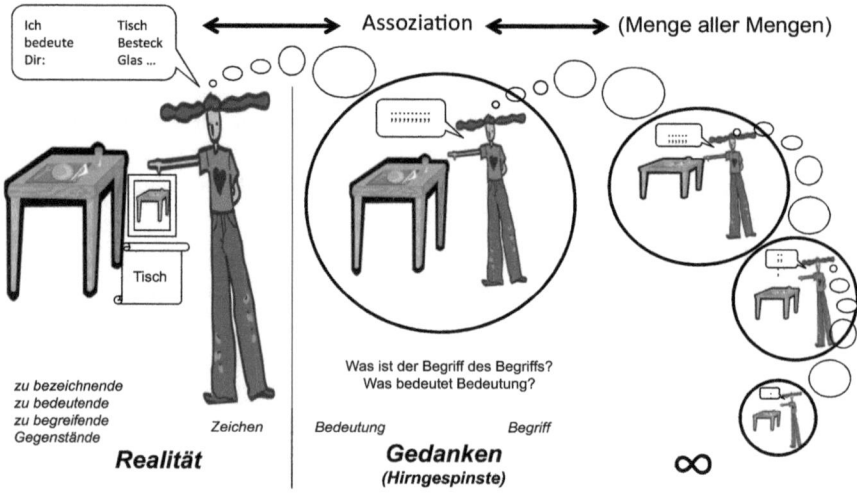

Abbildung 1: Spracherwerb, Sprache, Denken

b) Holismus

Durch Willard van Orman Quine (1908–2000) kam es zur „holistischen Wende"[95]. Der „radikale Holismus" Quines geht davon aus, dass die

---

deutung wird je individuell gesetzt durch eine erste Unterscheidung. Damit Kommunikation möglich wird, muss die Konstruktion Inhalte auch über sich selbst, also selbstreferentielle Daten, enthalten. So ist weniger von inferentieller als von selbstreferentieller Bedeutung auszugehen. Die Bedeutung sprachlicher Zeichen scheint m. E. mehr über deren willkürlich gesetzten Unterschiede abzuleiten zu sein und nicht aus ihrem tatsächlichen, empirisch festzustellenden Gebrauch. Einigkeit besteht allerdings darin, dass Zeichen keine „Repräsentationen" sein können. Oder kürzer: Bedeutung entsteht aus der durch die Zeichen erklärten (gesetzten) Form, insbesondere aus der „Form der Unterscheidung" und nicht aus einem etwa (vermeintlich) erkennbaren tatsächlichen Gebrauch. Vgl. dazu auch ganz allgemein den kurzen Überblick über viele in diesem Zusammenhang wichtige Aspekte in dem Beitrag von *Heinz von Foerster,* in: Gumin/Mohler, Einführung in den Konstruktivismus, 12. Aufl., München 2010, S. 41 ff. und *George Spencer-Brown,* Gesetze der Form, 2. Aufl., Leipzig 1999, S. X: „Es sollte beachtet werden, daß es in diesem Text (Anm.: LoF) nirgendwo einen einzigen Satz gibt, welcher besagt was oder wie irgendetwas ist."

[95] *Klaus F. Röhl/Hans Christian Röhl,* Allgemeine Rechtslehre, 3. Aufl., München 2008, S. 51 ff., 138.

„Gesamtheit unseres sogenannten Wissens oder sogenannten Überzeugungen, von den beiläufigsten Gegenständen der Geographie und Geschichte bis hin zu den profundesten Gesetzen der Atomphysik oder sogar der reinen Mathematik und Logik, (...) ein von Menschen geschaffenes Gewebe ist, das nur an seinen Rändern auf Erfahrung trifft (...) Ein Konflikt mit der Erfahrung an der Peripherie veranlasst Änderungen im Inneren des Feldes. (...) Keinerlei einzelne Erfahrungen sind mit irgendwelchen einzelnen Aussagen im Inneren des Feldes verknüpft, es sei denn indirekt durch Gleichgewichtserwägungen, die das Feld als Ganzes betreffen. (...) Es wird dann überdies unsinnig, nach einer Grenze zu suchen zwischen synthetischen Aussagen, die in Abhängigkeit von Erfahrung gültig sind, und analytischen Aussagen, die gültig bleiben, komme was da wolle."[96]

Das Verständnis von Willard van Orman Quine zum Verhältnis von Sprache, Strukturwissenschaft und Welt wird dabei m.E. durch folgendes Zitat besonders deutlich:

„(...) physikalische Objekte werden uns nur als Teile eines systematischen Begriffsnetzes bekannt, das als ganzes mit seinen Rändern an die Erfahrung stößt. (...) Das System als ganzes ist bezüglich Erfahrung unterbestimmt; (...) Wenn sich (...) Voraussagen über Erfahrung als falsch herausstellen, muß das System irgendwie geändert werden. Aber es bleibt uns große Freiheit in der Wahl, welche Sätze des Systems erhalten bleiben und welche verändert werden sollen. (...) Mutmaßungen über Geschichte und Wirtschaft werden bereitwilliger abgeändert werden als physikalische Gesetze, und diese bereitwilliger als Gesetze der Mathematik und der Logik. (...) Letzten Endes ist es vielleicht dasselbe zu sagen – wie man es oft tut –, die Gesetze der Mathematik und Logik seien nur kraft unseres Begriffsnetzes wahr."[97]

Auch wenn m.E. unklar bleibt, wie die (wohl nur indirekte) „Verifikation" des Begriffsnetzes an den Rändern, wo es an die „Erfahrung" anstößt, genau erfolgt, ist der grundsätzliche Gedanke des Holismus[98] weiterführend.[99]

---

[96] *Willard van Orman Quine,* Zwei Dogmen des Empirismus, in: Quine, von einem logischen Standpunkt, Reclam, Stuttgart 2011, S. 117 ff. (erstmals: Two Dogmas of Empiricm, Philosophical Review 60 (1951), S. 20 ff.). Vgl. auch z.B. *Andreas Bartels,* in: Bartels/Stöckler, Wissenschaftstheorie. Ein Studienbuch, 2. Aufl., Paderborn 2009, S. 200.

[97] *Willard van Orman Quine,* Methods of Logic, erstmals 1964, Grundzüge der Logik, Frankfurt a.M. 2013, S. 18; man müsste m.E. alles nur im Plural („Begriffsnetze", „Logiken", etc.) formulieren.

[98] Vgl. auch das Kapitel „Vom Gesetz zum Ganzen des Rechts" bei *Ralph Christensen/Hans Kudlich,* Gesetzesbindung. Vom vertikalen zum horizontalen Verständnis, 1. Aufl., Berlin 2008, S. 52 ff. m.w.N., in denen gezeigt wird, wie der Holismus in der Rechtswissenschaft fruchtbar gemacht werden kann.

[99] Nach dem hier vertretenen Ansatz ist dann ggfls. gerade an dieser Stelle mit dem „radikalen Konstruktivismus", die Berührung des Begriffsnetzes mit der Erfahrung als bloße „Konstruktion" zu beurteilen, um deutlich zu machen, dass uns der Zugang zu einer ontischen Realität prinzipiell verwehrt ist. Es bleibt dann nur eine „hypothetische", also selbst konstruierte Realität, und die Frage, ob unsere, aus holistischen Begriffsnetzen bestehenden, wissenschaftlichen Theorien „viabel" sind, in dem Sinne, dass sie uns helfen können, eine Frage bzw. ein Problem praktisch zu verstehen, zu erklären, zu beurteilen, zu entscheiden, bzw. ganz allgemein zu lösen. Es kommt damit nicht

IV. Wissenschaftliche Erkenntnisse

Auch wenn der radikale Holismus nach Willard van Orman Quine mehr eine Antwort auf erkenntnistheoretische Fragen darstellt, kann man damit dennoch auch Antworten geben auf die für Juristen so wichtige ursprüngliche Frage, ob und wie man die zutreffende Bedeutung eines Wortes (wissenschaftstheoretisch korrekt) feststellen kann. Willard van Orman Quine geht selbst aber wohl davon aus, dass trotz allem die genaue Bedeutung einer Äußerung stets unbestimmt bleibt. Dafür kann man sein Beispiel („Radikale Übersetzung") anführen, bei dem jemand auf ein vorbeilaufendes Kaninchen zeigt und „Gavagai" sagt. Wie kann nun ein anderer, der dies beobachtet, feststellen, welche Bedeutung der Sprecher dieser Lautäußerung beilegt? Es bleibt nämlich unklar, ob der Sprecher dieses (unbekannten) Wortes, dies auf die Tatsache des Vorbeilaufens, also auf eine zeitliche Abfolge des beobachtbaren Sachverhaltes, oder auf die Ohren des Kaninchens, oder auf andere Körperteile des Kaninchens, oder auf alles Mögliche andere, nur nicht auf das vorbeilaufende Kaninchen, etc. bezieht. Mit anderen Worten darüber zu sprechen, worauf sich „Gavagai" beziehen soll, unterliegt derselben prinzipiellen Unklarheit, da alle benutzbaren Wörter den erforderlichen Bezug zum bezeichneten Gegenstand nicht in sich tragen können.[100]

---

mehr auf „kategoriale" Unterschiede zwischen Tatsachenfeststellungen und Werturteile, Sein und Sollen, analytische und synthetische Urteile, etc. an. So kann man dann auch z.B. bei *Klaus F. Röhl/Hans Christian Röhl,* Allgemeine Rechtslehre, 3. Aufl., München 2008, S. 51 ff., lesen: „(...) Quine wirft die Unterscheidung zwischen analytischen und synthetischen Sätzen über Bord uns steigert das Kontextprinzip zu einem radikalen Holismus. (...) *Quine* (...) in der Tradition der analytischen Philosophie. (...) hat (...) zwei Grundannahmen des wissenschaftlichen Positivismus (...) verworfen, nämlich die schon auf *Kant* zurückgehenden Unterscheidung zwischen analytischen und synthetischen Sätzen und den sog. Reduktionismus, d.h. die These, dass wissenschaftliche Erkenntnis nur durch die empirische Prüfung von singulären Erfahrungssätzen möglich sei. Gegen diese These richtet sich das holistische Argument. Nach Quine werden nicht singuläre Aussagen durch Erfahrungen bestätigt oder widerlegt; vielmehr bestätigt oder entkräftet Erfahrung immer ein ganzes System von Aussagen. (...) Die Grundidee des Holismus (Gegenbegriff: Atomismus) ist einleuchtend: Einzelne Sätze dürfen nicht für sich betrachtet werden, sondern stehen in einem größeren Zusammenhang, so dass bei jedem Umbau die Standfestigkeit des ganzen Gebäudes geprüft werden muss. Ein gewisser Holismus, oft unter dem Namen ‚Kohärenz', ist weit verbreitet. Auch die Systemvorstellung der juristischen Dogmatik ist in diesem Sinne holistisch. Quines Holismus ist jedoch viel radikaler. In der Konsequenz dieses Holismus gibt es kein analytisches Denken, erst recht natürlich keine apriorischen Inhalte und auch keine greifbare Bedeutung mehr, sondern nur fließende Übergänge. Indessen braucht uns dieser Skeptizismus nicht zu beunruhigen, denn es geht Quine nicht um die Normalwissenschaft, sondern um eine Widerlegung des Empirismus als Fundamentalphilosophie (...)."

[100] *Willard van Orman Quine,* Wort und Gegenstand, 10. Aufl., Reclam, Stuttgart 1987, S. 59 ff. (63 ff.); *Donald Davidson,* Wahrheit und Interpretation, 1. Aufl., Suhrkamp, Frankfurt a.M. 1990, S. 330, über Willard van Orman Quines Konzept insoweit wörtlich: „ein unendlicher Regreß. Falls die Sache so steht, ist die Ontologie nicht nur ‚letztlich unerforschlich', sondern jede Behauptung über die Bezugnahme wird (...) sinnlos sein (...)"; vgl. auch *Klaus F. Röhl/Hans Christian Röhl,* Allgemeine Rechtslehre, 3. Aufl., München 2008, S. 52 ff. m.w.N.

3. Sprache

Donald Davidson (1917–2003), ein Schüler Willard van Orman Quines, entwickelte aus dem erkenntnistheoretischen Holismus einen semantischen Holismus, auch, indem die oben skizzierte Theorie der radikalen Übersetzung, als eine Theorie der radikalen Interpretation fortgeführt wird.[101] Donald Davidson versucht mit seiner Theorie den dargestellten Relativismus bzw. Skeptizismus Willard van Orman Quines wieder zu überwinden. Im Grunde fragt er, wie es denn im Alltagsleben dann überhaupt möglich sein kann, dass zwei Menschen sich verstehen bzw. wenigstens glauben, sich zu verstehen, wenn doch nach Willard van Orman Quine prinzipiell, wie das „Übersetzungsbeispiel (Gavagai)" zeigen sollte, jede Behauptung einer Bezugnahme zum bezeichneten Gegenstand sinnlos ist?

Donald Davidson wörtlich zur Erklärung, wie eine Theorie der Interpretation konstruiert sein muss:

„Eine befriedigende Theorie zur Interpretation der Äußerungen einer Sprache (…) wird ein signifikantes Maß an semantischer Struktur zutage fördern; die Interpretation (…) komplexer Sätze z. B. wird systematisch abhängig sein von der Interpretation (…) einfacher Sätze. (…)."[102]

„Die Interpretationstheorie einer Objektsprache läßt sich demnach auffassen als das Ergebnis der Fusion einer strukturell aufschlußreichen Interpretationstheorie einer bekannten Sprache mit einem System zur Übersetzung der unbekannten in die bekannte Sprache. Durch die Fusion wird jegliche Bezugnahme auf die bekannte Sprache müßig; was übrig bleibt, nachdem man diese Bezugnahme hat fallenlassen, ist eine strukturell aufschlußreiche Theorie zur Interpretation der Objektsprache – wozu man sich freilich bekannter Formulierungen bedient. Solche Theorien (…) liegen uns bereits vor, und zwar in Gestalt der Wahrheitstheorien, deren Aufstellung zuerst von Tarski dargelegt worden ist."[103]

---

[101] *Klaus F. Röhl/Hans Christian Röhl,* Allgemeine Rechtslehre, 3. Aufl., München 2008, S. 52:„(…) Aus dem zunächst erkenntnistheoretischen Holismus wurde in der Folgezeit der semantische Holismus. (…)." *Klaus F. Röhl/Hans Christian Röhl,* Allgemeine Rechtslehre, 3. Aufl., München 2008, S. 53 m.w. N.: „(…) *Davidson* führt das von *Quine* begonnene Projekt der radikalen Übersetzung mit der Theorie der radikalen Interpretation fort. (…) ‚Radikale Interpretation', so Davidson, muss holistisch vorgehen und dabei bestimmten normativen Grundsätzen folgen, die als charity principle zusammengefasst werden. Sie erinnern an die hermeneutischen Prinzipien (…) Im Detail ist das Theoriegebäude von Davidson so differenziert, dass solche Andeutungen eher Verzerrungen sind. *Davidson* bietet mehr als eine Theorie der sprachlichen Bedeutung, nämlich eine Philosophie des Geistes. Aber *Davidson* ist so renommiert, dass wir seine Theorie nicht unterschlagen dürfen, auch wenn wir sie hier nicht adäquat darstellen können. Sie ist wichtig, weil sie den Skeptizismus *Quines* und ‚Kripkensteins' überwindet. Die Theorie ist aber auch deshalb interessant, weil sie behauptet, dass menschliche Handlungen kausal durch Gründe verursacht werden. Sie behauptet damit die Eigenständigkeit des Geistes gegenüber physischen Gesetzen."

[102] *Donald Davidson,* Wahrheit und Interpretation, 1. Aufl., Suhrkamp, Frankfurt a. M. 1990, S. 189.

[103] *Donald Davidson,* Wahrheit und Interpretation, 1. Aufl., Suhrkamp, Frankfurt a. M. 1990, S. 190.

„Die Wahrheit wird mit Hilfe des Erfüllungsbegriffs für abgeschlossene Sätze definiert. Eine derart rekursive Theorie läßt sich, wie Tarski zeigt, mittels bekannter Verfahren in eine explizite Definition verwandeln, vorausgesetzt, die Sprache der Theorie enthält genügend Mengenlehre (...)."[104]

„Die Aufgabe, eine Wahrheitstheorie im Detail auf eine natürliche Sprache anzuwenden, wird sich in der Praxis nahezu gewiß in zwei Stadien gliedern. Im ersten Stadium wird die Wahrheit nicht für die gesamte Sprache, sondern mit Bezug auf einen sorgfältig zurechtgestutzten Teil der Sprache charakterisiert. (...) Die Sätze die dem ersten Stadium der Theorie angehören, können wir so auffassen, daß sie die logische Form bzw. Tiefenstruktur sämtlicher Sätze angeben."[105]

Hier sollte man kurz innehalten, denn wie Alfred Tarski (1901/1902–1983) an Hand der Wahrheitstheorien[106] zeigte, gibt es so einen Ausweg trotz aller bisherigen Zweifel. Verkürzt ausgedrückt kann man sagen, dass man die Regeln der Interpretation, und die Regeln zur Interpretation, durch selbstbezügliche Aussagen der Sprache, also durch die Sprache selbst, „mitzugeben" versucht.[107] Nach dem hier vertretenen Ansatz bleibt nach allen Zweifeln der postmodernen Philosophie in der Tat möglicherweise die Hoffnung, wenigstens über die Form selbst, Regeln dieser Form, zu transportieren, um dann Informationen definiert erzeugen zu können. Aus der „Not", dass wohl alles Denken nur selbstbezüglich (selbstreferentiell) sein kann[108], sollte man daher eine „Tugend" machen.[109] Dies

---

[104] *Donald Davidson,* Wahrheit und Interpretation, 1. Aufl., Suhrkamp, Frankfurt a. M. 1990, S. 190 f.

[105] *Donald Davidson,* Wahrheit und Interpretation, 1. Aufl., Suhrkamp, Frankfurt a. M. 1990, S. 193 f.

[106] Dies im Einzelnen darzustellen, muss einem gesonderten Beitrag vorbehalten bleiben. Hier sei nur auf *Donald Davidson,* The structure and content of truth, in: The Journal of Philosophy, Volume LXXXVII, No. 6, June 1990, S. 279 ff., *Alfred Tarski,* On undecidable statements in enlarged systems of logic and the concept of truth, in: Journal Of Symbolic Logic, Voume 4, Number 3, September 1939, S. 105 ff., *Alfred Tarski,* The semantic conception of truth and the foundation of semantics, in: Philosophy and phenomenological research, Volume 4 1994, S. 341 ff. und *Alfred Tarski,* in: Berka/Kreiser, Logik-Texte, 1. Aufl., Berlin 1971, S. 447 ff., verwiesen.

[107] Man kann (wohl mit Michael Dummett) der Theorie von Donald Davidson entgegenhalten, die Formulierung der Regeln einer Wahrheitstheorie, als Prüfkriterien der Wahrheitsbedingungen für die Bedeutung, müssen vom Gegenüber des Sprechers erkannt werden können. Sofern es nun darum geht, dass diese Regeln wahrgenommen werden müssen, „lädt" man sich alle Probleme auf, die z. B. zu der Diskussion des Konstruktivismus geführt haben, etc. Trotz allem gelingt es aber in der Strukturwissenschaft, insbesondere mit der Mathematik, sehr komplexe und völlig widerspruchsfreie Systeme geradezu „weltumspannend" ohne Missverständnisse, „intersubjektiv" zu kommunizieren.

[108] Vgl. auch *Karl-Heinz Ladeur,* Postmoderne Rechtstheorie, 2. Aufl., Berlin 1995, S. 211: „Das zentrale strukturbildende neue Phänomen, das die Bezeichnung der hier entwickelten Konzeption als „post-modern" legitimiert, ist in dem verstärkten Auftreten von Phänomenen der Selbstreferenz zu sehen, insbesondere der Rückwirkung der Regelanwendung auf die Regel selbst."

ist ein entscheidender Hinweis, dass die provokative These aus Ziff. II. 1. zutrifft. Nach Alfred Tarski und Donald Davidson sollte der Richter seine ihn bindende Methodenlehre selbst mitteilen, da diese aus nichts anderem abgeleitet werden kann.

c) Inferentialismus

Schließlich sei noch auf Robert Brandom (1959) und dessen inferentielle Semantik als eine weitere, andere Ausprägung des semantischen Holismus hingewiesen.[110] Der Abschnitt über Sprache nahm so seinen Ausgangspunkt bei Wittgenstein und kommt nun mit Brandom dorthin gleichsam wieder zurück. Brandom folgt sprachpragmatisch nämlich dem späten Wittgenstein, wenn er in seinem Konzept darauf hinweist, dass die Bedeutung von Sprache inferentialistisch durch den Gebrauch der Sprache entsteht. Brandom: Es stellt

„(...) der hier (...) eingeschlagene Weg einen *relationalen linquistischen* Zugang zum Begrifflichen dar. Der Begriffsgebrauch wird als eine wesentlich sprachliche Angelegenheit betrachtet."

Dieser Ansatz nimmt die

„(...) Form eines linquistischen Pragmatismus an, der sich Sellars' Grundsatz, daß *das Begreifen eines Begriffs im Beherrschen des Gebrauchs eines Wortes besteht,* als Losung anheften könnte. (...) Der späte Wittgenstein, aber auch Quine und Sellars (...) sind linquistische Pragmatisten (...)."[111]

---

[109] Ähnlich wohl auch schon *Gunther Teubner,* Recht als autopoietisches System, 1. Aufl., Frankfurt a. M. 1989, S. 17: „Ihre Dynamik und potentielle Fruchtbarkeit erhält diese Umgangsform mit Selbstreferenz dadurch, daß sie auf die gewagte erkenntnistheoretische Position übersetzt, „daß die Realität auch unabhängig von Erkenntnis zirkulär strukturiert ist" (...). Dies wird von manchen vorschnell als naive Vermengung von idealistischen und realistischen erkenntnistheoretischen Prämissen kritisiert (...). Doch muß sich diese Kritik die Gegenfrage gefallen lassen: Was hindert eine streng konstruktivistische Weltsicht daran, zwischen Umweltkonstruktionen der Systeme und ihren realen Umwelten zu unterscheiden, wenn zugleich klargestellt ist, daß beides nur das Konstrukt eines Beobachters ist?" Vgl. insbesondere auch *Axel Adrian,* Grundprobleme einer juristischen (gemeinschaftsrechtlichen) Methodenlehre, 1. Aufl., Berlin 2009, S. 762, 842, 847, 851 f. und 952. Andrer Ansicht aber wohl *Friedrich Müller/Ralph Christensen* Juristische Methodik Band II Europarecht, 3. Aufl. 2012, S. 536: „Bedeutung gewinnen Äußerungen ganz ohne Regeln, durch Interpretation. Um zu ihrem Verständnis zu gelangen, braucht es im Prinzip nicht einmal eine gemeinsame Sprache. (...) Nötig ist vielmehr, ‚dass wir dem anderen etwas liefern, das als Sprache verständlich ist.'"

[110] *Robert Brandom,* Begründen und Begreifen, 1. Aufl., Suhrkamp, Frankfurt a. M. 2001, S. 45: „Jeder Inferentialismus ist einer bestimmten Art von semantischem *Holismus* verpflichtet, während im Gegensatz dazu der *Atomismus* häufig Hand in Hand mit einer Festlegung auf eine repräsentationalistische Reihenfolge semantischer Erklärung geht."

[111] *Robert Brandom,* Begründen und Begreifen, 1. Aufl., Suhrkamp, Frankfurt a. M. 2001, S. 15 f.

IV. Wissenschaftliche Erkenntnisse

Es handelt sich bei dem viel beachteten zeitgenössischen Programm[112] von Brandom um einen richtigen Weg. Gerade weil die Bezugnahme auf eine (hypothetische) Realität[113], wie gezeigt, keine Richtigkeitskriterien (mehr) liefern kann, ist auch Sprache neu zu denken. Es sind Konzepte erforderlich, die ein repräsentationales Paradigma, welches wohl immer noch vorherrscht, überwinden und ablösen.[114] Bedeutung kann nicht aus der Bezugnahme der Sprache auf Gegenstände[115] gewonnen werden, da es nach dem hier vertretenen postmodernen Ansatz unüberwindbare Zweifel an der Existenz des Selbst, an der Existenz einer objektiven Wahrheit und Wirklichkeit, an der Möglichkeit von einheitlicher Bedeutung von Sprache und damit auch an einer verlässlichen Beziehung zwischen Sprache und Wirklichkeit, gibt.[116]

---

[112] Bei *Klaus F. Röhl/Hans Christian Röhl,* Allgemeine Rechtslehre, 3. Aufl., München 2008, S. 51 ff., liest man: „(...) Eine andere Ausprägung des semantischen Holismus bietet die inferentielle Semantik. Ihr Programm wurde in Arbeiten von *Wilfried Sellars* angekündigt: Die Begriffe, mit denen wir uns verständigen, sind das Produkt eines ‚Gesellschaftsspiels', (...) Viel Beachtung findet zur Zeit die detaillierte Ausarbeitung dieses Programms durch *Robert Brandom,* einem Schüler von *Richard Rorty*: Ein Satz hat Bedeutung nicht als solcher, sondern nur wegen seiner Beziehungen zu anderen Sätzen, die wiederum Teile eines Systems bilden, das letztlich die gesamte Sprache umfasst. Die Beziehungen zwischen den einzelnen Sätzen bestehen in Folgerungen (Inferenzen). Sie regulieren den Übergang von einem Satz zum anderen und haben deshalb normativen Charakter. Aber es handelt sich nicht um Normen, die der Praxis irgendwie voraus liegen oder die naturgegeben wären, sondern um Normen, die implizit mit dem Sprachgebrauch verwoben sind, die praktisch vollzogen werden und nur sekundär durch die Teilnehmer oder die Wissenschaft explizit gemacht werden können. (...) Die Mitglieder einer sprachlichen Gemeinschaft, so *Brandom,* behandeln sich wechselseitig so, dass sie auf bestimmte Aussagen und entsprechende Handlungen festgelegt, dass sie zu anderen berechtigt und ihnen wieder andere verwehrt sind. Dabei veranstalten sie eine Art moralische Buchführung (deontic scorekeeping). Damit werden Vorgänge beschrieben, die in der Theorie der juristischen Argumentation (...) eine Entsprechung zu haben scheinen. Das mag der Grund sein, dass Brandoms Ideen auch von Juristen bereitwillig rezipiert worden sind, wenn auch mit ganz unterschiedlichen Akzenten. Für *Christensen* (Gesetzesbindung, S. 276 f.) ist die juristische Methodenlehre eine Theorie der Praxis, die explizit macht, was in der Praxis geschieht und dort als intelligent und korrekt akzeptiert wird. Die implizite Vernunft der Praxis wird so zur normativen Theorie. (...) Mit dem Neopragmatismus verbindet sich eine problematische Tendenz zur Einebnung des Unterschieds zwischen normativen und deskriptiven Sätzen. (...)."

[113] Die Aussagen bei *Robert Brandom,* Begründen und Begreifen, 1. Aufl., Suhrkamp, Frankfurt a. M. 2001, S. 128 (dort FN 1) und S. 130 (dort FN 3), sind insoweit aber nicht ganz nachvollziehbar, jedenfalls aber missverständlich.

[114] *Robert Brandom,* Begründen und Begreifen, 1. Aufl., Suhrkamp, Frankfurt a. M. 2001, S. 44: „Die hier eingeführte rationalistische semantische Theorie lehnt nicht nur den Empirismus ab und befürwortet einen Nicht-Naturalismus, sondern ist darüber hinaus auch dahingehend ungewöhnlich, daß sie nicht den Begriff der Repräsentation als ihren grundlegenden wählt."

[115] Zum Begriff Gegenstände oder besser Einzelnes in diesem Zusammenhang vgl. *Robert Brandom,* Begründen und Begreifen, 1. Aufl., Suhrkamp, Frankfurt a. M. 2001, S. 162 f., insbesondere dort FN 1.

[116] *Robert Brandom,* Begründen und Begreifen, 1. Aufl., Suhrkamp, Frankfurt a. M. 2001, S. 20: „ Die Festlegung auf den Versuch, den Expressivismus als einen geeigne-

3. Sprache

So kommt Brandom folgerichtig übrigens auch zu einem interessanten Verhältnis von Natur- und Geisteswissenschaften, welches mit dem hier vorgelegten Ansatz vergleichbar ist.[117] Ebenso, wie konsequenterweise auch ein deterministisches Konzept abgelehnt wird.[118]

Der Inferentialismus Brandoms geht davon aus, dass etwas in das Spiel des Gebens und Verlangens von Gründen eingeworfen wird, wenn jemand eine Aussage (praktisch) trifft. Da diese wohl stets, insbesondere im Zusammenhang mit vorher praktisch getätigten Aussagen (begleitenden inferentiellen Festlegungen) und Überzeugungen (doxastischen Festlegungen) explizit wird, und auch die Berechtigung solche Aussagen zu treffen, (mit-)behauptet, kann deren Bedeutung und deren Rechtfertigung mittels anderer Festlegungen und Berechtigungen, hinterfragt werden.[119]

---

ten theoretischen Rahmen darzulegen, in dem der Gebrauch und (somit) der Gehalt von Begriffen zu verstehen ist, hebt dieses Projekt deutlich von den meisten anderen ab, die sich gegenwärtig in der philosophischen Szene tummeln. Denn tatsächlich beherrscht ein repräsentationales Paradigma nicht nur das ganze Spektrum analytisch betriebener Semantiken (...). Dieses Paradigma regiert auch im Strukturalismus (...) und sogar bei denjenigen neueren kontinentalen Denkern, deren Poststrukturalismus noch so tief im repräsentationalen Sumpf festsitzt, daß ihm zum Verständnis der Bedeutung in Begriffen von Signifikanten, die für Signifikate stehen, keine andere Alternative einfällt, als sie in Begriffen von Signifikanten zu verstehen, die für andere Signifikanten stehen. Selbst zeitgenössische Spielarten des Pragmatismus, die explizit bestrebt sind, platonische Varianten des repräsentationalen Paradigmas zurückzuweisen, konnten sich nicht dazu durchringen, eine expressivistische Alternative zu entwickeln." Hier sieht man, dass auch Brandom von vielen zeitgenössischen Richtungen, entsprechend dem hier vertretenen Ansatz, deswegen nicht überzeugt ist, weil zu viel Hoffnung in eine Bezugnahme auf die (hypothetische?) Realität, die man leider immer noch als repräsentierbar annimmt, gesetzt wird. Richtig ist dagegen: Wir müssen uns frei machen von der Hoffnung aus irgendwas „da draußen" etwas für unsere Begriffe ableiten zu können. Nur dann werden wir einen Fortschritt erzielen.

[117] *Robert Brandom,* Begründen und Begreifen, 1. Aufl., Suhrkamp, Frankfurt a. M. 2001, S. 50 f.: „Das eigentliche Anliegen der Geisteswissenschaften ist das Erforschen des Begriffsgebrauchs (...). Kulturelle Produkte und Tätigkeiten werden als solche nur durch den Gebrauch von normativem Vokabular explizit, das prinzipiell nicht auf das Vokabular der Naturwissenschaften reduzierbar ist (...). Tatsächlich stellt die Entwicklung des Vokabulars der Naturwissenschaften (...) ihrerseits ein kulturelles Phänomen dar, etwas, das nur innerhalb des begrifflichen Horizonts intelligibel ist, den die Geisteswissenschaften aufspannen."

[118] *Robert Brandom,* Begründen und Begreifen, 1. Aufl., Suhrkamp, Frankfurt a. M. 2001, S. 116 f., freilich wenn dies auch nicht durch eine Bezugnahme auf die Quantenmechanik erfolgt, sondern schlicht durch den Hinweis, dass monotonisches Begründen eine definite „Liste" von (kausalen) Bedingungen zu Grunde legen müsste, aber die Frage welche Bedingung auf diese Liste kommen müssten, indefinit ist. Im hier vertretenen Ansatz wird mit den Erkenntnissen der theoretischen Physik selbst argumentiert, da die Erfahrung zeigt, dass Physiker lieber Argumenten von Physikern folgen als von Nicht-Physikern.

[119] Vgl. z.B. *Robert Brandom,* Begründen und Begreifen, 1. Aufl., Suhrkamp, Frankfurt a. M. 2001, S. 103, gerade dort auch mit dem Hinweis auf die vergleichbaren

Etwas anschaulicher wird dieses Konzept durch die beispielhafte Frage von Brandom, wo der Unterschied zwischen einer bloß responsiven Klassifikation z. B. durch einen Computer oder durch einen Papagei, und einer spezifisch begrifflichen Klassifikation durch einen denkenden Menschen, bei irgendeinem „Input", liegt. Brandom:

> „Genau an diesem Punkt setzt Sellars mit seinem zentralen Gedanken an: Um einen begrifflichen Gehalt zu besitzen, muß eine Reaktion schlicht eine Rolle in dem inferentiellen Spiel des Aufstellens von Behauptungen, des Gebens und Verlangens von Gründen spielen. Einen solchen Begriff zu begreifen oder zu verstehen heißt, die Inferenzen, in die er verwickelt ist, praktisch zu beherrschen – zu wissen, d. h. praktisch unterscheiden zu können (und das ist ein Wissen-wie), was aus der Anwendbarkeit eines Begriffs folgt und woraus diese Anwendbarkeit ihrerseits folgt. Der Papagei behandelt ‚Das ist rot' nicht als inkompatibel mit ‚Das ist grün' (...). Insofern die wiederholbare Reaktion für den Papagei nichts mit praktischen Richtigkeiten des Folgerns und der Rechtfertigung, und damit des Vorbringens weiterer Urteile, zu schaffen hat, ist sie überhaupt keine *begriffliche* oder *kognitive* Angelegenheit. Aus einer solchen inferentiellen Abgrenzung des Begrifflichen folgt unmittelbar, daß man zur Beherrschung irgendeines Begriffs viele Begriffe beherrschen muß."[120]

Es geht also um die

> „*inferentielle Gliederung* der Reaktion. Überzeugungen – ja, alles was propositional gehaltvoll ist (...) und somit begrifflich gegliedert ist – sind wesentlich Dinge, die als Prämissen und Konklusionen von Inferenzen fungieren können."[121]

Weiterhin vertritt Brandom, entsprechend dem hier vertretenen Ansatz auch folgerichtig, dass Begriffe als Normen vorzustellen sind, die die Korrektheit verschiedener Züge, also wohl Zusammenhänge, bestimmen.[122]

Grundsätze des Common Law, wonach auch bisherige Praxis und Berechtigung zur Entscheidung eine wichtige Rolle spielen.

[120] *Robert Brandom,* Begründen und Begreifen, 1. Aufl., Suhrkamp, Frankfurt a. M. 2001, S. 71.

[121] *Robert Brandom,* Begründen und Begreifen, 1. Aufl., Suhrkamp, Frankfurt a. M. 2001, S. 143.

[122] *Robert Brandom,* Begründen und Begreifen, 1. Aufl., Suhrkamp, Frankfurt a. M. 2001, S. 46, 120 f., 125, mit Hinweis auf den Vorteil eines normativen Funktionalismus gegenüber einem kausalen Funktionalismus; Damit vergleichbar auch *Axel Adrian,* Grundprobleme einer juristischen (gemeinschaftsrechtlichen) Methodenlehre, 1. Aufl., Berlin 2009, S. 760 ff.: Alles ist nur „Sollen". Das „Sein" spielt keine Rolle mehr; dagegen aber *Klaus F. Röhl/Hans Christian Röhl,* Allgemeine Rechtslehre, 3. Aufl., München 2008, S. 51 ff.: „(...) Wenn (...) jeder Sprachgebrauch inhärent normativ fundiert ist, so ist Bedeutung selbst etwas Normatives, und eine strikte Trennung zwischen Aussagen und Werturteilen macht keinen Sinn. Das ist eine schlimme Ebenenvertauschung. Es ist inzwischen eine Binsenwahrheit, dass Kommunikation zu ihrem Funktionieren bestimmte (normative) Grundeinstellungen der Beteiligten erfordert. Daraus folgt aber nur, dass die Herstellung von Bedeutungen Normen voraussetzt. Die Bedeutungsinhalte sind deshalb aber nicht selbst normativ. Es mag zwar sein, dass die Unterscheidung zwischen Aussagen und Werturteilen tief unten an der Basis normativ fundiert ist. Doch es gibt kein ‚entitlement' zum (vorbehaltlosen) Übergang von Aussagen zu Werturtei-

3. Sprache

Schließlich wird von Brandom aber betont, dass die inferentielle Gliederung nicht einfach mit der logischen Gliederung gleichgesetzt werden kann. Die materiale Inferenz ist nach Brandom nicht etwa eine abgeleitete Kategorie. Vielmehr gilt umgekehrt:

„Daß sich das Konzept formal gültiger Inferenzen ganz unproblematisch aus dem der material richtigen Inferenzen definieren läßt, wohingegen es den umgekehrten Weg nicht gibt. Denn gegeben eine Teilmenge eines Vokabulars, die irgendwie privilegiert oder ausgezeichnet ist, so kann eine Inferenz dann als ordnungsgemäß ihrer Form (...) behandelt werden, wenn einfach gilt: *Es handelt sich um eine material gute Inferenz, und sie kann nicht dadurch zu einer material schlechten werden, daß nichtprivilegiertes Vokabular durch nichtprivilegiertes Vokabular in ihren Prämissen und Konklusionen substituiert wird.* Man beachte, daß dieses substitutionale Verständnis formal guter Inferenzen nichts Besonderes mit *Logik* zu tun haben muß. Wenn es die *logische* Form ist, die von Interesse ist, dann muß man zuvor in der Lage sein, ein Teil des Vokabulars als speziell logisches auszuzeichnen. Ist dies geschehen, dann führt Freges semantische Strategie, die ja nach inferentiellen Merkmalen Ausschau hält, welche ersetzungsinvariant sind, zu einem Begriff *logisch* gültiger Inferenzen. Wenn man aber *theo*logisches (oder ästhetisches) Vokabular als bevorzugtes herausgreift, dann wird man Inferenzen erhalten, die aufgrund ihrer *theo*logischen (oder ästhetischen) Form in Ordnung sind (...). Sieht man die Dinge auf diese Weise, so stellt sich heraus, daß sich die *formale* Güte von Inferenzen von ihrer *materialen* Güte herleitet und anhand dieser erklärt wird."[123]

Nach dem hier vertretenen Ansatz wird jedoch im Unterschied zu Brandoms Sichtweise bezweifelt, dass für Begründungen mehr als logische oder wenigstens mehr als formale Strukturen zur Verfügung stehen können. Dabei wird die Leistungsfähigkeit dieser Strukturen sozusagen nur in der syntaktischen Zusammenschau der Aussagen bzw. Elemente der Strukturen gesehen,[124] während die „Beifügung" von Semantik stets Risikopotential erzeugt, jedenfalls, wenn versucht wird, Bedeutung durch den wohl im Ergebnis nur empirisch feststellbaren Gebrauch der Sprache zu ermitteln, bzw. zu erkennen. Ein empirischer Rückgriff auf so etwas Gegebenes ist nach dem hier vertretenen Ansatz nicht möglich. Es kann nichts empirisch erkannt werden.[125] Alles muss normiert, bzw. gesetzt wer-

---

len. Der Schluss vom Sein aufs Sollen ist, jedenfalls für den wissenschaftlichen Diskurs ‚precluded' (...)." Nach dem hier vertretenen Ansatz darf und muss aber umgekehrt verlangt werden, dass Sollensnormen diskutiert/gesetzt/konstruiert werden, die vorschreiben, wie man zu beschreiben hat, z. B. Welches physikalisch-mathematische Modell auszuwählen ist, z. B. euklidisch oder nichteuklidisch, je nach Problemlage im Meso- oder im Makrokosmos, etc.

[123] *Robert Brandom,* Begründen und Begreifen, 1. Aufl., Suhrkamp, Frankfurt a. M. 2001, S. 79 und auch S. 104, 201 ff.

[124] Vgl. *Axel Adrian,* Grundprobleme einer juristischen (gemeinschaftsrechtlichen) Methodenlehre, 1. Aufl., Berlin 2009, Abb. 4., S. 776.

[125] Vgl. aber die andere Auffassung z. B. von *Ralph Christensen/Hans Kudlich,* Gesetzesbindung. Vom vertikalen zum horizontalen Verständnis, 1. Aufl., Berlin 2008, S. 123: „Normativität ist zu verstehen als die von den Teilnehmern des Sprachspiels wechselseitig unterstellten Standards juristischer Professionalität. Der pragmatische An-

den. Es wäre somit übrigens ansonsten auch nicht erklärbar, wie der (jeweils) erste Teilnehmer eines Spieles, von was auch immer, anfangen sollte zu spielen, bzw. wie ein Spiel überhaupt erfunden bzw. erzeugt werden könnte. Der Erste, der anfängt Zeichen zu gebrauchen, kann nie auf irgendeinen schon vorhandenen Gebrauch abstellen. Er kann unabhängig von dem hier vertretenen erkenntnistheoretischen „antiempirischen" Ansatz einfach deswegen auf nichts zurückgreifen, weil er der Erste ist. In der Rechtswissenschaft ist dieses Problem oft praktisch gegeben, z. B. wenn der Richter eine Fallgruppe erstmals zu entwickeln hat, die nicht geregelt ist und an die niemand je vorher gedacht hatte. Was soll er dann tun? Nach dem hier vertretenen Ansatz sollte er eine erste formale Unterscheidung treffen und beginnen, ein Modell einer Lösung zu entwickeln. Z. B. sollte er ein Methodenmodell der Subsumtion auswählen, dann z. B. dogmatische Konzepte, etc. Dann sollten formale Strukturen so lange, wie irgend möglich, explizit gemacht und deren Befolgung durchgehalten werden, um auch kenntlich zu machen, wann ein „semantisches Risiko" in den Prozess hineinkommt. Die wohl unterschiedliche Sicht auf formale, logische Strukturen und deren Leistungsfähigkeit, könnte auch darauf zurückzuführen sein, dass im hier vertretenen Ansatz z. B. der „Erfindung" von Fuzzy-Logik, wie gezeigt eine erkenntnistheoretische Bedeutung beigemessen wird. Weiter erscheint auch die Idee Brandoms, das Konditional (logische Wenn-Dann-Beziehung) als eine grundlegende Struktur anzusehen[126], nicht so überzeugend, wie die Idee von George Spencer-Brown, die „Form der Unterscheidung für die Form" zu nehmen[127], also stattdessen die Un-

---

satz Robert Brandoms hat gezeigt, dass diese Maßstäbe nicht als feste Größe der Praxis zugrunde liegen, sondern sich als fortlaufende Präzisierung der Selbstbeschreibung der Praxis vollziehen. Also bleibt es eine praktische Aufgabe, diese normativen Standards zu explizieren. Normativität wird von den Teilnehmern der juristischen Kommunikation wechselseitig unterstellt, während über ihren konkreten Inhalt gestritten wird. In diesem Streit formen sich die Standards der juristischen Professionalität genau wie der Markt. Sie funktionieren als Phänomen der dritten Art, weder vollkommen geplant, noch rein naturwüchsig. Der Markt ist allerdings für die einzelnen Marktteilnehmer trotz aller Anstrengung niemals vollkommen transparent. Es fehlt der archimedische Punkt außerhalb des Geschehens. Dieses Problem stellt sich auch bei den normativen Standards. Sie werden aufgenommen, präzisiert und weiterentwickelt ohne dass der absolute Standpunkt erreichbar wäre." (m.w.N.)
[126] *Robert Brandom*, Begründen und Begreifen, 1. Aufl., Suhrkamp, Frankfurt a. M. 2001, S. 203 f.
[127] *George Spencer-Brown*, Laws of Form, erstmals London 1969, *George Spencer-Brown*, Gesetze der Form, 2. Aufl., Leipzig 1999, S. 1 und S. 3: „Nenne den Raum, der durch jedwede Unterscheidung gespalten wurde, zusammen mit dem gesamten Inhalt des Raumes die Form der Unterscheidung. Nenne die Form der ersten Unterscheidung die Form." Vgl. auch *Ralph Christensen/Hans Kudlich*, Gesetzesbindung. Vom vertikalen zum horizontalen Verständnis, 1. Aufl., Berlin 2008, S. 153 ff. m.w.N., die auch auf den unterscheidenden Beobachter abstellen und betonen: „Beobachten ist Unterscheiden" oder „Unterscheidungen werden getroffen." Insbesondere beziehen sie sich dabei auf Konstruktivisten wie Luhmann und von Foerster, aber (noch) nicht auch auf Spencer-Brown, bzw. auf dessen für die Genannten so grundlegendes Werk „Gesetze der Form" bzw. „Laws of Form"; dagegen bezieht sich *Karl-Heinz Ladeur*, Postmoderne

3. Sprache

terscheidung als „basalste" Form anzuerkennen.[128] Nur dann kann man noch weitergehend in das Theoriegebäude einbauen, dass jeder Sprecher bzw. Teilnehmer am Spiel des Gebens und Verlangens von Gründen auf sein eigenes Bewußtsein zurückgeworfen und „isoliert" ist, in seinem eigenen Denken. Das Spiel und jeder Teilnehmer, so wie ich selbst und mein Denken, ist nur „konstruiert".[129]

Rechtstheorie, 2. Aufl., Berlin 1995, S. 155 ff. häufig auch auf Luhmann, z.B. um das Rechtssystem als autopoietisches System darzustellen und verweist auf S. 97 FN 377 in anderem Zusammenhang einmal auch bereits auf Spencer-Brown. Schließlich ist auch auf *Gunther Teubner,* Recht als autopoietisches System, 1. Aufl., Frankfurt a.M., 1989, S. 27 hinzuweisen: „Ein System kann entsprechend selbstreferentiell sein, ohne daß es schon selbstorganisierend, selbststeuernd oder gar autopoietisch wäre. Begreift man etwa das Rechtssystem, wie es unter dogmatisch arbeitenden Juristen üblich ist, als System von Normen, allgemeiner als Symbolsystem (etwa Coing, 1956; Canaris, 1969), so ist dies, da die Rechtsnormen in einem wechselseitigen Verweisungszusammenhang stehen, ohne weiteres ein selbstreferentielles System. Von Selbststeuerung oder gar Autopoiese (= Selbstproduktion) keine Rede! (...) Selbststeuerung und Selbstproduktion des Rechts werden erst vorstellbar, wenn man das Recht nicht mehr als bloßes Symbolsystem, sondern als Handlungssystem begreift." Im Unterschied z.B. zu Teubner will der vorliegende Ansatz keine (soziale) Selbstproduktion des Rechts vertreten. Vielmehr wird Recht nur als Konstrukt durch den Beobachter ausgehend von der basalen Form der Unterscheidung entwickelt, wie andere Konstrukte anderer Wissenschaften, z.B. der Physik, der Soziologie, etc. auch, und das gerade so wie der Beobachter sich auch selbst als System produziert, also konstruiert. Um nach postmoderner Philosophie Methodenregeln abzuleiten ist also keine soziale Autopoiese des Rechts erforderlich. Damit kann die konstruierte Bindung der Konstruktion Recht auch nur mehr durch den Konstrukteur selbst in diese Konstruktion hineinkommen. Die Erkennbarkeit von Handlungen bzw. Praxis als beobachtbares soziales System wird erkenntnistheoretisch gerade mit dem Konstruktivismus verneint. Daher steht dieser Ansatz den Konstruktivisten von Foerster und Spencer-Brown näher als den Konstruktivisten Maturana oder Luhmann und unterscheidet sich so wohl auch von Teubners autopoietischem Rechtsbegriff, der mehr dem Weg der sozialen Autopoiese Luhmanns folgt. Nur der Beobachter konstruiert nach dem hier vertretenen Ansatz sich selbst, soziologische und rechtliche Systeme. Die Ausage von *Gunther Teubner,* Recht als autopoietisches System, 1. Aufl., Frankfurt a.M. 1989, S. 36: „Recht ist ein autopoietisches Sozialsystem zweiter Ordnung (...)" ist also abzulehnen. Hier soll gerade gezeigt werden, dass der Beobachter sich selbst, Recht sowie soziale Systeme unabhängig voneinander verändern kann und nicht das Recht von sozialen Systemen „erzeugt" wird. Die Idee hier ist vielmehr, aus der formalen Methode der Unterscheidung, die jedem Denken nach Spencer-Brown zu Grunde liegt, formale Regeln für eine Juristische Methodenlehre abzuleiten, bzw. die allgemeine Form des Denkens auf die besondere Form des juristisch methodischen Denkens anzuwenden.

[128] *Robert Brandom,* Begründen und Begreifen, 1. Aufl., Suhrkamp, Frankfurt a.M. 2001, S.125, zeigt zwar richtigerweise den Vorteil eines normativen iGz einem kausalen Funktionalismus, um zu erklären, wie das Phänomen der Willensschwäche (Akrasia) verstanden werden kann. Doch mit der Kombination von George Spencer-Brown „Triff eine Unterscheidung" und der Konstruktion von fuzzy, also unscharfen, statt digitalen, also scharfen, Begriffsmerkmalsmengen lässt sich dieses Phänomen noch besser erklären, begründen und insbesondere modellieren.

[129] Das Holistische dieses Konzeptes zwingt schließlich dazu auch in der Juristerei solche konstruierten Begriffsnetze durch Computerunterstützung zu modellieren. Hier muss die Rechtswissenschaft „aufholen". Die große Datenmenge holistischer Strukturen kann ohne Computerunterstützung nicht nachvollziehbar und sicher verarbeitet werden.

So können die bisherigen Ausführungen zu Logik, Mathematik und Sprachlogik in nachfolgender Abbildung 2 zusammenfasst werden:

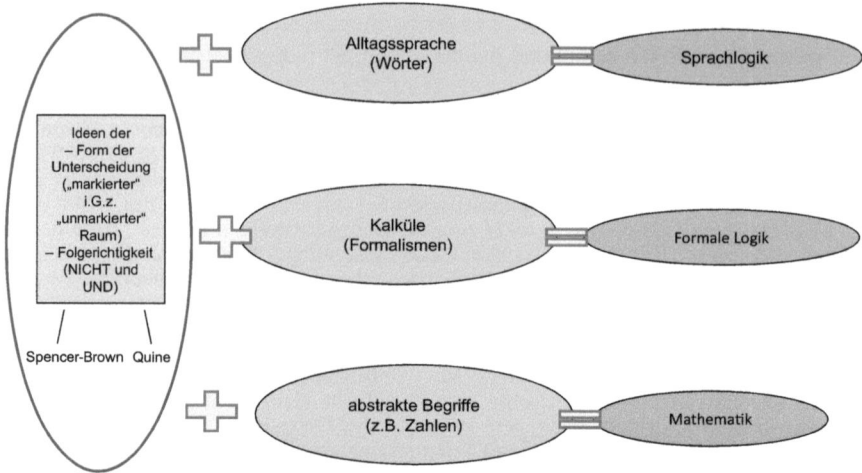

Abbildung 2: Unterschiede zwischen Logik, Mathematik und Sprache

d) Exkurs: Diskurstheorie bzw. juristische Argumentationstheorie

Klaus F. Röhl/Hans Christian Röhl charakterisieren[130] die, auf der Diskurstheorie[131] von Jürgen Habermas (1929) aufbauende, Theorie der juristischen Argumentation von Robert Alexy (1945) wie folgt:

Kurz: Wenn der Holismus überzeugt, dann muss man aus dem Mesokosmos hin zu großer Komplexität auch mit Hilfe von Computern aussteigen.

[130] *Klaus F. Röhl/Hans Christian Röhl*, Allgemeine Rechtslehre, 3. Aufl., München 2008, S. 186, 188.

[131] Vgl. z.B. *Tobias Herbst*, Die These der einzig richtigen Entscheidung, in: JZ 2012, S. 891 ff. behandelt die Theorien von Jürgen Habermas und auch Ronald Dworkin (1931–2013), die beide mit der These der einzig richtigen Entscheidung argumentieren. Dabei wird die These bei Jürgen Habermas nicht ontologisch begründet, sondern durch Kommunikation. Objektivität soll so über Intersubjektivität erreicht werden. *Tobias Herbst*, Die These der einzig richtigen Entscheidung, in: JZ 2012, S. 891 ff. (896): „An die Stelle von Aussagen über einen angeblich existierenden Gegenstand treten hier Aussagen über die Art und Weise, wie über diesen Gegenstand gesprochen wird, oder auch Aussagen über die kommunikativen Voraussetzungen, unter denen über diesen Gegenstand gesprochen werden kann." Die Diskurstheorie, sowie entsprechende Theorien der Kommunikation, überzeugen nach dem hier vertretenen Ansatz nicht, da zur Herstellung von Intersubjektivität bereits intersubjektive Einigkeit über die Regeln zur Herstellung von Intersubjektivität bestehen müsste, usf. Diese Art von Theorien können oder wollen die Fragen der Selbstähnlichkeit, Selbstbezüglichkeit, Selbstreferenz und Selbstanwendbarkeit nicht klären, oder gar konstruktiv nutzen. Die ontologisch-objektive Begründung der genannten These durch Ronald Dworkin in seinem bekannten Werk „Taking Rights Seriously", die *Tobias Herbst*, Die These der einzig richtigen Ent-

3. Sprache

„Man kann wohl sagen, dass die Diskurstheorie das aktuelle Selbstverständnis der Jurisprudenz als Wissenschaft angemessen wiedergibt. Besonders die Betonung von Verfahren unter dem Aspekt der Akzeptabilität der Ergebnisse ist wichtig."
Daher soll hierauf kurz eingegangen werden.

Nach Klaus F. Röhl/Hans Christian Röhl[132] will Jürgen Habermas die Richtigkeit von Normen an vorgeordneten (transzendentalen) Prinzipien prüfen. Dies steht im Gegensatz zu dem hier vertretenen Ansatz, wonach aufgrund der angesprochenen Zweifel postmoderner Theorien, auch Zweifel bestehen müssen, solche Prinzipien auffinden zu können. Jürgen Habermas wolle oder müsse aufzeigen, dass man, trotz des Unterschiedes zwischen Tatsachenaussagen und Werturteilen bzw. Normen, auch über normative Sätze wissenschaftlich diskutieren kann. Obwohl, wie gezeigt, nach dem hier vertretenen Ansatz eine Unterscheidung zwischen Sein und Sollen nicht weiterführend ist.

Klaus F. Röhl/Hans Christian Röhl insoweit wörtlich: Jürgen Habermas

„formuliert (...) eine Theorie der kommunikativen Rationalität. Kommunikation im weiteren Sinne ist jede Handlung, mit der ein Mensch einem anderen Information zu übermitteln versucht, die in irgendeiner Weise für das Handeln der Anderen relevant werden sollen. Als Medium der Kommunikation können beliebige Zeichen dienen, vor allem Worte, Bilder und Gebärden. Habermas konzentriert sich auf die Kommunikation mittels Sprache: Wer spricht, verfolgt damit Ziele, und das, was er sagt, ist geprägt durch die Absicht des Sprechers. (...) Die Wahrheit oder Geltung einer Norm folge draus, dass sie in einem Diskurs begründet werden könne. (...) Eine Kognition oder eine Norm können als begründet gelten, wenn darüber in einem Diskurs Verständigung, also ein Konsens, erzielt worden ist. (...) wie lässt sich der wahre vom falschen Konsens unterscheiden? Habermas' Antwort lautet: Wahr ist der Konsens, der das Ergebnis einer ‚idealen Sprechsituation' bildet: (...) Die ‚ideale Sprechsituation' ist negativ dadurch gekennzeichnet, dass alle Verzerrungen der Kommunikation durch Herrschaft und Zwang beseitigt sind. Positiv gewendet fordert die ‚ideale Sprechsituation', dass keine anderen Motive handlungsrelevant werden als diejenigen der Verständigungsbereitschaft und kooperativen Wahrheitssuche. Es zählt allein das bessere Argument. Dies schließt jede Einschränkung der Kommunikationsmöglichkeit irgendeines Teilnehmers aus. Jeder Diskursteilnehmer soll die gleiche Chance haben, alle Arten von Sprechakten zu wählen."[133]

---

scheidung, in: JZ 2012, S. 891 ff. (893 f.) nachweist, kann nach dem hier vertretenen antiempirischen Ansatz nicht überzeugen. Ein irgendwie gearteter Zugang zur ontologischen Realität bzw. Existenz einer zu erkennenden „einzig richtigen Entscheidung" ist abzulehnen. *Tobias Herbst,* Die These der einzig richtigen Entscheidung, in: JZ 2012, S. 891 ff. (896): „Andererseits ist das stark reduzierte Konzept der einzig richtigen Entscheidung, das Dworkin in „Law's Empire" verwendet, eigentlich enttäuschend." Dem ist zuzustimmen, es ist nicht erkennbar, welchen Ertrag ein solches nicht-ontologisches und dennoch als objektiv gewolltes Konzept haben soll.

[132] *Klaus F. Röhl/Hans Christian Röhl,* Allgemeine Rechtslehre, 3. Aufl., München 2008, S. 183.

[133] *Klaus F. Röhl/Hans Christian Röhl,* Allgemeine Rechtslehre, 3. Aufl., München 2008, S. 183 ff.

„(...) Die juristische Rezeption von *Habermas* ist in erster Linie das Verdienst von *Robert Alexy* und *Klaus Günther*. In der ‚Theorie der juristischen Argumentation', die erstmals 1978 erschien, hat *Alexy* die allgemeine Diskustheorie durch die Ausformulierung und Begründung von Regeln, deren Befolgung die Qualität des Konsenses gewährleisten soll, weiter ausgebaut. In einem zweiten Schritt hat er dann die These eingeführt und begründet, die juristische Diskussion bilde nur einen institutionalisierten Sonderfall des allgemeinen Diskurses. (...) Als Sonderregeln des juristischen Diskurses werden die allgemein anerkannten Grundregeln juristischer Methode herangezogen. (...) Neue Methodeninstrumente bringt die Diskurstheorie also grundsätzlich nicht. Ihre Bedeutung liegt darin, dass sie für die juristische Diskussion Rationalität und damit Wissenschaftlichkeit in Anspruch nimmt."[134]

Die oben gegen den Inferentialismus angeführten Argumente müssten eigentlich auch, und erst recht, gegen die Kommunikations- bzw. Diskurs- oder auch juristischen Argumentationstheorien angeführt werden können. So stellt sich auch hier die Frage, ob wirklich Diskurs- bzw. Argumentationsmuster zur Verfügung stehen[135], die etwas anderes darstellen können, als logische oder wenigstens formale Strukturen. Nach dem hier vertretenen Ansatz ist dies einerseits zu bezweifeln, andererseits ist auch „tiefer" einzusteigen, um zu basalen Formen vorzudringen. Es bleibt ansonsten insbesondere die Frage, wie der einzelne Diskursteilnehmer persönlich zu seinen Überzeugungen gelangen soll, bevor er diese dann in einer „idealen Sprechsituation" einbringt. Nach dem hier vertretenen Ansatz kann gezeigt werden, wie ein Mensch beginnen kann, durch die basalen Un-

---

[134] *Klaus F. Röhl/Hans Christian Röhl,* Allgemeine Rechtslehre, 3. Aufl., München 2008, S. 186 ff.; Dieser Eischätzung von Klaus F. Röhl/Hans Christian Röhl ist zuzustimmen. Vgl. auch *Axel Adrian,* Grundprobleme einer juristischen (gemeinschaftsrechtlichen) Methodenlehre, 1. Aufl., Berlin 2009, S. 601 ff.

[135] Auch Sieckmann (1960) problematisiert wohl ebenso das Problem des auf-sich-selbst-Zurückgeworfenseins und sucht zurecht den Ausweg in einer normativen Selbstbegründung (self-legislation). So wird genauso die Möglichkeit verneint, dass Normen aus „pre-established criteria" abgeleitet werden könnten, etc. und dass es dann zu Paradoxien kommt, wenn jeder selbst autonom entscheidet, ob er sich an eine Norm gebunden sieht oder nicht. Allerdings wird nach dem hier vertretenen Ansatz die Lösung nicht in einer strukturierten, autonomen juristischen Argumentation (autonomous reasoning) gesehen. Vgl. z.B. *Jan-Reinard Sieckmann,* The Logic of Autonomy: Law, Morality and Autonomous Reasoning, 1. Aufl., 2012, S. 222: „Autonomy as self-legislation seems to have a paradoxial structure. How can individuals be bound by norms that are valid only because they recognise these norms as valid? In addition autonomy seems to be incompatible with authority, in particular, the authority of law. If the validitiy of norms depends on their recognition by autonomous agents, how is an authoritative determination possible? The solution to these problems suggested her is that of normative justification by means of autonomous reasoning. Autonomous reasoning begins with agents making interest-based claims that constitute normative arguments, and forming normative judgements as to which norm ought to be accepted as definitively valid with respect to these claims. Autonomy is defined as the balancing of conflicting normative arguments (autonomy thesis). Such a balancing establishes a norm as valid, it is not determined, however, by pre-established criteria. Accordingly, it is at the same time free but also lays claim to the normative validity of the established norm and, therefore, exercises autonomy in the sense of self-legislation."

terscheidungen und Verknüpfungen des Unterschiedenen, ein Begriffsnetz ganz für sich selbst aufzubauen. Er kann zu Überzeugungen gelangen, auch wenn er sich noch nicht mit anderen im Diskurs austauschen kann oder will. Auch eine etwaige „Beurteilungs- oder Willensschwäche" bei der Begriffsbildung könnte dabei gerade mit vager Logik modelliert werden.[136] Hat man nämlich (noch) keine Überzeugungen, macht die Teilnahme an einem Diskurs, trotz „idealer Sprechsituation", wohl keinen Sinn.

Robert Alexy[137] gibt im Übrigen z.B. folgende Grundregeln an: Die Grundregel unter Nr. 1.1.: „Kein Sprecher darf sich widersprechen." Robert Alexy verweist hier auf die Regeln der Logik, die er aber dabei als gegeben voraussetzt. Auch die Grundregel unter Nr. 1.2.: „Jeder Sprecher darf nur das behaupten, was er selbst glaubt." macht m.E. deutlich, wo der Unterschied zum hier vertretenen Ansatz liegt. Es handelt sich bei diesen Grundregeln nach Robert Alexy nämlich explizit um „Bedingungen der Möglichkeit jeder sprachlichen Kommunikation". Nach dem hier vertretenen Ansatz muss man aber darüberhinausgehend versuchen, „hinter" diese wohl von Diskurs- und Argumentationstheorie nicht weiter hinterfragten Bedingungen zu kommen und z.B. fragen: Woraus und wie kann ich Überzeugungen bilden und an etwas glauben, was ich in den Diskurs einbringen kann? Wie kann ich wissen, ob etwas „logisch" bzw. widerspruchsfrei ist? Was ist das „Logische"?[138]

---

[136] Vgl. bereits die Hinweise in Kapitel IV. bei FN 128.

[137] Vgl. bei *Robert Alexy,* Theorie der juristischen Argumentation, 3. Aufl., Suhrkamp, Frankfurt a. M. 1996, S. 234 ff., und die Tafel der erarbeiteten Regeln und Formen auf S. 361 ff.

[138] Vgl. auch *Carsten Bäcker,* in: Bäcker/Baufeld, Objektivität und Flexibilität im Recht, Stuttgart 2005 [ARSP Beiheft 103], S. 104 f.: „Ein ganz anderes Problem ist die Frage, welche Bedingungen als Gegenstände der Diskursprinzipien anzusehen sind. Einen Ausgangspunkt bieten Alexys Bedingungen des idealen Diskurses. Diese Bedingungen sind aber weder letztbegründet, noch schließen sie die Klasse möglicher Gegenstände der Diskursprinzipien. Es ist möglich, daß es andere, bisher vielleicht unbekannte Bedingungen des idealen Diskurses gibt, wie es auch möglich ist, daß die oben genannten Bedingungen aufeinander reduzierbar sind. Auch dieser zweite Nachteil der Unsicherheit über die wesentlichen Bedingungen ist keiner, der erst im Drei-Ebenen-Modell entsteht. Er besteht immer, wenn die Rede von einem idealen Diskurs ist." Die Hoffnung von Carsten Bäcker, die Diskurs- bzw. Argumentationstheorie dennoch gegen postmoderne Zweifel und z.B. den Relativismus absichern zu können, kann nicht überzeugen. Vgl. *Carsten Bäcker,* in: Bäcker/Baufeld, Objektivität und Flexibilität im Recht, Stuttgart 2005 [ARSP Beiheft 103], S. 109 f.: „Trotz aller Flexibilität im Recht gibt es Objektivität im Recht. Die Objektivität besteht bloß nicht absolut, sondern nur relativ. Das Maß der Objektivität, welches im Recht zu erreichen ist, hängt von den Diskursumständen, dem Grad der Erfüllung der Diskursprinzipien und den Diskursprinzipien selbst ab. Solange sich die Diskursteilnehmer nicht zu perfekten Agenten gewandelt haben, bleibt absolute Objektivität unerreichbar. Aber soweit der juristische Diskurs beanspruchen kann, die optimale Ausgestaltung juristischer Diskussion gemäß der Diskursprinzipien zu bieten, ist das Recht immerhin so objektiv, wie es unter den gegebenen Umständen möglich ist." So ist die Annahme einer „relativen Objektivität" oder einer „evolutionären" Entwicklung nach dem hier vertretenen Ansatz nicht „beweisbar". Es

e) Spracherwerb

Es bleibt schließlich noch die Frage, wie es trotz allen Aufwandes und trotz aller Komplexität der Versuche, die semantische Bedeutung der Sprache zu erfassen, möglich ist, dass der sprachliche Alltag der Menschen (jedenfalls bei einfachen Sachverhalten) verblüffend reibungslos funktioniert. Insbesondere erscheint es überraschend, dass Kleinkinder fähig sind derart Komplexes, wie die Alltagssprache, „spielend" zu erlernen.[139] Somit ist jedenfalls noch auf Noam Chomsky (1928) hinzuweisen, der davon ausgeht, dass Menschen über eine sogenannte Universalgrammatik verfügen. Gemeint ist eine angeborene syntaktische Sprachdisposition[140]. Ohne ein solches angeborenes Wissen sei der Spracherwerb von Kindern nicht zu erklären.[141] Es fragt sich nun, wie sich ein solches „Angeborensein" mit den fundamentalen Zweifeln der postmodernen Philosophie verträgt.

Nach dem hier vertretenen Ansatz, der alle Zweifel postmoderner Philosophie zulassen will, stellt es möglicherweise keinen Widerspruch dar, trotz aller Dekonstruktion, basale logische Formen vorauszusetzen. Denn menschliches Denken muss beginnen mit der Unterscheidung des Selbst von seiner Umwelt.[142] Als ba-

---

gelten dieselben Einwände wie auch gegen die evolutionäre Erkenntnistheorie von Gerhard Vollmer oder von Karl Popper. Relativismus gibt es sozusagen nur ganz oder gar nicht. Vgl. auch *Ralph Christensen/Hans Kudlich,* Gesetzesbindung. Vom vertikalen zum horizontalen Verständnis, 1. Aufl., Berlin 2008, S. 123: „Was die Diskurstheorie nicht hinreichend berücksichtigt, ist die Grundparadoxie von Brandom, dass wir an Normen gebunden sind, die wir selbst machen." Vgl. aber z. B. *Gunther Teubner,* Recht als autopoietisches System, 1. Aufl., Frankfurt a. M., 1989, S. 61 ff., der dagegen wohl dennoch an der Möglichkeit von Evolution (blinder Ko-Evolution von Recht und Gesellschaft) festhalten will.

[139] Vgl. auch *Robert Brandom,* Begründen und Begreifen, 1. Aufl., Suhrkamp, Frankfurt a. M. 2001, S. 166 ff., mit Hinweis auch auf die Problemstellung durch Noam Chomsky und dem eigenen Konzept, über Fragen zu singulären Termini, subsententialen Ausdrücken, Extrapolation und Substitution deutlich zu machen, wie entschieden werden kann, ob ein Satz richtig gebraucht wurde, bzw. werden kann, obwohl die Menge von bisher tatsächlich explizit gebrauchten Sätzen sehr klein ist, also nur wenige nachahmensmögliche Beispiele vorliegen.

[140] *Noam Chomsky,* Reflexionen über Sprache, Suhrkamp, Frankfurt a. M. 1977, S. 165 ff., insbesondere S. 181 ff.

[141] Die klassische Gegenposition des von Noam Chomsky vertretenen Nativismus, ist der Kognitivismus, der von Jean Piaget (1896–1980) im Zuge seiner Theorie der Entwicklung kindlicher Kognition formuliert wurde. Danach liegt dem Spracherwerb keine angeborene Universalgrammatik zu Grunde. Vielmehr wird die Denkfähigkeit des Menschen als Basis gesehen, die das Erlernen der Sprache ermöglicht. In neuerer Zeit wird dabei die soziale Interaktion von Menschen betont. Jean Piaget hat übrigens, insbesondere auch durch Beobachtung der Entwicklung seiner eigenen Kinder, vertreten, dass logisches Verständnis erst im Alter ab 12 Jahren erworben wird.

[142] Vgl. bereits oben *George Spencer-Brown,* Laws of Form, erstmals London 1969, *George Spencer-Brown,* Gesetze der Form, 2. Aufl., Leipzig 1999, S. 189 ff. auch zu dieser ersten Unterscheidung als „logisches Prius" für alle weiteren Unterscheidungen. Es geht darum, zunächst die eigene Existenz zu definieren: Ich=Ich und Ich≠Welt und Ich∧Welt, etc. Dass dies ausreicht, um von einem Strukturenrealismus sprechen zu kön-

sale Form muss also diese erste Markierung im Sinne von George Spencer-Brown (oder im Sinne der zweiwertigen Logik die Operation der „Negation") vor oder besser mit allem anderen vorhanden sein. Ohne Selbstbewusstsein kann es (logisch) kein Denken geben.[143] Alles weitere Denken ist nur modellhaft, nur Struktur, ohne Möglichkeit einer Bezugnahme auf Welt, Sprache, etc. außerhalb dieser Struktur.[144] Man ist stets im mathematischen bzw. logischen Modell, in der Struktur, „gefangen".[145] Dennoch lassen sich die Modelle selbst hinsichtlich ihrer Widerspruchsfreiheit, auf die Negation und Konjunktion zurückführen.[146] Zu-

---

nen, muss bezweifelt werden. *Andreas Bartels,* in: Bartels/Stöckler, Wissenschaftstheorie. Ein Studienbuch, 2. Aufl., Paderborn 2009, S. 219 schildert die „gegenwärtig sehr lebhafte" Debatte um den ontologischen Strukturenrealismus, geht aber davon aus, dass auf „Basis der klassischen Ontologie (...) es schlechterdings nicht möglich zu sein" scheint, „Strukturen ohne Gegenstände (oder „Relationen ohne Relata") zu konzipieren." Wenn man mit George Spencer-Brown die Form der Unterscheidung als basale Form und Basis für alles weitere annimmt, so kann einerseits ein solches für unmöglich gehaltenes Konzept entstehen und andererseits kann die Frage nach einer Ontologie dieser ersten Unterscheidung dahinstehen. Diese Frage muss nicht mehr beantwortet werden. Man kann damit eine hypothetische Realität unterstellen, und die „Viabilität" seiner Theorien in Bezug auf diese hypothetische Realität prüfen, etc. aber man muss „Ontologie" nicht mehr in Kriterien einer allgemeinen Wissenschaftstheorie vorsehen.
[143] *Axel Adrian,* Grundprobleme einer juristischen (gemeinschaftsrechtlichen) Methodenlehre, 1. Aufl., Berlin 2009, S. 822, 825, 828 f., 833, und insbesondere hinsichtlich des eigenen Ansatzes: S. 841 ff. und 850 ff.; auf S. 851 f. wörtlich: „Erkenntnistheoretisch bleibt es aber letztendlich dabei, dass die einzige Chance darin liegt, Willkür im Entscheidungsprozeß zu vermeiden, in dem der Rechtsanwender ‚Sprachspiele' und ‚Methodenspiele' offen miteinander vergleicht. Er muß sicherstellen, daß das von ihm zugrunde gelegte Sprachspiel, zur Festlegung der korrekten inhaltlichen Bedeutung, nicht sein privates Sprachspiel seines subjektiven Horizontes ist, sondern möglichst ein von der derzeit betroffenen Rechtsgemeinschaft akzeptiertes ‚allgemeines' Sprachspiel. Dennoch bleibt alles im Ergebnis ein Vergleich von Sprachspielen (Hirngespinsten) eines dazu berufenen subjektiven Betrachters. Dieser subjektive Betrachter wird nie aus diesem ‚Selbstbezüglichkeitskreislauf' ausbrechen können und die Entscheidung an irgend etwas Objektives, außerhalb von ihm selbst Liegendes, anknüpfen können."
[144] Ähnlich wohl auch Jan-Reinard Sieckmann, The Logic of Autonomy: Law, Morality and Autonomous Reasoning, 1. Aufl., 2012, S. 223: „A central critical thesis is that one cannot begin an argument with cognitive or realist claims on normative issues. If norms existed independently of individual judgements on their validity or if such judgements were cognitively determined, then no room would be left for autonomy in the sense of self-legislation. Accordingly, morality cannot be derived from nature, rationality or reason, but consists in applying requirements of rational justification to normative claims made by autonomous agents. This is not meant to preclude the possibility that cognitivist or realist theses are correct in some respects. However, without clearly distinguishing between normative arguments, judgements and statements, a discussion of cognitivism and moral realism makes little sense."
[145] Vgl. bereits *Ludwig J. J. Wittgenstein,* Tractatus logico-philosophicus, Werkausgabe von Suhrkamp Taschenbuch, Bd. 1, 1. Aufl., Frankfurt a. M. 1984, 5.6, S. 67: „Die *Grenzen meiner Sprache* bedeuten die Grenzen meiner Welt."
[146] Vgl. nur *Willard van Orman Quine,* Methods of Logic, erstmals 1964, Grundzüge der Logik, Frankfurt a. M. 2013, S. 35 f.

sätzlich scheint eine verblüffende intersubjektiv funktionsfähige Kommunikation, in Anlehnung an Davidson und Tarski, dann möglich, wenn mit der jeweiligen Struktur wenigstens so viel Bedeutung über die Bedeutung dieser Struktur vermittelt werden kann, dass der Empfänger der Information wenigstens glauben kann, etwas zu verstehen. Ob er es allerdings tatsächlich verstanden hat, lässt sich jedoch nach dem hier vertretenen Ansatz nie wirklich verifizieren. Es scheint nämlich „Bedeutung" nur in einer syntaktischen Form, durch Struktur, und nicht als eigentliche semantische Bedeutung, durch Inhalt, reflektier- und transportierbar zu sein. Dabei ist jeder in sich selbst, in seiner, sein Selbst definierenden, Struktur gefangen, und kann noch nicht einmal entscheiden, ob sein Kommunikationspartner oder er selbst real ist. Spätestens mit der Quantenmechanik wurde schließlich auch die Realität beerdigt.

4. Exkurs: Neurowissenschaft und Informatik

a) Determinismus und Neurowissenschaften

Als ein bekannter Vertreter der Hirnforscher aus den Naturwissenschaften soll beispielhaft Gerhard Roth (1942) zu Wort kommen, da er trotz der hier vorgestellten Zweifel postmoderner Philosophien, nach wie vor von einem deterministischen Konzept ausgeht. Er führt wörtlich aus[147]:

„Aus der Kenntnis bestimmter Eigenschaften der Nervenzellmembran und ihrer Ionenkanäle kann ich die Eigenschaften des Aktionspotentials mehr oder weniger vollständig erklären und sogar voraussagen (...). Ich könnte eventuell sogar aufgrund einer hinreichenden Kenntnis des zu einem Zeitpunkt vorliegenden strukturellen und funktionalen Zustandes des menschlichen Gehirns und der einwirkenden Sinnesreize das Verhalten eines Menschen vollständig erklären, sofern mir die entsprechenden mathematischen Hilfsmittel zur Verfügung stünden (was sie leider nicht tun). Ich könnte sogar folgern, daß es irgendwelche ‚inneren Zustände' geben muß, die ‚von außen' nicht mehr erfaßbar sind. Aber ich könnte nichts darüber aussagen, wie sich diese ‚inneren Zustände' anfühlen. (...) Ganz anders ist dies (...), wenn es um *Verhaltensweisen* geht, weil diese in derselben Beobachtungs- und Beschreibungsebene liegen wie Untersuchungen am Gehirn. Wir können also völlig korrekt feststellen, daß ein Gehirn eine *Entscheidung* trifft, denn dies ist eine objektivierbare Verhaltensweise. Sofern wir unter ‚Willensfreiheit' ein bestimmtes beobachtbares Verhalten verstehen und nicht nur einen Empfindungszustand (...), dann dürfen Hirnforscher sagen ‚Es gibt keine Willensfreiheit (...)', vorausgesetzt, daß die Personen sich stets so verhalten, wie aufgrund bestimmter Hirnprozesse voraussagbar und erklärbar ist."

Diese deterministische Sichtweise[148] würde nahelegen, dass eine juristische Methodenlehre auf die Erkenntnisse naturwissenschaftlicher Hirnforschung abzu-

---

[147] *Gerhard Roth,* in: Geyer (Hrsg.), Hirnforschung und Willensfreiheit, 1. Aufl., Suhrkamp, 2004, S. 79 ff.
[148] Vgl. auch die Hinweise bei *Jan C. Schuhr,* Willensfreiheit, Roboter und Auswahlaxiom, in: Beck, Jenseits von Menschen und Maschinen, Ethische und rechtliche Fra-

4. Exkurs: Neurowissenschaft und Informatik

stimmen wäre. Es könnten die Wertentscheidungen der Gesetzgeber so in „Sinnesreize" umzuformen und dem Richter zur Fallentscheidung vorzulegen sein, dass Hirnforscher die Entscheidung des Richters vorhersagen können. Fraglich bleibt, wie der Gesetzgeber, für den noch keine so geformten Sinnesreize vorliegen können, seinerseits zu Wertentscheidungen kommen wird.

Aber der Haupteinwand gegen eine solche deterministische Sicht kann nach dem hier vertretenen Ansatz vielmehr gerade aus den Zweifeln postmoderner Philosophie gewonnen werden. Wie Gerhard Roth selbst bemerkt, braucht er als Naturwissenschaftler die „mathematischen Hilfsmittel" für die Formulierung seiner Theorie. Die obigen Ausführungen zu Logik und Mathematik sollten aber zeigen können, dass ein einheitliches Logik- oder Mathematik-System nicht bestehen kann, sondern, dass notwendig nur verschiedene (parallele) Systeme konstruiert werden können. Auch sollte deutlich werden, dass jedes dieser Systeme mit seinen Mitteln nicht gleichzeitig die eigene Widerspruchsfreiheit und Vollständigkeit eben dieses Systems beweisen kann (Kurt Gödel). Schließlich ist noch einmal Albert Einstein zu zitieren, der sagt:

> „Soweit sich die Gesetze der Mathematik auf die Wirklichkeit beziehen, sind sie nicht gewiß. Und soweit sie gewiß sind, beziehen sie sich nicht auf die Wirklichkeit."[149]

Damit kann nun „methodisch" die Existenz der Willensfreiheit[150] begründet werden. Das von Gerhard Roth untersuchte Gehirn, also die biologische bzw. physikalische Realität, kann prinzipiell nicht „fehler- bzw. risikofrei" in die mathematischen bzw. strukturwissenschaftlichen Theorien „hineinkommen".[151] Die

---

gen zum Umgang mit Robotern, Künstlicher Intelligenz und Cyborgs, Robotik und Recht Bd. 1, 2012, S. 51 f.: „Dass die Auswahl dem Handelnden nicht schlicht vorgegeben (und dann überhaupt keine Auswahl) ist, ist nur möglich, wenn sie nicht in einer deterministischen Theorie vollständig erklärt werden kann. Freilich kann man versuchen, mit naturwissenschaftlichen Methoden zu erforschen, wie Menschen ihre Entscheidungen tatsächlich treffen. Viele Hirnforscher, Psychologen, Biologen usw. glauben daran, irgendwann einmal eine umfassende deterministische Theorie menschlicher Entscheidungen vorlegen zu können." (m.w.N.)

[149] *Albert Einstein,* Mein Weltbild, 1. Aufl., Zürich 1979, S. 141.

[150] Dagegen will z.B. *Reinhold Zippelius,* in: Dike International 2006, S. 12 ff. (18), die Willensfreiheit nur unterstellen, bis die Naturwissenschaft das Gegenteil bewiesen hat. Vgl. dazu auch ausführlich *Reinhold Zippelius,* Recht und Gerechtigkeit in der offenen Gesellschaft, 2. Aufl., Berlin 1996, S. 367 ff. Allgemein dazu auch *Jan C. Schuhr,* Willensfreiheit, Roboter und Auswahlaxiom, in: Beck, Jenseits von Menschen und Maschinen, Ethische und rechtliche Fragen zum Umgang mit Robotern, Künstlicher Intelligenz und Cyborgs, Robotik und Recht Bd. 1, 2012, S. 43 ff. m.w.N., und *Jan C. Schuhr,* Free will, robots, and the aciom of choice, in: Neumann/Günther/Schulz (Org.), 25th IVR World Congress: Law, Science and Technology, Frankfurt a.M. 15–20 August 2011, Paper Series Nr. 37, Series C (Bioehtics/Medicine/Technology/Environment), 2012, urn:nbn:de:hebis:30:3-248952.

[151] Vgl. auch allgemein *Brigitte Falkenburg,* Mythos Determinismus. Wieviel erklärt uns die Hirnforschung?, 1. Aufl., Heidelberg 2012, und speziell S. 189 ff. z.B. zu Ge-

Zuordnung (die Subsumtion) dieser Realität zu den strukturwissenschaftlichen Modellen ist aufgrund einer „Lücke", einer unüberwindlichen „Kluft", unmöglich. Erkenntnistheoretisch ist uns nur ein Vergleich von Modellen der Realität (Realität) mit Modellen von der Realität (Mathematik, Logik, Strukturwissenschaft) möglich. Dieses prinzipielle Problem verhindert die Möglichkeit jemals die Willensbildung des Menschen deterministisch zu bestimmen oder vorherzusagen.[152] Gerade auch in der Quantenmechanik scheint sich dies zu zeigen, da es uns nicht möglich ist, eine „Teilchenwelle" deterministisch zu konzeptionieren.[153] Dies erkennt man umso klarer, je mehr postmoderne Zweifel man zulässt, und die Hoffnung auf eine „Realität" endlich über Bord wirft.[154]

b) Informatik (Fuzzy-Systeme), Regelexplosion und neuronale Netze

Da jedenfalls diejenige Naturwissenschaft, die immer noch Hoffnungen in eine durch Gedanken repräsentierte „Realität" setzt, heute nicht (mehr) weiterführend sein kann, bleibt der Blick auf die Strukturwissenschaften. Es geht um die Frage, wie z.B. menschliches Denken modelliert werden könnte, um Entscheidungen voraussagbar oder wenigstens nachvollziehbar zu machen.

Nach dem hier vertretenen Ansatz können Fuzzy-Logik-Systeme menschliches Denken, also insbesondere die aufgezeigte vage Begriffsbildung und die folgerichtige Verknüpfung solcher vagen Begriffe zu insgesamt nur vagen Begriffsnetzen, besser modellieren, als oft angenommen. Und auch wenn damit trotz aller Unschärfe in unserer Begriffsbildung und -verarbeitung mehr an strukturwissenschaftlicher Form möglich ist, als wohl bisher in der juristischen Methodenlehre

---

genargumenten gegen die sog. Libet-Experimente, mit denen versucht wurde, Theorien zur Willensfreiheit empirisch zu prüfen, was nach dem hier vertretenen Ansatz prinzipiell unmöglich sein dürfte. Vgl. auch *Jan C. Schuhr*, Willensfreiheit, Roboter und Auswahlaxiom, in: Beck, Jenseits von Menschen und Maschinen, Ethische und rechtliche Fragen zum Umgang mit Robotern, Künstlicher Intelligenz und Cyborgs, Robotik und Recht Bd. 1, 2012, S. 43 ff (S. 58 f.) mit Hinweisen auf die Libet-Experimente m.w.N.

[152] Dies kann auch wiederum gerade mit den Laws of Form begründet werden. Mit dem Indikationenkalkül und dessen Anwendung auf sich selbst kommt *George Spencer-Brown*, Laws of Form, erstmals London 1969, *George Spencer-Brown*, Gesetze der Form, 2. Aufl., Leipzig 1999 im 12. Kapitel, S. 60 ff., insbesondere S. 66, über den sog. „Wiedereintritt in die Form", den sog. „re-entry", zu dem Schluss, dass die „erste Unterscheidung, die Markierung und der Beobachter nicht nur austauschbar sind, sondern in der Form identisch". Vgl. auch die Erläuterungen zu diesem schwer verständlichen Text der Laws of Form für diese entscheidende Erkenntnis bei *Felix Lau*, Die Form der Paradoxie. Eine Einführung in die Mathematik und Philosophie der „Laws of Form" von G. Spencer-Brown, 4. Aufl., Heidelberg 2012, S. 155, 161 f., 162 f., 176, 178, 184; vgl. dazu auch die Hinweise auf das sog. Basisproblem bzw. der sog. Theorieabhängigkeit jeder Erkenntnis in Kapitel IV. bei FN 20 und 53.

[153] Vgl. zum Zusammenhang von Quantentheorie und der Verteidigung von Willensfreiheit auch z.B. *Manfred Stöckler*, in: Bartels/Stöckler, Wissenschaftstheorie. Ein Studienbuch, 2. Aufl., Paderborn 2009, S. 257.

[154] Vgl. aber die Hinweise in Kapitel III. FN 3.

4. Exkurs: Neurowissenschaft und Informatik

diskutiert, muss auf prinzipielle Grenzen der Leistungsfähigkeit auch dieser Konzeption hingewiesen werden.

Bart Kosko (1960) wörtlich dazu:

„(...) Die größte Schwierigkeit bei den Regeln besteht darin, daß die meisten Fuzzy-Systeme zu viele davon benötigen. Mehr Variablen machen ein System wirklichkeitsgetreuer. (...) Die gute Nachricht ist, daß ein Fuzzy-System mit genügend Regeln jedes beliebige System modellieren kann. Diese Aussage hat den Stellenwert eines Theorems. Die schlechte Nachricht ist das Phänomen der Regelexplosion. Im Allgemeinen nimmt die Anzahl der Fuzzy-Regeln mit der Zahl der Variablen exponentiell zu. Auch dies ist ein Theorem. Dies ist der ‚Fluch der Dimensionalität'. Er betrifft alle mathematischen Systeme, die mit zu vielen Variablen arbeiten. (...). Schnellere Chips werden diese rechnerische Grenze langsam zurückdrängen und es uns ermöglichen, Fuzzy-Systeme mit immer mehr Regeln und Variablen zu verstehen. Doch das Problem ist struktureller Art. Die Zahl der Variablen, die unsere Technologie verarbeiten kann, wird immer begrenzt sein, ganz gleich, wie leistungsfähig unsere digitalen Computer sein werden. Ein digitaler Chip mag als ein schlechter Wirt für das vage Denken der Fuzzy-Logik erscheinen. Wie können die Einsen und Nullen der binären Chip-Logik die Grauschattierungen der Fuzzy-Logik einfangen? Nun ist die Mathematik der Fuzzy-Logik ihrerseits nicht unscharf. Sie ist so schwarzweiß wie ‚zwei und zwei ist vier'. Der Chip muß nicht einmal eine digitale Näherung der meisten Fuzzy-Konzepte vornehmen. (...) Wir haben die mathematischen Grundlagen erarbeitet, so daß Chips durch bloße Addition und Multiplikation einiger Zahlen exakte Fuzzy-Entscheidungen treffen können."[155]

Wenn man also an die Grenze der Regelexplosion stößt, und das dürfte bei der Modellierung von juristischen Entscheidungen relativ schnell der Fall sein, da hier bekanntermaßen eine sehr große Mange an Daten und Regeln zu verarbeiten ist, dann „reichen" Fuzzy-Systeme nicht mehr aus. Es sind dann stattdessen neuronale Netze, also Neuro-Systeme, einzusetzen, wenn Entscheidungen durch das System zu treffen sind.

„(...) Ein neuronales Netz ist nicht auf die Regeln angewiesen, die ein Fuzzy-System benutzt. Es benutzt schichtenförmig angeordnete Neuronen, um Eingaben auf Ausgaben abzubilden. (...) Ein Neuron definiert im Unterschied zu einer Fuzzy-Regel kein Systempflaster. Es spielt lediglich seine Rolle bei der Umwandlung von Eingaben und Ausgaben. Dadurch hat ein Neuro-System einen Kardinalvorteil gegenüber einem Fuzzy-System. Ein neuronales Netz ist nicht unbedingt mit dem Problem der exponentiellen Regel- oder Neuronenzunahme behaftet. Neuronale Netze sind skalierbar."[156]

---

[155] *Bart Kosko*, Die Zukunft ist fuzzy, 1. Aufl., München 2001, S. 39; sowie *Axel Adrian*, Grundprobleme einer juristischen (gemeinschaftsrechtlichen) Methodenlehre, 1. Aufl., Berlin 2009, S. 702 ff. m.w.N.; vgl. auch allgemein Wikipedia unter Stichwort „Fluch der Dimensionalität" m.w.N: „(...) „Fluch der Dimensionalität" ist ein Begriff, der von Richard Bellman eingeführt wurde, um den rapiden Anstieg im Volumen beim Hinzufügen weiterer Dimensionen in einen mathematischen Raum zu beschreiben. (...) Ein einfaches Beispiel für den *Fluch der Dimensionalität*: Ein Zentimeter besteht aus 10 Millimetern, ein Quadratzentimeter hingegen aus 100 Quadratmillimetern. (...)."

Dann sind wir aber so weit wie am Anfang. Denn

„(...) neuronale Netze zahlen einen hohen Preis für diese hervorragende Abbildungstreue. Sie tauschen die Neuronenexplosion gegen die Unergründlichkeit des Systems ein. Es gibt kein allgemeines Verfahren, um herauszufinden, was das neuronale Netz weiß. Man öffnet die Black Box des neuronalen Netzes und man findet lediglich verwickelte synaptische Spaghetti bzw. ‚konnektionistisches Gewirr'. Das gleiche findet man, wenn man in ein wirkliches Gehirn hineinschaut. (...) Künstliche neuronale Netze haben ein Schlüsselmerkmal mit natürlichen neuronalen Netzen gemeinsam. (...).“[157]

5. Komplexität und der erforderliche Ausstieg aus dem Mesokosmos

Wie bereits zitiert:

„(...) Die kognitive Nische des Menschen nennen wir Mesokosmos. Es ist eine Welt (...) geringer Komplexität. Unsere Intuition (...) ist auf die Welt der mittleren Dimensionen, auf den Mesokosmos geprägt. (...) Während Wahrnehmung und Erfahrung vorwiegend mesokosmisch geprägt sind, vermag wissenschaftliche Erkenntnis den Mesokosmos zu überschreiten. Das geschieht in drei Richtungen. Zum besonders Kleinen, zum besonders Großen und zum besonders Komplizierten. (...) Dafür benötigen wir Werk- und Denkzeuge, Unterricht und Übung. Das wichtigste Denkzeug ist die Sprache. Weitere Leitern zum Ausstieg aus dem Mesokosmos sind Algorithmen, Kalküle, Mathematik, Computer. (...).“[158]

Der Ausstieg aus dem Mesokosmos hin zum Komplizierten bzw. Komplexen endet an der Grenze der Regelexplosion und wohl auch an den Phänomenen der Chaostheorie[159], sowie z.B. an den Problemen von nichttrivialen Maschinen, wie sie der Konstruktivist Heinz von Foerster (1911–2002) dargestellt hat.[160] Und dies alles selbst dann, wie gezeigt, wenn wir Computer einsetzen.

In der Juristerei wird dennoch bis heute versucht, komplexe Sachverhalte unter ebenso komplexe Rechtsnormstrukturen zu subsumieren, ohne dass wir glauben,

---

[156] *Bart Kosko,* Die Zukunft ist fuzzy, 1. Aufl., München 2001, S. 248–255; sowie *Axel Adrian,* Grundprobleme einer juristischen (gemeinschaftsrechtlichen) Methodenlehre, 1. Aufl., Berlin 2009, S. 728 ff. m.w.N.

[157] *Bart Kosko,* Die Zukunft ist fuzzy, 1. Aufl., München 2001, S. 248–255; sowie *Axel Adrian,* Grundprobleme einer juristischen (gemeinschaftsrechtlichen) Methodenlehre, 1. Aufl., Berlin 2009, S. 730 f.

[158] *Gerhard Vollmer,* Wieso können wir die Welt erkennen?, 1. Aufl., Stuttgart 2003, S. 21.

[159] Vgl. zur Chaostheorie, die die Begrenztheit von Voraussagen sogar bei Annahme eines strengen Determinismus aufzeigt, z.B. *Axel Adrian,* Grundprobleme einer juristischen (gemeinschaftsrechtlichen) Methodenlehre, 1. Aufl., Berlin 2009, S. 657 FN 524, 706 f. m.w.N. Dies stellt uns z.B. in Fragen der Rechtssicherheit selbst bei Anwendung von Strukturwissenschaft und Algorithmen trotz allem weiter vor große Probleme.

[160] *Heinz von Foerster,* Entdecken oder Erfinden – wie lässt sich Verstehen verstehen?, in: Gumin/Mohler, Einführung in den Konstruktivismus, 12. Aufl., 2010, S. 62 ff.

5. Komplexität und der erforderliche Ausstieg aus dem Mesokosmos

dafür die genannten Werkzeuge, wie „Algorithmen, Kalküle, Mathematik, Computer", benutzen zu müssen. Hier verwundert es nicht mehr, dass wir Juristen im „science war"[161] den sog. exakten Wissenschaften, also all denjenigen, die den Ausstieg aus dem Mesokosmos geschafft haben, insbesondere, weil sie mit strukturwissenschaftlichen Methoden die genannten Werkzeuge einsetzen, unterliegen. Nicht die Überprüfbarkeit der Ergebnisse an empirischen Prüfsteinen macht den Unterschied zwischen Science und Prudence aus, sondern die Komplexität des wissenschaftlichen Modells bei Aufrechterhaltung seiner Kohärenz bzw. Widerspruchsfreiheit. Die praktische Nützlichkeit (Viabilität) ist dabei freilich sehr wichtig, aber kein Kriterium für Richtigkeit.

Auch wenn, wie gezeigt, der Ausstieg aus dem Mesokosmos, über diese Werkzeuge der Strukturwissenschaft, an den aufgezeigten Grenzen der Regelexplosion, der Chaostheorie, etc. endet, so ist hier dennoch aus genannten Gründen für intensive Foschungen zu Rechtslogik und Rechtsinformatik[162], etc. zu plädieren.[163]

---

[161] Vgl. bereits oben Kapitel II. FN 13 und unten Kapitel V. FN 17 sowie Ziff. V. 2.

[162] Vgl. bereits *Wilhelm Steinmüller*, EDV und Recht, Einführung in die Rechtsinformatik, Berlin 1970, zitiert U.S. Circuit Court-Judge Charles E. Clark auf S. 109 wörtlich: „Es wird immer Leute geben, die es ablehnen, daß der richterliche Entscheidungsproß einer mathematischen Analyse zugänglich ist. Wenn die Forschungen aber weitergehen, und es sich herausstellt, daß mathematische und andere wissenschaftliche Methoden geeignet sind, diesen Prozeß zu analysieren, sollten wir diese Tatsachen anerkennen und nicht dadurch verärgert sein oder sie bekämpfen." Und z.B. auch allgemein: *Svenja Lena Gräwe*, Die Entstehung der Rechtsinformatik, 1. Aufl., Hamburg 2011, gerade auch mit Hinweisen auf die Bezüge zwischen Wissenschaftstheorie und Rechtsinformatik; vgl. schließlich noch insbesondere auch *Gerhard Wolf*, Lösung von Rechtsfällen mit Hilfe von Computern? Bisher nicht genutzte Chancen der Rechtsinformatik, in: Graul/Meurer, Gedächtnisschrift für Dieter Meurer, Berlin 2002, S. 665 ff., mit einem Fazit zu den Problemen S. 669: „Kurz gesagt: In der Informatik fehlen die für einen „Rechtsautomaten" scheinbar erforderlichen technischen Voraussetzungen, in der Rechtswissenschaft die erforderlichen präzisen, technisch umsetzbaren Programmablaufpläne. Komplexe elektronische Rechtsberatungssysteme oder Software für automatische Lösungen von juristischen Einzelfällen „per Computer" schaffen zu wollen, scheinen danach eine Illusion zu sein." Aber auch zu den Hoffnungen, die auch hier geteilt werden, auf S. 683: „Die Programmierung der Arbeitsabläufe bei der Lösung von Rechtsfällen wird daher mittelfristig vor allem eines bewirken: Sie wird die Juristen dazu zwingen, Rechenschaft über das eigene Vorgehen abzulegen. In der Ausübung dieses heilsamen Zwanges liegt die wichtigste Chance der Rechtsinformatik."

[163] Eine andere Ansicht scheint Jan C. Schuhr zu vertreten, vgl. *Jan C. Schuhr*, Axiomatic method and the law, in: Neumann/Günther/Schulz (Org.), 25th IVR World Congress: Law, Science and Technology, Frankfurt a.M. 15–20 August 2011, Paper Series Nr. 38, Series A (Methodology, Logics, Hermeneutics, Linguistics, Law and Finance), 2012, urn:nbn:de:hebis:30:3-248968, S. 6: „Axiomatized theories need not be presented in a formula code." Hier dagegen wird vertreten, dass nur die formale Strukturwissenschaft ermöglicht, formale Metaebenen aus formalen Ebenen, etc. herauszudestillieren. Wenn man über Strukturen von Strukturen nachdenken will, wird es ohne Formalisierung nicht gehen. Dies ist aber nötig, weil nicht nur die gemeinsame Struktur von Einzelfällen zu untersuchen ist, sondern Strukturen von strukturierten Untersuchungen von Einzelfällen u.s.f. Kurz: Wenn Logik über Logik Einsichten liefern soll, dann muss formal strukturiert werden.

V. Ergebnisse und Konsequenzen

Die beispielhafte Auswahl an geschilderten Erkenntnissen der Physik, Logik, Mathematik, Struktur- und Sprachwissenschaften sollten die Zweifel erzeugen, die auch postmoderner Philosophie[1] zu Grunde liegen, und die unsere gefühlte Überzeugung von unserer Existenz, von der Existenz unserer Mitmenschen und unserer Alltagswelt und von der Möglichkeit zu leben, zu denken und mit anderen zu kommunizieren als „Vorurteile" entlarven. Unserer Erfahrung, die uns von klein auf „lehrt", dass alles um uns herum und auch wir selbst „wirklich" und „stabil" zu existieren scheinen, sollte in höchstem Maße misstraut werden.[2] Nur

---

[1] Dagegen aber wohl *Klaus F. Röhl/Hans Christian Röhl*, Allgemeine Rechtslehre, 3. Aufl., München 2008, S. 44 ff.: „(...) ‚Postmoderne' Philosophen verwerfen jede Möglichkeit der sprachlichen Bezugnahme auf eine außersprachliche Welt, weil alles Reden über Sprache immer noch der Gebrauch von Sprache sei. Deshalb könne die Frage, ob Sprache mit etwas außerhalb ihrer selbst korrespondiere, nie beantwortet werden. Alles Wissen über und Verstehen von Wirklichkeit ereigne sich im Vollzug von Sprache. In der Tat hier gibt es ein Problem. Aber es handelt sich doch nur um das alte Problem der Fundamentalphilosophie, die Suche nach einer Letztbegründung der Erkenntnis. Postmoderne Philosophie bietet demgegenüber keine praktisch handelbare Lösung, sondern übt sich in Dekonstruktion (*Derrida*), ersetzt Philosophie durch Literatur (*Rorty*) oder spielt mit Paradoxien (*Teubne*r) und zieht sich auf eine als pragmatisch oder neopragmatisch gekennzeichnete Position zurück."

[2] *Hans Poser*, Wissenschaftstheorie. Eine philosophische Einführung, 1. Aufl., Stuttgart 2001, S. 205 f. dagegen scheint dennoch trotz der geschilderten revolutionären Erkenntnisse nicht auch einen solchen fundamentalen „Neuanfang" für notwendig zu halten: „ Die Allgemeine Relativitätstheorie sagt nichts aus über eine allgemeine Erkenntnis-Relativität, sondern über die wechselseitige Abhängigkeit von Raum-, Zeit- und Materiekonfigurationen in sich beschleunigt gegeneinander bewegende makroskopischen Systemen. Die Unbestimmtheitsrelation sagt nichts aus über eine allgemeine Unbestimmtheit, sondern über die Unmöglichkeit, empirisch mit beliebiger Genauigkeit etwas über Ort und Impuls atomarer und subatomarer Größen unterhalb der durch das Plancksche Wirkungsquantum gegebenen Schwelle auszumachen. Das Gödelsche Theorem schließlich besagt nicht mehr und nicht weniger als die Unmöglichkeit, die Widerspruchsfreiheit reichhaltiger Logiksysteme (beispielsweise einer Formalisierung der Arithmetik) mit den logischen Mitteln des Systems zu beweisen. Alle drei Resultate sind damit äußerst präzise Aussagen über Erkenntnisgrenzen in Abhängigkeit von den jeweiligen (insbesondere ontologischen und judikalen) methodologischen Festsetzungen, nicht jedoch Aussagen über eine Beliebigkeit wissenschaftlicher Aussagen. Nun ist aber eine historische Bedingtheit von Wissenschaftsaussagen und die Abhängigkeit von geschichtlich sich ändernden methodologischen Festsetzungen nicht zu bestreiten – im Gegenteil, hierauf wurde ja gerade hingewiesen. Also zeigt sich hier doch eine Relativität, die damit auch eine Wahrheitsrelativität nach sich zöge? So zu argumentieren würde nicht nur verfehlen, dass der Antrieb aller wissenschaftlichen Bemühungen seit der Antike die Suche nach Erkenntnis, nach Erklärung und nach Wahrheit war, verfehlt würde auch die methodisch geregelte Überprüfbarkeit und die damit gesicherte Inter-

V. Ergebnisse und Konsequenzen

dann wird es nun um einen echten „Neuaufbau" von Konzepten gehen, die unbelastet von alten Vorurteilen, folgerichtig konstruiert werden können.

Dies soll auch durch nachfolgende Abbildung verdeutlicht werden:

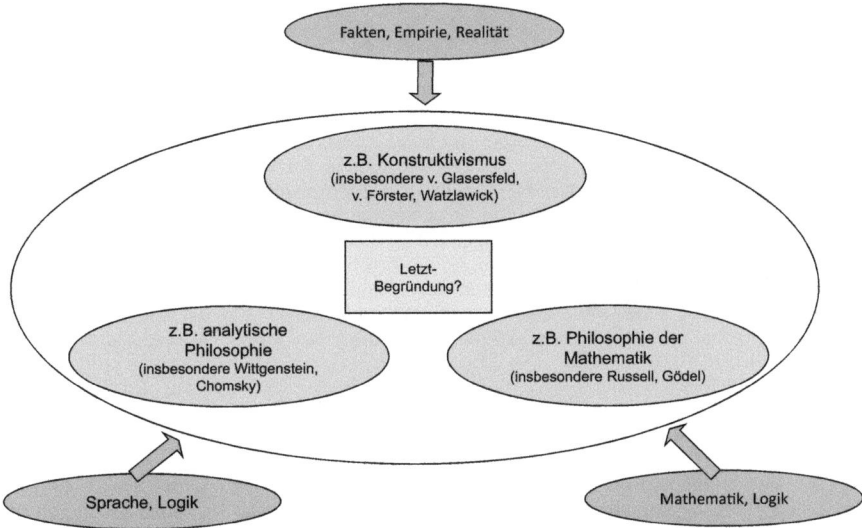

Abbildung 3: Zeitgenössische Philosophie ohne Letztbegründung

Der notwendige Neuaufbau erfolgt nach dem hier vertretenen Ansatz[3] mit der einzig verbliebenen „basalen" Struktur, nämlich der Form der Unterscheidung.[4]

---

subjektivität aller Wissenschaftsaussagen. Vielmehr: *Es kommt darauf an, beide Elemente, die Ausrichtung auf Wahrheit und die jeweils gewählten Konventionen in Gestalt methodologischer Festsetzungen, als etwas Zusammengehöriges zu begreifen.* Dies gelingt, wenn man die judikalen Festsetzungen nicht als bloße, an Zweckmäßigkeit gebundene Konventionen auffasst, sondern als den jeweiligen Versuch, im Streben nach Wahrheit die angemessenste Form eines Kriteriums judikaler Art zu finden. Ein Paradigmenwechsel, von Kuhn durch eine Unvereinbarkeit, eine Inkommensurabilität zwischen alten und neuem Paradigma gekennzeichnet, weil innerhalb eines Paradigmas ein gemeinsamer Vergleichsmaßstab ausgeschlossen ist, lässt sich unter diesem Gesichtswinkel völlig anders, nämlich als ein Schritt zu einem besseren judikalen Kriterium begreifen."

[3] Dieser Ansatz geht über Dekonstruktion sozusagen durch die Position des Solipsismus hindurch, ist insofern wohl nicht rationalistisch, als transzendentale Bedingungen der Möglichkeit von Erkenntnis und insbesondere synthetische Urteile apriori nicht angenommen werden, aber wohl auch nicht empiristisch, da Empirie abzulehnen ist, wohl eher idealistisch bzw. wenigstens antiempirisch, da mögliche Bezugnahmen auf Realität verneint werden, holistisch, da folgerichtig auch Atomismus abgelehnt wird und konstruktivistisch, da die Überzeugung besteht, dass keinerlei außerhalb von uns selbst vorgegebene Richtigkeitskriterien existieren bzw. nutzbar gemacht werden können. Man könnte den Ansatz auch pragmatisch nennen, da Bedeutung (und Erkenntnis) nur durch

V. Ergebnisse und Konsequenzen

Was erkannt und unterschieden wird, scheint „willkürlich" zu sein. Es gibt keine vorgegebenen Unterschiede. Einzig die Annahme der Existenz des unterscheidenden Subjekts tritt notwendig „gleichzeitig" mit der ersten Unterscheidung durch dieses Subjekt auf.[5]

---

eigenes Tun (letztlich durch den Akt des Unterscheidens) erzeugt wird; vgl. bereits ausführlich in *Axel Adrian,* Grundprobleme einer juristischen (gemeinschaftsrechtlichen) Methodenlehre, 1. Aufl., Berlin 2009, S. 559 ff, insbesondere S. 633 ff., und *Axel Adrian,* Wie wissenschaftlich ist die Rechtswissenschaft?, in: RECHTSTHEORIE 2010, S. 541 f.; es finden sich ja bereits konstruktivistische Ansätze auch in der Rechtswissenschaft, vgl. z. B. *Gunther Teubner,* Recht als autopoietisches System, 1. Aufl., Frankfurt a. M. 1989; *Kye Il Lee,* Diss., Die Struktur der juristischen Entscheidung aus konstruktivistischer Sicht, 1. Aufl., Tübingen 2010; *Eric Dieth,* Diss., Zürcher Studien zur Rechts- und Staatsphilosophie, Schulthess Juristische Medien, 2000: Politisiertes Recht oder verrechtlichte Politik? – Gedanken zur sozialen Konstruktion der Differenz von Recht und Politik; *Hans-Joachim Strauch,* Wie wirklich sehen wir die Wirklichkeit: Vom Nutzen des radikalen Konstruktivismus für die juristischen Theorie und Praxis, in: JZ 55 (2000), S. 1020 ff.; *ders.,* Der Theorie-Praxis-Bruch, aber wo liegt das Problem?, in: Krawietz/Morlok (Hrsg.), Vom Scheitern und der Wiederbelebung juristischer Methodik im Rechtsalltag, Sonderheft Rechtstheorie 32 (2001), 197 ff.; *ders.,* Die Bindung des Richters an Recht und Gesetz – eine Bindung durch Kohärenz, in: KritV 2002, S. 311 ff.; *ders.,* Grundgedanken einer Rechtsprechungstheorie, in: ThürVBl 2003, S. 1 ff.; *ders.,* Rechtsprechungstheorie – richterliche Rechtsanwendung und Kohärenz, in: Lerch (Hrsg.), Sprache des Rechts: Recht verhandeln, Bd. II., Berlin [u. a.] 2005, S. 479 ff.; *ders.,* Mustererkennung und Subsumtion, in: Gabriel/Gröschner (Hrsg.), Subsumtion, 1. Aufl., Tübingen 2012, S. 335 ff.; Gegen den Konstruktivismus aber *Klaus F. Röhl/Hans Christian Röhl,* Allgemeine Rechtslehre, 3. Aufl., München 2008, S. 100 ff.

[4] Dies ausgehend von der Idee von George Spencer-Brown, die „Form der Unterscheidung für die Form" zu nehmen *George Spencer-Brown,* Laws of Form, erstmals London 1969, *George Spencer-Brown,* Gesetze der Form, 2. Aufl., Leipzig 1999, S. 1 und S. 3: „Nenne den Raum, der durch jedwede Unterscheidung gespalten wurde, zusammen mit dem gesamten Inhalt des Raumes die Form der Unterscheidung. Nenne die Form der ersten Unterscheidung die Form." Die Form einer (ersten) Unterscheidung, als der verbliebene basale Akt wird durch George Spencer-Brown mit sich selbst kombiniert, wodurch man zahlreiche neue Formen erhält, die formale Kalküle in der Logik und in der Mathematik darstellen. Vgl. auch den Beitrag bei Wikipedia unter dem Stichwort „Laws of Form": „Im Unterschied zu klassischen Kalkülen der Logik, die die logische Struktur von Sachverhalten und Aussagen abbilden sollen, versteht George Spencer-Brown die logische Form als etwas, das der Erkenntnis als Prozess und Handlung entspricht. Während es für eine formale Sprache beliebig ist, was ihre nicht-logischen Konstanten bezeichnen, wird in den Laws of Form das Unterscheiden und Bezeichnen selbst – als simultaner Akt – zum Ausgangspunkt für formale Operationen. Spencer-Browns Kalkül liefert also nicht nur eine formale Syntax und Semantik, sondern auch eine formale Semiotik. Darüber hinaus bietet das Konzept der *Re-entry of the form (into the form)* die Möglichkeit, eine formale Vorstellung von Zustandswechsel und Gedächtnis zu formulieren. Die *Laws of Form* werden von ihren Anhängern als Minimalkalkül für mathematische Wahrheiten betrachtet. Mehrere Wissenschaftszweige berufen sich daher explizit auf die *Laws of Form,* etwa Niklas Luhmann in seiner soziologischen Systemtheorie oder Humberto R. Maturana in der Theorie des radikalen Konstruktivismus." Die Entwicklung des Kalküls ist schwer nachvollziehbar, trägt aber die philosophische Bedeutung weit mehr in sich, als dies die bloße, hier vorgenommene, Zusammenfassung der Ergebnisse auch nur andeuten kann.

Die so gewonnenen „ersten" Begriffsmerkmalsmengen sind als „Fuzzy-Mengen" vage konstruiert bzw. entsprechend zu modellieren. Selbst unsere eigene Identität ist damit nur vage gegeben,[6] ebenso wie die weiteren Begriffsmerkmalsmengen und deren Verhältnis zueinander.[7] Dennoch entsteht ein holistisches „Begriffsnetz"[8], ohne „Stützpfeiler" in der Realität und ohne „Aufhänger" in einer „Metastruktur"[9]. Dennoch bleibt, mittels eines einheitlichen Gebrauchs von „Negation" (Unterscheidung) und „Konjunktion", und davon abgeleiteter logischer Operatoren, Widerspruchsfreiheit des Systems, als letztes verbliebenes Richtigkeitskriterium erreichbar. Solch eine Struktur muss nun aber seine eigenen Regeln, auch in Anlehnung an Alfred Tarski und Donald Davidson, explizit machen, um eine Überprüfung zuzulassen.[10] Dies scheint nur möglich, indem die Form durch die Form explizit gemacht wird. Ohne solches Explizitmachen[11],

---

[5] *George Spencer-Brown*, Laws of Form, erstmals London 1969, *George Spencer-Brown*, Gesetze der Form, 2. Aufl., Leipzig 1999, S. 189 ff., sowie die Hinweise in Kapitel IV. FN 152.

[6] Vgl. z. B. auch die Hinweise bei *Karl R. Popper/John C. Eccles*, Das Ich und sein Gehirn, 7. Aufl., München 2011, S. 148 ff.: Identifizieren wir eine Person über deren Körper oder über deren Geist?; Auch ist an dieser Stelle hinzuweisen auf die obigen Ausführungen am Ende von Ziff. IV. 2. lit. a) zu den Unterschieden zwischen Fuzzy-Logik und klassischer 2-wertiger Logik, die auch darin liegen, dass das Identitätsgesetz (a=a) nicht gleichwertig in beiden Systemen anerkannt wird.

[7] *Axel Adrian*, Grundprobleme einer juristischen (gemeinschaftsrechtlichen) Methodenlehre, 1. Aufl., Berlin 2009, S. 702 ff. m.w.N.

[8] Vgl. z.B das Konzept des „Holismus" nach *Willard van Orman Quine*, Methods of Logic, erstmals 1964, Grundzüge der Logik, Frankfurt a.M. 2013, S. 18.

[9] Ganz ähnlich auch *Ralph Christensen/Hans Kudlich*, Theorie richterlichen Begründens, 1. Aufl., Berlin 2001, S. 432: „Der Traum von einem „immer schon" vorausgesetzten universal-pragmatischen Code, welche die richterliche Regelgenerierung durch eine bestimmte Begründungsdynamik überwachen könne, scheitere an der Vielfalt sprachlicher Möglichkeiten." Auch S. 436: „Die in der juristischen Sprachtheorie vertretene Auffassung von der im einzelnen Wort objektiv vorgegebenen Bedeutung erweist sich damit als nicht haltbar." Auch *Winfried Hassemer*, Juristische Methodenlehre und Richterliche Pragmatik, in: RECHTSTHEORIE 2008, S. 1 ff. 12; *Axel Adrian*, Grundprobleme einer juristischen (gemeinschaftsrechtlichen) Methodenlehre, 1. Aufl., Berlin 2009, S. 31 ff., 311 f., 633 ff. m.w.N.

[10] Vgl. auch oben den Versuch von Donald Davidson der Sprache über die Wahrheitstheorien des Mathematikers Alfred Tarski Regeln über die Sprache „mitzugeben", z.B. *Donald Davidson*, Wahrheit und Interpretation, 1. Aufl., Suhrkamp, Frankfurt a.M. 1990, S. 193 f.

[11] Hier ist besonders auf die Arbeiten von Ralph Christensen und von Hans Kudlich hinzuweisen, die bereits – auch unter Bezugnahme auf die o.g. Konzeptionen von Brandom betonen, dass man sich seine Bedeutungen erst selbst konstruieren muss. Vgl. *Ralph Christensen/Hans Kudlich*, Theorie richterlichen Begründens, 1. Aufl., Berlin 2001, S. 275 ff. und insbesondere S. 280: „Methodische Theorie muss also versuchen, durch Beobachtung die Struktur erfolgreicher Praxis zu konstruieren. Als Gegenstand der Beobachtung ergibt sich das sprachliche Handeln der Juristen. Als Maßstab sind die der Praxis immanenten rechtsstaatlichen Anforderungen heranzuziehen." Dass Erkenntnisse aus der Beobachtung ableitbar sind, ist nach dem hier vertretenen Ansatz allerdings zweifelhaft. Relevant ist die „Beobachtung" nur im Zusammenhang mit der

z. B. durch selbstbezügliche, strukturell „wahre" Aussagen, also durch Aussagen, die auch (mit-)aussagen, wie die Aussage zu verstehen ist, entsteht kein prüfbares Begriffsnetz. Alle Argumente und Begründungen einer Entscheidung können dann aber letztlich nur, mögen diese auch nur als vage „Fuzzy-Menge" von Merkmalen definierbar sein, über logische, jedenfalls formale, und wohl rein syntaktische Zusammenhänge, als zutreffend im Sinne von kohärent bzw. widerspruchsfrei beurteilt werden.[12] Dabei gilt, dass der Ausstieg aus dem Mesokosmos nur durch Konstruktionen[13] mit großer Komplexität gelingen kann und

---

„Viabilität" nicht bzgl. der Richtigkeit, d.h. Selbstbezüglichkeit und Widerspruchsfreiheit. Und 447 f.: „(...) der Bruch zwischen Theorie und Praxis (...) ergibt (...) sich vor allem aus dem Missverstehen der Natur richterlicher Bindungen (...). Das Problem dieser Bindungen liegt darin, dass der Richter das, woran er gebunden ist, erst noch selbst erzeugen muss. Es gibt drei Möglichkeiten, auf dieses Paradox zu reagieren: So könnte man erstens das Paradox unsichtbar machen, indem man an die Stelle des fehlenden Gegenstandes der Rechtserkenntnis einen philosophischen Rationalitätsmaßstab setzt. (...) Zweitens könnte man das Paradox beiseite schieben, indem man die Möglichkeit richterlicher Bindung prinzipiell ablehnt. (...) Drittens könnte man das Paradox in der Zeit entfalten, indem man die Bindungen in das richterliche Handeln selbst verlegt. Das wäre die Strategie der Explikation." Ralph Christensen und Hans Kudlich entscheiden sich zutreffend für die Explikation. Soweit entspricht der hier vorgestellte Ansatz also den Vorarbeiten von Ralph Christensen und Hans Kudlich. Allerdings führen sie auf S. 443 ff. aus: „Um das Postulat rechtsstaatlicher Demokratie einzulösen, muss daher der Prozess der Herstellung von Rechtsnormen im Rahmen der Rechtserzeugungsreflexion zu überprüfbaren Strukturen entwickelt werden." Und weiter auf S. 445: „(...) Die dafür erforderlichen Instrumente liefert die historisch gewachsene, rechtsstaatliche Methodik. (...)." Darin liegt nun aber ein wichtiger Unterschied zum hier vertretenen Ansatz. Es muss noch radikaler festgestellt werden, dass aufgrund der Zweifel postmoderner Philosophie, davon auszugehen ist, dass es keine solchen Instrumente gibt, es sei denn man schafft sie sich als Richter selbst. Genau deshalb wurde oben auch ausführlich auf die Erkenntnisse aus den Strukturwissenschaften hingewiesen. Wir müssen nicht nur die Bedeutungen der (materiellen) Gesetzesworte, sondern auch die der Worte der juristischen Methodik bzw. Methodenlehre, wie Subsumtion, Auslegung, Rechtsfortbildung, etc. erst selbst konstruieren.

[12] Ähnlich auch *Joachim Lege*, in: Gabriel/Gröschner (Hrsg.), Subsumtion, 1. Aufl., Tübingen 2012, S.259 ff. (277 f.): „Alles ist Logik (auch wenn Logik nicht alles ist) (...). Logik ist mehr als Deduktion, das heißt: mehr als formal zwingendes Schlußfolgern. Sie ist vielmehr – im Anschluss an Peirce – ein Geflecht aus formal zwingenden (Deduktionen) und nicht-zwingenden (Induktionen und Abduktionen) Schlüssen."

[13] Eine ähnliche Ansicht scheint *Ralph Christensen,* Was heißt Gesetzesbindung?, 1989, S. 292 f. und S. 302 ff. zu vertreten. So wird in ähnlicher Weise betont, dass im Rechtsanwendungsprozess keine vorgegebene Rechtsnormen vorliegen können, die auf den Fall hin verengt werden könnten, und es vielmehr erst um das Erzeugen einer Rechtsnorm, mittels der in der Rechtswissenschaft entwickelten Kanones, geht. Es wird eine Konstruktion gefordert, die den vom Rechtsstaatsprinzip vorausgesetzten technischen Maßstäben genügt. Der entscheidende Unterschied dieses Ansatzes zu dem hier vertretenen scheint jedoch zu sein, dass weitergehend festzustellen ist, dass auch diese „technischen Maßstäbe", also die möglichen Modelle von Subsumtion, Auslegung, Rechtsfortbildung, etc. und das oder besser die möglichen Modellen eines „Rechtsstaatsprinzips" nicht vorgegeben sind, sondern ihrerseits erst konstruiert werden müssen und durch den Richter eine Auswahlentscheidung zu erfolgen hat. Wie das zu erfolgen hat, soll im Folgenden noch beispielhaft gezeigt werden.

V. Ergebnisse und Konsequenzen 97

muss. Denn nur dann können umfangreiche kohärente Strukturen möglichst widerspruchsfrei eine Vielzahl gleichartiger Problemstellungen zu lösen helfen. Eine prinzipielle Grenze bei Zunahme der Komplexität besteht dabei in der sog. Regelexplosion. Nach Überschreitung dieser Grenze sind keine weiteren formalen Strukturen mehr durchzuhalten. Eine irgendwie geartete inhaltliche (semantische) Richtigkeit erscheint nach dem hier vertretenen Ansatz allerdings nicht formulierbar.[14] Ein mehr praktisches, als wissenschaftliches Kriterium für die so zu konstruierenden Strukturen stellt dann noch die Brauchbarkeit, Nützlichkeit, Viabilität, Gangbarkeit, Ästhetik, Praktikabilität, Mehrheitsfähigkeit, etc. dar.[15]

Diese Aussagen können durch nachfolgende Abbildung symbolisiert werden:

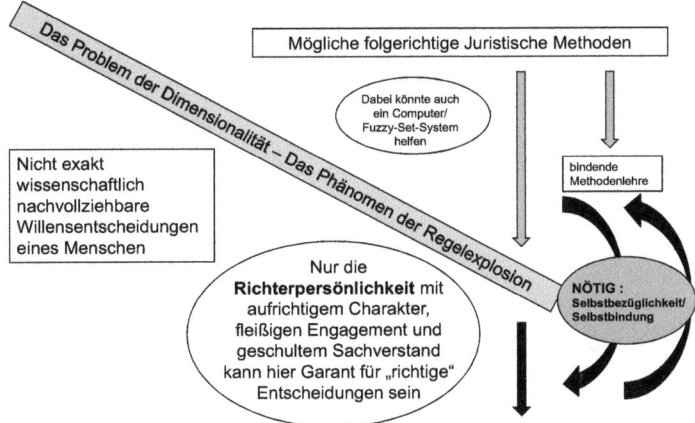

Abbildung 4: Wissenschaftliche Nachvollziehbarkeit bis zur Regelexplosion

Dies alles kommt ohne (transzendentale) Urteile a priori und ohne eine kategoriale Unterscheidung zwischen Sein und Sollen aus.[16] Die klassische Unterschei-

---

[14] Ebenso wohl auch *Ralph Christensen/Hans Kudlich,* Theorie richterlichen Begründens, 1. Aufl., Berlin 2001, S. 448: „Die tragische Perspektive hat sicher darin recht, dass die Semantik des Gesetzes die richterliche Entscheidungsfindung nicht determinieren kann."
[15] Dieses Kriterium wird dagegen z. B. bei Reinhold Zippelius in der Tradition Karl R. Poppers, mit dem Konzept „Die experimentierenden Methode im Recht" betont. Vgl. *Reinhold Zippelius,* Das Wesen des Rechts, München 2012, S. 86 ff., und insbesondere Die experimentierende Methode im Recht, Akademie der Wissenschaften und der Literatur, Steiner, Jahrgang 1991 Nr. 4., und Juristische Methodenlehre, 11. Aufl., München 2012, S. 58 ff., und ausführlich insbesondere *Reinhold Zippelius,* Recht und Gerechtigkeit in der offenen Gesellschaft, 2. Aufl., Berlin 1996, S. 21 ff. und S. 379 ff.
[16] A. A. wohl z. B. *Matthias Jestaedt,* Das mag in der Theorie richtig sein ..., Tübingen 2006, z. B. S. 89: „(...) Versteht sich das Vorstehende auch als Plädoyer für einen auf multiplen Dichotomien beruhenden Wissenschaftsansatz (...): die Alternativität von deskriptiven Sätzen einer- und präskriptiven Sätzen andererseits; das unterschiedliche

dung zwischen Geistes- und Naturwissenschaften geht ins Leere.[17] Allerdings kann man mit diesem Ansatz Überzeugungen bilden, um z. B. später überhaupt einen Diskurs im Sinne der Diskurs- bzw. Argumentationstheorien führen, und noch vorher die Regeln einer idealen Sprechsituation definieren zu können.

Doch dieser konkrete Ansatz muss nicht im Einzelnen zu Grunde gelegt werden. Es genügt für die weiteren Ausführungen, wenn die geschilderten Zweifel, die zur postmodernen Philosophie geführt haben, geteilt werden, um nun aus all dem Konsequenzen für die „Konstruktion" einer jeden (denkbaren bzw. widerspruchsfreien und selbstreferentiellen) juristischen Methodenlehre zu ziehen.[18]

1. Konsequenzen für die juristische Methodenlehre

a) Erforderliche Auswahl des Methodenmodells

Teilt man die Zweifel, dann muss man akzeptieren, dass keine objektive Meta-Methode, aus der eine bindende juristische Methodenlehre abgeleitet werden

---

Regime von Kausalwissenschaft einer- und Normwissenschaft andererseits (...)." Ebenso anderer Ansicht ist wohl *Andreas Funke,* in: Krüper (Hrsg.), Grundlagen des Rechts, 1. Aufl., Baden-Baden 2010, S. 45 ff., insbesondere S. 50: „Das methodische Ausgangspostulat der Rechtstheorie ist die Unterscheidung von Sein und Sollen." Nach dem hier vertretenen Ansatz ist dagegen alles „Sollen", bzw. „Norm", und alles was Wissenschaft sein kann, muss Strukturwissenschaft sein. So wäre Rechtstheorie reine Strukturtheorie und sollte mögliche, durch Rechtspraktiker auswählbare Rechtsinstitute, Methoden, etc. widerspruchsfrei konstruieren. Bei (verbindlicher, weil expliziter) Auswahl eines Methodenmodells z. B. durch ein Obergericht, wird die mögliche Methodik zur Methodenlehre, an die sich Untergerichte zu halten haben.

[17] Bei Anerkennung der Zweifel der postmodernen Philosophie macht es m. E. keinen Sinn einen sog. „science war" zu führen. Der heutige Zeitgeist scheint aber weit hinter den zeitgenössischen Forschungen, Erkenntnissen und Zweifeln postmoderner Philosophie „hinterherzuhinken". Vgl. die Bestseller von *Dietrich Schwanitz* („Bildung, Alles was man wissen muß", Frankfurt 1999) und *Ernst Peter Fischer* („Die andere Bildung, Was man von den Naturwissenschaften wissen sollte", München 2001) und die Darstellung der „Grabenkämpfe" zwischen Natur- und Geisteswissenschaft in *Axel Adrian,* Grundprobleme einer juristischen (gemeinschaftsrechtlichen) Methodenlehre, 1. Aufl., Berlin 2009, S. 311 f.; Daraus lässt sich ableiten, dass bislang die Ausbildung in Schule und Universität wohl nicht ausreichend war, um die Allgemein- und Fachbildung und damit dem Zeitgeist die aktuellen wissenschaftlichen und philosophischen Zweifel näher zu bringen. Ansonsten würden solche Bücher, die gedanklich (noch) strikt zwischen Natur- und Geisteswissenschaften trennen, nicht als Bestseller verkaufen. Vgl. auch oben Kapitel II. FN 13 und Kapitel IV. 5., sowie unten Kapitel V. 2.

[18] *Andreas Funke,* in: Funke/Lüdemann, Öffentliches Recht und Wissenschaftstheorie, 1. Aufl., Tübingen 2009, S. 12: „Methodologie ist die Wissenschaft von den Regeln wissenschaftlichen Arbeitens. Wissenschaftstheorie ist mit Methodologie nicht identisch, aber Wissenschaftstheorie kann methodologische Debatten befruchten. Ein großer Teil der juristischen Rezeption der Wissenschaftstheorie in den 70er Jahren erfolgte mit dem Fokus auf methodologische Probleme. Dieser Strang der Diskussion ist nach meinem Eindruck aber nicht weiter verfolgt worden."

könnte, existiert. Eine solche Deduktion ist weder aus vorgegebenen Strukturen der Natur[19], noch des Geistes[20] möglich.

Damit kann kein Subjekt beim Betrachten von Zeichen den darin etwa „immer schon"[21] vorhandenen Sinn „herausholen". Vielmehr wird die entsprechende Bedeutung erst mit dem Zeichen aktiv verbunden.[22] Genauer: Es wird das gedankliche Modell von dem Zeichen mit dem gedanklichen Modell von der, diesem Zeichen beizulegenden Bedeutung, verbunden. Auch bisher war man sich einig, dass man Gesetzesworte nicht einfach verstehen und anwenden kann, sondern erst auslegen muss, da diese mehrdeutig sind.[23] Genauer: Man muss aktiv deren Be-

---

[19] In der Physik gilt: Der Determinismus und die Idee einer objektiven Realität wurden mit der Quantenmechanik zu Grabe getragen. Nach dem hier vertretenen Ansatz können also Modelle der Subsumtion, Auslegung und Rechtsfortbildung nicht an empirischen Kriterien auf deren Richtigkeit überprüft werden. Eine Überprüfung kann nur am Kriterium der Kohärenz, der Widerspruchsfreiheit, und Selbstbezüglichkeit, also strukturwissenschaftlich erfolgen. Dies ist dann aber keine Besonderheit der Rechtswissenschaft. Kohärente, widerspruchsfreie selbstbezügliche Modelle sollen dann auch lediglich passende, viable Lösungen für die Rechtspraxis bieten, auch wenn dies kein wissenschaftliches Richtigkeitskriterium (mehr) sein kann.

[20] Auch in der Mathematik gilt: (1) Es gibt verschiedene gleichberechtigte, abgeschlossene, formale Systeme, und je nachdem, ob Probleme z.B. im „klassischen" oder im „gekrümmten" Raum zu lösen sind, entscheidet der Anwender, welche Geometrie er anwendet. (2) Keine Menge kann alle anderen Mengen und sich selbst enthalten. Das jeweilige Meta-System regelt zwar das Sub-System, etc. Aber wer regelt das Meta-Meta-System? (Bertrand Russell). (3) Keines der denkbaren formalen Systeme kann mit seinen Mitteln/Regeln beweisen, dass es zugleich vollständig und widerspruchsfrei ist (Kurt Gödel). Nach dem hier vertretenen Ansatz, wird es daher auch in der Rechtswissenschaft nicht ohne Willensentscheidung des Rechtsanwenders gehen können. Dennoch sollte diskutiert werden, ob die Möglichkeiten der formalen Strukturierung der Rechtsanwendung nicht noch weiter (als bisher angenommen) gehen könnten, z.B. mit der Forderung der Explizitmachung der Auswahl aus Modellen von Subsumtion, Auslegung, Rechtsfortbildung, etc.

[21] *Ralph Christensen/Hans Kudlich,* Theorie richterlichen Begründens, 1. Aufl., Berlin 2001, S. 433.

[22] *Ralph Christensen/Hans Kudlich,* Gesetzesbindung. Vom vertikalen zum horizontalen Verständnis, 1. Aufl., Berlin 2008, S. 139: „Das Problem richterlicher Rechtserzeugung kann nicht richtig gestellt werden, solange man als Gegenstand der Textarbeit die objektive Bedeutung angibt. Die so genannte „vertikale Auslegung" soll ins Innere des Rechts führen. Aber die Abfahrt nach innen funktioniert in der Praxis nicht. Das Recht versammelt sich nicht zu einem inneren Wesen. Man findet statt dessen nur eine Vielzahl weiterer Normtexte auf derselben oder einer anderen Regelungsebene. Keine dieser Normen stellt die zentrale Steuerungseinheit oder den Gesamtsinn dar, sondern nur eine weitere mögliche Verknüpfung. Auf der Fahrt nach innen geht es den Juristen wie dem Neurowissenschaftler, der statt des gesuchten Zentral-Ichs nur eine Vielzahl von homunculi findet. Auch die Einheit des Rechts löst sich in eine Vielzahl von Beobachtungsperspektiven auf, so dass man ohne letzten Halt wieder im Äußeren landet. Richterliche Entscheidungen müssen notwendig mehr sein als die Erkenntnis von Rechtsquellen."

[23] *Reinhold Zippelius,* Juristische Methodenlehre, 11. Aufl., München 2012, S. 39 ff.; *Karl Engisch,* Logische Studien zur Gesetzesanwendung, 3. Aufl., Heidelberg 1963, S. 36 f.

deutung erzeugen, da ein Zeichen selbst keine Bedeutung hat. Eine Regel, wie der Richter die Bedeutung methodisch korrekt erzeugen soll, wäre wieder in Worten auszudrücken, deren Bedeutung erst erzeugt werden muss. Auch die Worte, die juristische Methoden bezeichnen, wie „Subsumtion", „Auslegung" und „Rechtsfortbildung", etc. sind auslegungsbedürftig. Es macht dabei keinen Unterschied, ob es sich um geschriebenes, ungeschriebenes, materielles oder prozessuales Recht handelt oder um eine andere Art von Sollensnorm. Alle Zeichen, die für die richterliche Entscheidungsfindung heranzuziehen sind, unterliegen denselben prinzipiellen, philosophischen Unterbestimmtheiten.

Es ist, soweit ersichtlich, überraschenderweise bisher aber wohl noch nicht anderweitig vertreten worden, dass selbstverständlich die Gesetzesworte in den verschiedenen Sprachfassungen der Art. 19 EUV und Art. 267 AEUV (Art. 220 und 234 EGV a. F.), also im Deutschen „Auslegung" und „Anwendung" nur verschiedene (zunächst gleichberechtigte) folgerichtige Modelle von „Subsumtion", „Auslegung" und „Rechtsfortbildung" bezeichnen.[24] Die Forderung, die Form der Methode im Urteil explizit zu machen, resultiert aus dem Begründungsauftrag des Demokratie- und Rechtsstaatsprinzips und aus den obigen allgemeinen philosophischen Diskussionen und Zweifeln.

So, wie der Richter aus der Menge möglicher Bedeutungen eines Gesetzeswortes des materiellen Rechts seit jeher auszuwählen[25] hat, welche Bedeutung er seiner Entscheidung zugrunde legen möchte, so hat er auch aus der Vielzahl möglicher Methoden, z. B. von Subsumtion, erst das jeweilige Modell auszuwählen. Kurioserweise hat er somit also sogar zunächst völlig frei auszuwählen, wie er künftig Bedeutungen auswählen will, wenn es z. B. um die Auswahl, und damit um die erstmalige Festlegung des Methodenmodells geht, das ein Modell zur Auswahl von Modellen ist. Dies ist z. B. der Fall, wenn auszuwählen ist, welches Modell von Auslegung maßgeblich sein soll. Ein Obergericht könnte z. B. auswählen und feststellen, dass das Konzept der historischen Auslegung keine Rolle mehr spielen darf, etc. Dann dürfte es künftig auch selbst nicht mehr historisch auslegen, wie dies auch den Untergerichten verboten wäre.

Eine rechtsstaatliche Begründung muss also auch eine Auswahlentscheidung bzgl. des vom Gericht gewählten Modells[26] von „Subsumtion", „Auslegung" und

---

[24] *Axel Adrian,* Grundprobleme einer juristischen (gemeinschaftsrechtlichen) Methodenlehre, 1. Aufl., Berlin 2009, S. 548 ff.

[25] Bereits bisher wird von der h. M. eine (rechtsstaatliche) Begründung der Auswahlentscheidung der richtigen Bedeutung aus der Menge möglicher Bedeutungen des Normwortlautes gefordert; vgl. nur *Matthias Klatt,* Theorie der Wortlautgrenze, 1. Aufl., Baden-Baden 2004, S. 95 ff. (98) m.w. N.

[26] Vgl. die Darstellung und Strukturierung (digital und fuzzy) der Modelle von Subsumtion, Auslegung, Rechtsfortbildung, etc. mit Hilfe von symbolischen Mengen, in Anlehnung an die Mengenlehre bei *Axel Adrian,* Grundprobleme einer juristischen (gemeinschaftsrechtlichen) Methodenlehre, 1. Aufl., Berlin 2009, S. 783, 787, 807 f.,

„Rechtsfortbildung" beinhalten. Es muss die Form explizit gemacht werden, sonst liegt kein begründetes Urteil vor.

Nur diese Auswahlentscheidung kann das Gericht (selbst) binden, nur so gelangt man zu einer bindenden Methodenlehre. Dabei sollten und könnten obergerichtliche Entscheidungen die Untergerichte auch für Methodenfragen so binden, wie dies bereits heute für materielle Auslegungsergebnisse anerkannt wird. Dies auch mit der gleichen dogmatischen Begründung, entweder z. B. als faktische Bindung oder wie z. B. bei den Entscheidungen des BVerfG, die kraft Gesetzes Bindungswirkung entfalten.[27]

Inwieweit die Auswahlentscheidung des Obergerichts und die Anwendung dieser Auswahlentscheidung des jeweiligen Untergerichts richtig sind, lässt sich anhand von deren struktureller Selbstbezüglichkeit und Widerspruchsfreiheit überprüfen. Es ist zu fragen, ob die „Begriffsnetze" komplex genug und dennoch widerspruchsfrei sind. Genau dies sollten daher auch die Urteilsbegründungen explizit machen, auch hinsichtlich der zugrunde gelegten methodischen Konzepte. Diese Konzeption der formalen Strukturen wird bei vagen Ausgangswerten heute besser mit Fuzzy-Logik modelliert. Dies dürfte gerade für die Rechtswissenschaft fruchtbar zu machen sein.[28] Dabei ist diese formale Struktur bis zur Grenze der „Regelexplosion"[29] u. U. mit Werkzeugen, wie Algorithmen, Kalküle, Mathematik, etc. also mit Computerunterstützung zu konstruieren, und explizit zu machen.[30] Alle Struktur wird also nicht verhindern können, dass sich im Er-

---

857 ff., 898 f., 918 f. und 942 ff. Diese Darstellung in Anlehnung an die Mengenlehre ist nicht exotisch, vgl. *Bernhard Lauth/Jamel Sareiter,* Wissenschaftliche Erkenntnis, Ideengeschichtliche Einführung in die Wissenschaftstheorie, 2. Aufl., Paderborn 2005, S. 199.

[27] Vgl. dazu *Axel Adrian,* Grundprobleme einer juristischen (gemeinschaftsrechtlichen) Methodenlehre, 1. Aufl., Berlin 2009, S. 876 ff. m.w.N.

[28] Nach dem hier vertretenen Ansatz versucht der Jurist mit Begriffen zu arbeiten. Ob Jemand mit (sehr) wenigen Haaren unter einen Begriff („Glatzkopf") subsumiert („Mensch ist der Menge Glatzkopf zugehörig oder nicht) werden kann, oder nicht, ist aber meist „vage". Fuzzy-Logik bietet die Möglichkeit „logisch" mit „vagen" Begriffen und Konzepten – mehr als bislang angenommen – zu strukturieren. Modelle der Subsumtion, Auslegung und Rechtsfortbildung, können und sollten also fuzzy-logisch strukturiert werden, weil es stets um vage sprachliche Begriffe und um deren Zuordnung, zum Zuordnung von Teilmengen von Begriffsmerkmalen zu Mengen von Begriffsmerkmalen, etc. geht.

[29] Nach dem hier vertretenen Ansatz können Modelle der Subsumtion, Auslegung und Rechtsfortbildung, fuzzy-logisch aber nur bis zur Grenze der Regelexplosion strukturiert werden. Danach ist eine Willensentscheidung unerlässlich. Das Bemerkenswerte aber ist, dass dies gerade keine Besonderheit der Rechtswissenschaft ist.

[30] Es geht dabei auch um die Fragen, wie Logik und Mathematik mit dem Problem der Selbstbezüglichkeit formaler Systeme umgeht, und was man daraus für die Rechtswissenschaft ableiten kann. Nach dem hier vertretenen Ansatz ist es nicht nur zulässig, sondern notwendig, logische Strukturen (selbstreferentiell) auf logische Strukturen anzuwenden, gerade um in der Rechtstheorie an zeitgenössische philosophische Problem-

gebnis die private Meinung des Richters im Urteil verwirklicht, da es sich auch um dessen private Meinung handelt, davon überzeugt zu sein, dass er sich an die ihm, durch ihn selbst vorgegebenen Methodenmodelle gehalten hat.[31] So wie es unsere private Meinung ist, dies ebenso, oder aber anders zu sehen. Jeder ist in seiner privaten Meinung gefangen.[32] Wird aber die Struktur bzw. das Begriffsnetz, und dazu gehören auch Überzeugungen von der Art, welches Methodenmodell, z.B. von Subsumtion, das richtige ist, etc., explizit gemacht, dann kann diese(s) aber wenigstens am „Spiel des Gebens und Verlangens von Gründen" teilnehmen.[33]

Die nachfolgenden Beispiele für mögliche Modelle[34] von juristischen Methoden sind nicht abschließend. Es ist davon auszugehen, dass eine Vielzahl von Strukturen und Konzepten entwickelt werden könnte und natürlich durch die Diskussion in der Literatur längst entwickelt worden ist, um den auswählenden Gerichten eine möglichst große Grundmenge zur Verfügung zu stellen. Diese Grundmenge kann aber prinzipiell nie vollständig festgelegt werden, sondern wird sich entwickeln und verändern, u.a. je nachdem, ob die Rechtswissenschaft den vorgelegten Ansatz für fruchtbar hält oder nicht. Eine mögliche Annäherung der Entwicklung der Modelle an die „wahren Modelle" einer Meta-Methodenlehre ist aber nicht möglich. Hier wird gerade keine evolutionäre Methodenlehre vertreten.

---

stellungen anknüpfen zu können. Es gibt übrigens durchaus Sätze, die etwas Wahres über sich selbst aussagen, z.B.: „This sentence has thirtyone letters" (Bitte nachzählen). Es muss also nicht jede selbstbezügliche Aussage gleich eine (sinnlose) Paradoxie erzeugen. Vgl. z.B. *Heinz von Foerster*, Entdecken oder Erfinden – wie lässt sich Verstehen verstehen?, in: Gumin/Mohler, Einführung in den Konstruktivismus, 12. Aufl., München 2010, S. 52 ff.

[31] Ausführlich auch zur (unmöglichen) Unterscheidung eines „privaten Sprachspiels" und des „Sprachspiels des Gesetzgebers" bei *Axel Adrian*, Grundprobleme einer juristischen (gemeinschaftsrechtlichen) Methodenlehre, 1. Aufl., Berlin 2009, S. 841 ff.

[32] Für die Probleme mit der teleologischen Auslegung insoweit vgl. z.B.: *Karl Engisch*, Einführung in das juristische Denken, 9. Aufl., Stuttgart 1997, S. 118 ff.; *Rolf Herzberg*, Kritik der teleologischen Gesetzesauslegung, in: NJW 1990, 2525 ff.; und speziell für das Europarecht: *Friedrich Müller/Ralph Christensen*, Europarecht, 3. Aufl., Berlin 2012, S. 78 ff.; *Bernd Rüthers*, Methodenrealismus und Jurisprudenz und Justiz, in: JZ 2006, 53 ff. (57 ff.); *Axel Adrian*, Grundprobleme einer juristischen (gemeinschaftsrechtlichen) Methodenlehre, 1. Aufl., Berlin 2009, S. 425 ff. was zum Problem der prinzipiellen Unmöglichkeit der Trennung zwischen sog. objektiv-teleologischer und subjektiv-teleologischer (historischer) Methode führt. Es gibt nämlich keine formalen Kriterien, die aufzeigen könnten, ob der im Gesetz durch den Richter gefundene Telos, derjenige des untersuchten Gesetzes oder derjenige private Telos des betrachtenden Richters ist.

[33] *Robert Brandom*, Begründen und Begreifen, 1. Aufl., Suhrkamp, Frankfurt a.M. 2001, S. 103.

[34] Vgl. auch *Axel Adrian*, Grundprobleme einer juristischen (gemeinschaftsrechtlichen) Methodenlehre, 1. Aufl., Berlin 2009, Abb. 6.–20., insbesondere Abb. 21.–23., S. 942 ff. (graphische Darstellung der Endergebnisse).

Auch muss leider klargestellt werden, dass die nachgenannten Hinweise nur Beispiele von Themen möglicher Strukturierungsansätze und abstrakter Gedankenmodelle sein können, aber noch nicht die konkreten „Computermodelle" solcher Strukturen i. S. d. Rechtsinformatik bzw. der allgemein geforderten computerunterstützten Modellierung von Methodenlehre, nach dem Vorbild der Natur- und Strukturwissenschaften.[35]

Das Besondere dieses Beitrages soll wenigstens darin liegen, dass das Bewusstsein dafür geschärft wird, dass der Richter erst Methodenregeln auswählen und im Urteil explizit und damit für sich verbindlich festlegen muss, da sonst „formal" eine Richterbindung überhaupt nicht konstruiert werden kann.

b) Beispiel: Modelle von Subsumtion im Unterschied zur Auslegung

Eine selbstreferentielle Untersuchung[36] der Sprachfassungen[37] der Befugnisnormen der Art. 19 EUV und Art. 267 AEUV zeigt z. B., dass alle Sprachfassungen des Art. 267 AEUV, soweit sie verfügbar waren bzw. übersetzt werden konnten, dem EuGH für das Vorabentscheidungsverfahren nicht die Befugnis zur Subsumtion („Anwendung", „Application", etc.), sondern nur diejenige zur Auslegung bzw. Interpretation („Auslegung", „Interpretation", etc.) zuweisen.[38] Es können nun aber verschiedene formale Modelle formuliert werden, wie der Unterschied zwischen Subsumtion und Auslegung, bzw. Subordination konstruiert werden könnte. Insoweit kann beispielhaft auf die Konzepte der Subsumtion von Karl Larenz (1903–1993), Karl Engisch (1899–1990) und Reinhold Zippelius

---

[35] Dennoch bleibt z. B. insoweit zu prüfen: (1) Welche Einsatzmöglichkeiten von Computern sind möglich? (2) Wie weit können Rechtsanwendungsmethoden für Richter durch Software vorstrukturiert werden? (3) Welche Lösungen bietet Logik, Mathematik und Informatik für die Rechtsinformatik, z. B. zur Lösung von selbstbezüglichen und selbstähnlichen Prozessen zur Lösung von Halteproblemen vgl. unten lit. d)? (4) Welche Modelle könnten z. B. durch Fuzzy-Set-Systeme modelliert werden? (5) Könnten Computerapplikationen mit Gesetzeskraft durch den Gesetzgeber oder die Obergerichte für Richter und Rechtsanwender vorgegeben werden? (6) Könnte neue Rechtsfortbildung in die Computerapplikationen aus (5) systematisch eingepflegt werden? (7) Könnte der Gesetzgeber in diesen Entwicklungsprozess der Rechtsfortbildung sogar leichter eingreifen durch Softwareänderungen dieser Applikationen? (8) etc.?
[36] Es geht z. B. um die Auslegung der Vorschriften, die etwas über die Auslegung regeln. Entsprechende tabellarische Darstellung der Ergebnisse in *Axel Adrian,* Grundprobleme einer juristischen (gemeinschaftsrechtlichen) Methodenlehre, 1. Aufl., Berlin 2009, S. 544 ff.
[37] Die Geltung des Gemeinschaftsrechts in mehreren Amtssprachen stellt ein spezifisches gemeinschaftsrechtliches Grundproblem dar, vgl. *Axel Adrian,* Grundprobleme einer juristischen (gemeinschaftsrechtlichen) Methodenlehre, 1. Aufl., Berlin 2009, S. 345 ff. (insbesondere den Beispielsfall, bei dem 5 verschiedene Sprachen gleichzeitig relevant sind S. 346 f.).
[38] *Axel Adrian,* Grundprobleme einer juristischen (gemeinschaftsrechtlichen) Methodenlehre, 1. Aufl., Berlin 2009, S. 547.

verwiesen werden.³⁹ Je nach Modell wird dabei der Umfang der Befugnisnorm für den EuGH weiter oder enger gefasst. So ist der EuGH nur nach dem Konzept von Reinhold Zippelius im Vorabentscheidungsverfahren am umfangreichsten befugt. Der EuGH sollte also explizit das Modell von Reinhold Zippelius auswählen, wenn er möglichst „tief" in den Einzelfall einsteigen will, denn nach Reinhold Zippelius sind die entscheidenden Wertungsfragen als Auslegungs- und nicht als Subsumtionsfragen zu behandeln. Dies hat, nebenbei bemerkt, auch den Vorteil, dass so die Chance besteht, dass die entscheidenden Fragen als Rechtsfragen Eingang in die juristische Literatur finden und, wie gefordert, deren Begründungen explizit werden. Dies wäre bei der Lösung der Probleme als Tatfrage nicht unbedingt der Fall. Nach dem Konkurrenzmodell von Karl Engisch dürfte der Umfang der Vorabentscheidungsbefugniss des EuGH dagegen am geringsten sein.

Alle Modelle müssen aber wohl jedenfalls Subsumtion („Anwendung", „Application", etc.) als konkret-individuellen Zuordnungsprozess konstruieren, im Unterschied zur Auslegung/Subordination, die stets abstrakt-generelle Zuordnung bleibt. Ansonsten würde sich der Begriff der „Subsumtion" („Anwendung", „Application", etc.) nicht mehr (z.B. vom Begriff der „Auslegung") unterscheiden lassen und sozusagen „verschwinden", obwohl die Befugnisnorm diesen enthält, wir diese Unterscheidung also treffen können müssen.

Dies lässt sich sogar durch die Keck-Entscheidung⁴⁰, also mit der Rechtsprechung des EuGH selbst, belegen. Der EuGH hat nämlich mit dieser Grundsatzentscheidung seine bisherige Praxis, die nach der hier vertretenen Meinung methodisch jedenfalls unzulässig war, geändert. Bei der Prüfung von Verstößen gegen die Warenverkehrsfreiheit durch unterschiedslos anwendbare Maßnahmen gleicher Wirkung, wie mengenmäßige Beschränkungen i.S.d. Art. 34 AEUV wurde bekanntermaßen eine konkret-individuelle Verhältnismäßigkeitsprüfung zugunsten der Auslegung und Definition einer abstrakt-generell formulierten Begriffsmerkmalsmenge, der sog. „Absatzmodalitäten", aufgegeben. Damit braucht beim Vorliegen von sog. „Absatzmodalitäten" heute keine konkret-individuelle Prüfung, und damit Anwendung der Norm auf den konkret-individuellen Einzelfall mehr zu erfolgen, was gerade im Vorabentscheidungsverfahren nach der hier vertretenen Ansicht ohnehin unzulässig wäre. Es reicht vielmehr nun aus, durch Auslegung, die von der Befugnisnorm des Art. 267 AEUV gedeckt ist, das Europarecht auf den konkreten Fall hin, abstrakt-generell zu entwickeln. Die Anwendung der vom EuGH ausgelegten Norm des Art. 34 AEUV auf den konkret-

---

³⁹ *Axel Adrian,* Grundprobleme einer juristischen (gemeinschaftsrechtlichen) Methodenlehre, 1. Aufl., Berlin 2009, S. 785 ff.; insbesondere Abb. 8 und 9 auf S. 807 f., m.w.N.

⁴⁰ EuGH EWS 1994, 25 ff.; *Axel Adrian,* Juristische Methodenlehre und die „Keck-Entscheidung" des EuGH, in: EWS 1998, 288 ff.; *Axel Adrian,* Grundprobleme einer juristischen (gemeinschaftsrechtlichen) Methodenlehre, 1. Aufl., Berlin 2009, S. 809 ff.

individuellen Fall bleibt dann aber dem nationalen Gericht vorbehalten, wie es das Vorabentscheidungsverfahren i. S. d. Art. 267 AEUV vorschreibt.

Diese „Umstellung" der juristischen Methoden ist nun aber folgerichtig für alle Sachverhalte und bei allen Grundfreiheiten des Europarechts zu fordern, da der EuGH seine „berühmte" ständige Rechtsprechung („Dassonville" und „Cassis de Dijon")[41], also die konkret individuelle Verhältnismäßigkeitsprüfung weiterhin auch bei der Warenverkehrsfreiheit durchführt, wenn es sich nicht gerade um eine „Absatzmodalität" handelt. Vergleichbares gilt bei praktisch allen anderen Grundfreiheiten auch, sofern es sich um sogenannte unterschiedslos anwendbare Maßnahmen handelt. Solche konkret-individuellen Verhältnismäßigkeitsprüfungen sind aber, wie gezeigt, unter wohl keinem einzigen strukturwissenschaftlich konsequenten, denkbaren Modell als „Auslegung" konstruierbar, sondern nur als „Anwendung". Dann ist es aber dem EuGH mit keiner denkbaren Methodenlehre gestattet, diese im Rahmen der Rechtsprechungsbefugnisnorm des Art. 267 AEUV durchzuführen. Der EuGH sollte also tatsächlich seine lange und gefestigte, ständige Rechtsprechung umstellen, jedenfalls sofern er gem. Art. 267 AEUV tätig wird.[42]

Aufgrund des formal feststellbaren Maximalumfanges der Befugnisnormen lässt sich also, wohl sogar unabhängig von einer entsprechenden Willensentscheidung des EuGH, sagen: Betreibt der EuGH im Rahmen des Art. 267 AEUV „Rechtsanwendung", indem insbesondere eine konkrete, auf den Sachverhalt bezogene Verhältnismäßigkeitsprüfung durchgeführt wird, überschreitet er seine Befugnisnormgrenzen.[43]

Modelle der Subsumtion sollten nach dem hier vertretenen Ansatz also, wie gezeigt, jedenfalls regeln, was bei der Subsumtion im engeren Sinne verglichen wird, also welches Modell grundsätzlich gelten soll, z. B. das von Karl Larenz (formale Begriffe werden mit formalen Begriffen verarbeitet), oder Karl Engisch (Realität wird Begriffen zugeordnet), oder Reinhold Zippelius (alle schwierigen Probleme sind möglichst als abstrakt-generelle Fragen der Auslegung vorab zu klären, damit die Subsumtion ganz einfach erfolgen kann).

---

[41] Vgl. *Axel Adrian*, Grundprobleme einer juristischen (gemeinschaftsrechtlichen) Methodenlehre, 1. Aufl., Berlin 2009, S. 811 ff. m.w.N.

[42] Soweit gehende Forderungen erörtert *Hannes Rösler*, Aufgaben einer europäischen Rechtsmethodenlehre, in: RECHTSTHEORIE 2012, S. 495 ff., leider nicht, vgl. nur die entsprechende Schlussbetrachtung auf S. 517.

[43] Vgl. insoweit *Axel Adrian*, Juristische Methodenlehre und die „Keck-Entscheidung" des EuGH, in: EWS 1998, 288 ff., dort wurde am Beispiel der Keck-Entscheidung des EuGH ausführlich gezeigt, dass eine konkret-individuelle Verhältnismäßigkeitsprüfung stets in den Bereich der Subsumtion eingreift, zu der der EuGH beim Vorabentscheidungsverfahren gerade nicht befugt ist. Dies gilt für alle denkbaren, folgerichtigen Subsumtionsmodelle, die der EuGH „auswählen" könnte. *Axel Adrian*, Grundprobleme einer juristischen (gemeinschaftsrechtlichen) Methodenlehre, 1. Aufl., Berlin 2009, S. 804 ff., 817, 945 ff., insbesondere Abb. 8 und 9 auf S. 807 f. und Abb. 21 auf S. 942.

Weiter kann aber auch zusätzlich gefragt werden:

— Wie kann die Assoziation, die Wortlaut und Bedeutung verknüpft, strukturiert werden? Kommt es auf allgemeine Lexika an oder sind nur fachsprachliche Wörterbücher zur Bestimmung des möglichen Wortsinnes heranzuziehen?[44]
— Wie werden verschiedene Sprachfassungen bei Normen, die in verschiedenen Sprachen gelten, für die Frage eines Subsumtionsschlusses kombiniert?
— Wann ist der iterative Prozess, der Norm und Sachverhalt zum Ausgleich bringen soll, wann ist also z.B. das „Hin- und Herwandern des Blickes"[45] abzubrechen? Wann ist die Auslegung, also die Konkretisierung der Norm auf den Sachverhalt hin, ausreichend?

Dies alles können aber nur Beispiele für notwendige Diskussionen über Strukturierungsmöglichkeiten bei Subsumtions- bzw. Auslegungsmodellen sein.

c) Beispiel: Modelle der Rechtsfortbildung

Modelle der Rechtsfortbildung sollten nach dem hier vertretenen Ansatz z.B. den Unterschied zur Auslegung formal definieren. Hier wird typischerweise an den möglichen Wortsinn angeknüpft.[46] Unabhängig vom jeweiligen Modell von Rechtsfortbildung, die somit definitionsgemäß wohl stets jenseits des gerade noch möglichen Wortsinnes stattfindet, müssen wohl Assoziationen zu „Begriffsnetzen" führen, wobei die Zeichen, die die Rechtsnorm mit dem typischen Sachverhalt verknüpfen, ihrerseits (logisch) mit Zeichen verknüpft werden, die den zu regelnden (untypischen) Sachverhalt über den „Umweg" des abstrakteren Rechtsgedankens wieder mit der genannten Rechtsnorm verknüpfen.

Diese Verknüpfungen im „Begriffsnetz" dürften jedenfalls auf wenigstens gerade noch denkbaren Assoziationen als Grundlage für einen solchen Zuordnungsprozess von Sachverhalt/Bedeutung und Normtext beruhen.

Da die Verknüpfungen jenseits des Wortlautes, wie oben geschildert, über den Umweg eines erst zu konstruierenden abstrakten Rechtsgedankens erfolgen können, ist weiter auch in diesem Zusammenhang zu fragen: Wie kommt man zu einer solchen abstrakteren Vergleichsbasis, um eine Lücke zu definieren, bzw. um den notwendigen abstrakten Rechtsgedanken überhaupt „nach oben" aus der Rechtsnorm zu entwickeln? Erfolgt dieser „Prozess" der Einbindung dieses abstrakten Rechtsgedankens in das Begriffsnetz der gegeben Rechtsnorm, z.B.

---

[44] z.B. *Axel Adrian*, Grundprobleme einer juristischen (gemeinschaftsrechtlichen) Methodenlehre, 1. Aufl., Berlin 2009, S. 822 f. m.w.H. auf Klatt und S. 940.

[45] Vgl. auch die Ausführungen unten unter lit. d) und zu der berühmten Redewendung von Karl Engisch: *Karl Engisch,* Logische Studien zur Gesetzesanwendung, 3. Aufl., Heidelberg 1963, S. 15 und *Axel Adrian,* Grundprobleme einer juristischen (gemeinschaftsrechtlichen) Methodenlehre, 1. Aufl., Berlin 2009, S. 792 f., 799, 818.

[46] *Reinhold Zippelius,* Juristische Methodenlehre, 11. Aufl., München 2012, S. 39 ff.

durch Induktion oder durch Abduktion?⁴⁷ Wie sind diese Vorgänge zu strukturieren? Welche Spielräume entstehen hier für den Richter, bei diesen nicht zwingenden Schlüssen? Nach welchen methodischen Regeln hat der Richter mit diesen Spielräumen umzugehen? Insbesondere ist wieder zu fragen, wann mit dem iterativen Prozess der zur Konstruktion dieses sog. „Ähnlichkeitskreises"⁴⁸, der eine Grenze für die zulässige Rechtsfortbildung darstellen müsste, abzubrechen ist? Kann ein abstraktes Maß angegeben werden, wann diese Entfernung der (Fall-)Norm⁴⁹ und deren Entwicklung weg vom Gesetz, d.h. weg vom gesetzlich geregelten Sachverhalt, z.B. durch Induktion und Abduktion (als „Konstruktion kleinerer Schachteln in größeren Schachteln") abzubrechen ist?

Die selbstreferentielle Untersuchung⁵⁰ der Sprachfassungen der Befugnisnormen der Art. 19 EUV und Art. 267 AEUV zeigt, dass z.B. die deutsche oder niederländische Sprachfassung wohl nicht vom weiten Begriff der „Interpretation" ausgeht, wie dies dagegen z.B. bei der englischen, französischen, portugiesischen oder spanischen Sprachfassung der Fall ist, sondern von dem engeren Begriff der „Auslegung". Nach der engeren deutschen oder niederländischen Sprachfassung ist damit die Durchführung von Rechtsfortbildung durch den EuGH überhaupt nur aufgrund analoger Anwendung des deutschen bzw. niederländischen Wortlautes konstruierbar, wenn „Rechtsfortbildung" als jenseits der Wortlautgrenze von „Auslegung" definiert ist. Dies gilt aber nicht bei anderen Sprachfassungen.⁵¹

Im Ergebnis können beispielhaft bei der Befugnisnormgrenze zur Rechtsfortbildung verschiedene Analogiemodelle, z.B. über den oben angesprochenen sog. „Ähnlichkeitskreis", aber auch über die Mehrsprachigkeit des Gemeinschaftsrechts, etc., also verschiedene, denkbare formale Grenzlinien aufgezeigt werden.⁵² Entscheidend dürfte, unabhängig vom jeweiligen Modell, aber sein, ob auch zur Verwirklichung des Demokratieprinzips, Wortbedeutungen, die das Gericht im Rahmen der Interpretation als maßgeblich anwendet, durch (gerade noch) übliche, wenn auch nur mittelbare Assoziationen vieler oder wenigstens

---

⁴⁷ Vgl. zur Deduktion, Induktion und Abduktion und deren Funktionsweise z.B. insbesondere *Joachim Lege,* in: Gabriel/Gröschner (Hrsg.), Subsumtion, 1. Aufl., Tübingen 2012, S. 259 ff., insbesondere S. 268 ff., und *Joachim Lege,* Pragmatismus und Jurisprudenz, 1. Aufl., Tübingen 1999, S. 445 ff.

⁴⁸ Ulrich Klug, Juristische Logik, 4. Aufl., Berlin 1982, S. 129 ff.; vgl. auch unten lit. d).

⁴⁹ Zum Begriff der „Fallnorm" vgl. z.B. *Axel Adrian,* Grundprobleme einer juristischen (gemeinschaftsrechtlichen) Methodenlehre, 1. Aufl., Berlin 2009, S. 660 ff. m.w.N. auf Fikentscher, der den Begriff geprägt hat.

⁵⁰ *Axel Adrian,* Grundprobleme einer juristischen (gemeinschaftsrechtlichen) Methodenlehre, 1. Aufl., Berlin 2009, S. 544 ff.

⁵¹ *Axel Adrian,* Grundprobleme einer juristischen (gemeinschaftsrechtlichen) Methodenlehre, 1. Aufl., Berlin 2009, S. 545.

⁵² *Axel Adrian,* Grundprobleme einer juristischen (gemeinschaftsrechtlichen) Methodenlehre, 1. Aufl., Berlin 2009, S. 914 und Abb. 18 und 19 auf S. 918 f.

einiger EU-Bürger, mit dem Wortlaut der Rechtsnorm in Bezug gebracht werden können. Je nach Ähnlichkeitskreis bzw. je nach Konstruktion der Verhältnisse der Sprachfassungen, ist der Umfang der Befugnisnormen zur Rechtsprechung, und hier zur Rechtsfortbildung, größer oder kleiner.[53]

Es ist dann aber weiter „formal" zu fragen: Wie mittelbar darf die Assoziation sein, die Wortlaut und Bedeutung jenseits des möglichen Wortsinnes gerade noch verknüpft? Welche Sprachfassungen sollen bei Normen, die in verschiedenen Sprachen gelten, für die Frage der mittelbaren Assoziationen entscheidend sein? Die engste oder die weiteste Sprachfassung? Oder eine Schnittmenge der Sprachfassungen, die z. B. über das Kriterium konstruiert wird, dass die erforderliche Assoziation den zahlenmäßig meisten Rechtsunterworfenen gemein ist, etc.?[54]

Auch diese Fragen können nur Beispiele für notwendige Diskussionen über Strukturierungsmöglichkeiten sein. Dennoch kann „formal", unabhängig vom jeweiligen Modell von Rechtsfortbildung, jedenfalls festgestellt werden: Wenn der EuGH gem. Art. 19 EUV oder Art. 267 AEUV den Gesetzesworten Bedeutungen assoziativ zuweist, die für keinen „EU-Bürger" in keiner Amtssprache üblich wären, also zu weit jenseits der Menge möglicher (über Assoziationen vermittelter) Wortbedeutungen liegen, dann überschreitet der EuGH seine Rechtsprechungsbefugnis. Dann liegt wohl jedenfalls unzulässige Rechtsfortbildung vor.[55] Ob die nötige vermittelnde Assoziation von Rechtsunterworfenen als gegeben angenommen werden kann oder nicht, könnte dann jeweils, z. B. mit Bedeutungswörterbüchern überprüft werden. Dies könnte wohl durch Computerprogramme unterstützt werden, die ähnlich funktionieren könnten, wie z. B. Spracherkennungs- oder Übersetzungsprogramme.

d) Allgemein zum „Halteproblem" bei Modellen der historischen Auslegung, der Subsumtion oder der Rechtsfortbildung

Bei der Modellierung der historischen Auslegung ist methodisch erforderlich, dass das Zeichen, welches untersucht wird, „ausgewechselt" werden muss. Man legt das Gesetzbuch mit dem Wortzeichen, dessen Bedeutung man kohärent im Begriffsnetz konstruieren will, also z. B. das BGB weg und blickt auf das „dahinterliegende" Zeichen, also z. B. die Wortzeichen in den Protokollen zum BGB, die der Gesetzesbegründung dienten. Dieses (andere) historische Zeichen untersucht man nun wieder, wie üblich, nach den Routinen, Wortlaut, System, Teleologie und Historie, um dessen Bedeutung kohärent zu konstruieren. Bei der letzt-

---

[53] Vgl. *Axel Adrian,* Grundprobleme einer juristischen (gemeinschaftsrechtlichen) Methodenlehre, 1. Aufl., Berlin 2009, Abb. 21., S. 942.
[54] Vgl. *Axel Adrian,* Grundprobleme einer juristischen (gemeinschaftsrechtlichen) Methodenlehre, 1. Aufl., Berlin 2009, S. 938 ff.
[55] *Axel Adrian,* Grundprobleme einer juristischen (gemeinschaftsrechtlichen) Methodenlehre, 1. Aufl., Berlin 2009, S. 938 ff. insbesondere Abb. 21 auf S. 943.

1. Konsequenzen für die juristische Methodenlehre

genannten Routine richtet man den Blick aber wieder auf ein anderes, neues Zeichen, z. B. den Notizzettel einer Person, die maßgeblich an der Formulierung der Protokolle zum BGB mitgearbeitet hat.[56] Es geht dann wieder von vorne los. Wortlaut, Zusammenhang, Telos und Geschichte werden diskutiert. Es werden immer neue weitere, „tiefer liegende" Zeichen in das Begriffsnetz einbezogen.[57] Die Auslegungsroutinen der Methodenlehre können so eine Bedeutungskonstruktion möglichst holistisch ermöglichen. Dabei „explodiert" aber notwendig die Menge der zu verarbeitenden Informationen.[58] Um dies zu vermeiden, muss man diese Prozedur ab einem bestimmten Punkt abbrechen. Denn der Untersuchungsprozess kann aus prinzipiellen Gründen nie zum Stillstand kommen, denn es gibt stets ein „noch tiefer liegendes Zeichen".[59]

Dieses Problem eines infiniten Regresses soll durch nachfolgende Abbildung verdeutlicht werden:

Abbildung 5: Selbstähnlichkeit formaler Systeme
am Beispiel der historischen Auslegung

---

[56] Die Einbeziehung von nichturkundlichen Zeugnissen wird z. T. aber abgelehnt, ob aus praktischen oder juristischen Gründen; vgl. z. B. *Franz Bydlinski*, Juristische Methodenlehre und Rechtsbegriff, 2. Aufl., Wien/New York 1991, S. 449 f.

[57] *Axel Adrian*, Grundprobleme einer juristischen (gemeinschaftsrechtlichen) Methodenlehre, 1. Aufl., Berlin 2009, S. 850 f.; *Axel Adrian,* Wie wissenschaftlich ist die Rechtswissenschaft?, in: RECHTSTHEORIE 2010, S. 533 f.; *Gerhard Struck*, Gesetz und Chaos in Naturwissenschaft und Rechtswissenschaft, in: JuS 1993, 992 ff. (995 f.).

[58] *Axel Adrian,* Grundprobleme einer juristischen (gemeinschaftsrechtlichen) Methodenlehre, 1. Aufl., Berlin 2009, z. B. S. 774 f.

[59] Allgemein für die Rechtswissenschaft: *Friedrich Müller/Ralph Christensen,* Europarecht, 3. Aufl., Berlin 2012, S. 52 ff.: „Unendlichkeit der Kontexte"; für die Logik bzw. Mathematik: *Bart Kosko,* Die Zukunft ist fuzzy, 1. Aufl., München 2001, S. 257 ff.: prinzipiell keine Unterscheidbarkeit zwischen sog. „lokalem und globalem Minimum". Zur interdisziplinären Betrachtung: *Axel Adrian,* Grundprobleme einer juristischen (gemeinschaftsrechtlichen) Methodenlehre, 1. Aufl., Berlin 2009, S. 731 ff. (bes. 732).

Wann der Punkt erreicht ist, an dem methodenkonform abgebrochen werden darf, ist nach dem hier vertretenen Ansatz durch eine Methodenlehre explizit zu machen. Vergleichbar dem, wie auch in der Mathematik mit sog. „Halteproblemen" gearbeitet werden muss und wird.[60] Ein mögliches Modell für die hier gesuchte Methodenregel könnte z. B. lauten:

> „Wenn die untersuchten Zeichen drei Mal hintereinander ausgewechselt wurden und das Auslegungsergebnis dennoch gleichgeblieben (invariant) ist, dann muss das tiefer liegende Zeichen nicht mehr untersucht werden."

Ein anderes Beispiel könnte sein:

> „Wenn das nächstliegende Zeichen älter als X Jahre ist, ist es nicht mehr relevant. Die Untersuchung kann abgebrochen werden."

Es könnten im Auftrag des Gesetzgebers künftig entsprechende Datensätze von Bedeutungen verschiedener (historischer) Zeichen generiert, z. B. also die Protokolle des BGB digitalisiert werden. Dann könnte die Regel lauten:

> „Untersuche die Zeichen solange diese in der Datenbank des Gesetzgebers vorhanden sind, ansonsten brich den Vorgang ab."

Der Gesetzgeber könnte dann durch demokratische Prozesse diese Datensätze variieren und so Einfluss auf die Rechtsfindung nehmen. Es könnte bzw. sollte künftig die Aufgabe einer strukturwissenschaftlichen Rechtstheorie sein, möglichst viele solche Regeln, die folgerichtig zu anderen Methodenregeln passen müssen, aufzustellen.

Ein vergleichbares „Halteproblem" tritt auch bei der Auslegung und dem, wie Karl Engisch formuliert hat, „Hin- und Herwandern des Blickes" zwischen Rechtsnorm und Sachverhalt bzw. bei den ineinander verschachtelten Subsumtionsschlüssen[61] auf, was oben bereits in den gestellten Fragen angedeutet wurde. Hier geht der Prozess der „Verschachtelungen" einerseits nach unten zum immer

---

[60] Vgl. Wikipedia unter dem Stichwort: „Das Halteproblem beschreibt eine Frage aus der theoretischen Informatik. Wenn für eine Berechnung mehrere Rechenschritte nach festen Regeln durchgeführt werden, entsteht eine Berechnungsvorschrift, ein sogenannter Algorithmus. Zur Ausführung von Algorithmen benutzt man in der theoretischen Informatik abstrakte Maschinen. Eine typische abstrakte Maschine ist die Turingmaschine. Das Halteproblem beschreibt die Frage, ob die Ausführung eines Algorithmus zu einem Ende gelangt. Obwohl das für viele Algorithmen leicht beantwortet werden kann, konnte der Mathematiker Alan Turing (1912–1954) beweisen, dass es keinen Algorithmus gibt, der diese Frage für alle möglichen Algorithmen und beliebige Eingaben beantwortet. Diesen Beweis vollzog er an einer Turingmaschine. Das Halteproblem ist somit algorithmisch *nicht entscheidbar*. Das Resultat spielt eine grundlegende Rolle in der Berechenbarkeitstheorie." *Axel Adrian,* Grundprobleme einer juristischen (gemeinschaftsrechtlichen) Methodenlehre, 1. Aufl., Berlin 2009, S. 660 FN 529; S. 717 FN 596; S. 733 FN 612 unter Hinweis auf die sog. Turingmaschine von Alan Turing, m.w.N.

[61] *Axel Adrian,* Grundprobleme einer juristischen (gemeinschaftsrechtlichen) Methodenlehre, 1. Aufl., Berlin 2009, S. 662, 790, 793, 850 ff.

Konkreteren, aber auch nach oben zum immer Abstrakteren. Prinzipiell gibt es kein Halten, da es immer noch konkreter oder immer noch abstrakter geht. So zeigt sich z. B. mit Wittgenstein – in Philosophie und Wissenschaft – das „unlösbare Problem", wer die Spielregeln für das „Sprachspiel" festlegen soll, denn diese Festlegung könnte nur wieder durch ein (übergeordnetes) Sprachspiel erfolgen u.s.f. In der Alltagswelt muss also jeder Mensch einfach mit der ersten Unterscheidung beginnen. In der juristischen Welt hat ein definiertes (letztinstanzliches) Gericht das (formale) System jeder Methodenlehre durch eine erste praktische Rechtsentscheidung in Gang zu setzen. Dennoch besteht ein Halteproblem.

Ebenso vergleichbar ist das „Halteproblem" bei den ineinander und miteinander verschachtelten „Begriffsnetzen", die erforderlich sind, um die abstrakte Norm bzw. den „Ähnlichkeitskreis" aus der gegebenen Rechtsnorm zu entwickeln, was z. B. für die Feststellung der „Lücke" zur Rechtsfortbildung erforderlich ist. Auch dies wurde oben bereits in den gestellten Fragen angedeutet. Es könnten bzw. müssten also z. B. auch Regeln formuliert werden, um beurteilen zu können, wann z. B. die Konstruktion einer Rechtsanalogie durch ausreichend viele „Verknüpfungen" zu anderen Rechtsnormen begründet ist, bzw. wann dieser „Verknüpfungs- bzw. Verschachtelungsprozess" beendet werden darf.

2. Rechtswissenschaft im Wettbewerb mit den Natur- und Strukturwissenschaften

Nach der Analyse der Zweifel in postmoderner und zeitgenössische Philosophie und nach dem Vergleich mit anderen Wissenschaften ist m. E. festzustellen: Man kann der Rechtswissenschaft zu recht „vorwerfen"[62], dass es bis heute unterlassen wird, zu fordern, sich für die zu diskutierenden Theorien bzw. die zu entscheidenden Rechtsfälle vorab auf eine bestimmte Methode und Wissenschaftstheorie festzulegen, bzw. sich selbst zu einer der möglichen Methoden zu verpflichten.

Daher ist man vor Gericht (und auf hoher See) immer noch „in Gottes Hand", obwohl die Mathematiker und Naturwissenschaftler es auch heute schaffen, trotz Dekonstruktivismus und Verlust sämtlicher denkbarer Richtigkeitskriterien, verlässliche, weil widerspruchsfreie und selbstbezügliche, und auch noch gangbare, viable, brauchbare oder wenigstens praktisch nützliche und vor allem (bis zur Grenze der Regelexplosion) nachprüfbare Ergebnisse und Voraussagen zu liefern.[63]

---

[62] Zum sog. „science war" vgl. bereits oben Kapitel II. bei FN 13 und Kapitel V. FN 17, sowie oben Ziff. IV. 5.

[63] Einer der renomiertesten Demographen äußert allerdings massive Kritik am Konstruktivismus, der gerade in der Sozialwissenschaft durch Luhmann zu großem Einfluss gekommen ist. Siehe *Herwig Birg*, Die Demographische Zeitenwende, 2. Aufl., Mün-

V. Ergebnisse und Konsequenzen

Die Rechtswissenschaft ist seit jeher die „zuständige" Wissenschaft für Normen. Nach den hier dargestellten Zweifeln an der Realität und den dennoch verbliebenen Möglichkeiten, Regeln mit normativer Qualität aufzustellen, die sicherstellen, dass widerspruchsfreie und selbstreferentielle Strukturen konstruiert werden können, müssten die Rechtswissenschaften „aufgeblüht" und die Naturwissenschaften eigentlich in eine Krise geraten sein. Es ist aber gerade umgekehrt. Wir haben zwar einen „Vorteil" durch die Erfahrung im Umgang mit

---

chen 2001, S. 201 ff.: „Das Thema der Bevölkerungsentwicklung kommt in der modernen Soziologie nur am Rande vor. Aber so wie zu jeder Gesellschaft eine Bevölkerung gehört, so zu jeder Gesellschaftstheorie eine Bevölkerungstheorie. Mit einer Gesellschaftstheorie, die ohne bevölkerungstheoretische Aussagen auszukommen glaubt, stimmt etwas nicht. Was Niklas Luhmann, der bekannteste und wichtigste Gesellschaftstheoretiker in Deutschland, zu diesem Thema sagt, unterscheidet sich nicht von den Allerweltsvorstellungen seiner Zeitgenossen über die Gefahren der Bevölkerungsexplosion in der Dritten Welt. (...) Der beklagenswerte Zustand der Gesellschaftstheorie unserer Tage kommt nicht von ungefähr. Er rührt daher, dass sich die soziale Wirklichkeit – im Gegensatz zu den Daten in den Naturwissenschaften – als Gegenstand und als Korrektiv haltloser Theorien ungestraft ignorieren und verharmlosen lässt. Das wirksamste Verharmlosungsmittel ist die Methode, die soziale Wirklichkeit als bloßes ‚Konstrukt' zu definieren, was dazu führt, dass sie schließlich auch so behandelt wird. Denn als ein bloßes Konstrukt wird die soziale Wirklichkeit vom intellektuellen Potential des Betrachters bzw. des Konstrukteurs auf eine nahezu unkontrollierbare Art abhängig gemacht und auf diese Weise zur Disposition der Diskursteilnehmer gestellt, die sie dann, wie es nur konsequent ist, in ihren Theorieentwürfen der Beliebigkeit anheimgeben, und als etwas primär theoretisch Interessantes, beinahe wie eine Belanglosigkeit behandeln. Dabei stehen hinter dem Konstruktivismus keine neuen erkenntnistheoretischen Einsichten, denn auf dem Gebiet der Erkenntnistheorie hat der Konstruktivismus dem im 18. Jahrhundert von I. Kant in der ‚Kritik der reinen Vernunft' erreichten Stand des Wissens nichts hinzugefügt. Er ist eine für das 20. Jahrhundert typische Attitüde, die auf der Überbewertung des Politischen beruht, dessen Bedeutung als Medium aller Wirklichkeitserfahrung vom Konstruktivismus verabsolutiert wird. Wenn für denkende Menschen, für das philosophische Bewusstsein als allgemeinstem Ausdruck des Denkens, die politische Bedingtheit aller Erfahrung tatsächlich so ‚konstitutiv' ist, wie dies in der heute dominierenden Schulrichtung der Sozialwissenschaft behauptet wird, dann kann es gerade mit der politischen Relevanz dieses Bewusstseins nicht weit her sein, weil nichts zu wissen oder Nicht-Wissen-Wollen – gleich aus welchen Gründen – immer bedeutet, dass potentiell mögliche, aber ausgeschlagene intellektuelle Erfahrungen auch nicht politisch wirksam werden können und zu seinem notwendigerweise ‚falschen' politischen Bewusstsein führen, dessen ‚Konstruktionen' der sozialen Wirklichkeit dann ebenso falsch sein müssen. So lange diese Konstruktionen nur auf dem Reißbrett der Theorie existieren, mag das für die Welt außerhalb der Seminarräume als belanglos erscheinen. Aber die Gedanken finden ihren Weg aus den Seminarräumen und gelangen in die Seelen der Menschen, wo sie deren Ideen nähren und sich in Handlungen niederschlagen, ohne dass es möglich wäre, die Wege im Einzelnen zu verfolgen, auf denen dies geschieht. Der Anspruch der Theoretiker auf politische Relevanz macht mit diesen Ideen Ernst, und es ist immer die Vorstellung – die Theorie – die sich mit Hilfe der Politik eine Welt nach ihrem Bilde schafft. Es gibt keine Wahrnehmung und Beobachtung ohne ein theoretisches Vorverständnis, aber auch kein Verstehen ohne Wissen und ohne Wahrnehmung. Aus dieser Kette von Gliedern kann nur das Element Wissen willkürlich herausgelöst, manipuliert oder auch partiell negiert werden. Dagegen gründen sich die Wahrnehmung und das Verstehen auf Vorgänge, die sich unserer Kontrolle stärker entziehen und daher niemals vollkommen zur Disposition stehen."

Normen⁶⁴, aber wir haben einen viel größeren „Nachteil" in der Integration strukturwissenschaftlicher Erkenntnisse in die Rechtswissenschaft. Physiker, Ingenieure oder Mathematiker würden wohl nicht auf die Idee kommen, komplexe Probleme ohne komplexe strukturwissenschaftliche (hier konkret mathematische) Modelle, und ohne Computerunterstützung, zu lösen zu versuchen.

Nur wir Rechtswissenschaftler scheinen in der Mehrheit immer noch zu glauben, komplexe Sachverhalte mit komplexen Rechtssystemen verarbeiten zu können, ohne den Mesokosmos mittels Algorithmen, Kalkülen, Mathematik, Computer, etc. verlassen zu müssen. Es ist daher kein Wunder, wenn uns moderne Strukturwissenschaftler für die Jurisprudenz die Wissenschaftlichkeit absprechen.⁶⁵ So kann z.B. kein Richter die über 20 (gleichberechtigt) maßgeblichen Amtssprachen des Europarechts, „parallel" zur Anwendung auf einen Sachverhalt geistig präsent haben. Eine Computeranwendung zur konsolidierenden Verarbeitung aller Sprachfassungen wäre also eine Möglichkeit, um aus dem Mesokosmos auszusteigen.⁶⁶ Damit ist hier aber ganz allgemein auch für die Forschungen und Leistungen der Rechtsinformatik zu plädieren.⁶⁷

Es ist Reinhold Zippelius zwar Recht zu geben, wenn er fordert, in der „Schmiegsamkeit"⁶⁸ des Rechts einen Vorteil zu sehen, aber diese muss m.E. durch die Ermessens- und Auswahlentscheidungen des Richters erreicht werden

---

⁶⁴ Obwohl z.B. mit der klassischen Aussagenlogik typischerweise Tatsachenfeststellungen formalisiert und auf Schlüssigkeit überprüft werden, endet der „Rundgang" durch die „revolutionären" Entwicklungen der wissenschaftlichen Erkenntnisse, aus denen die postmodernen Zweifel resultieren, beim Indikationenkalkül George Spencer-Browns. Diese Gesetze der Form „sind keine Beschreibungen, sie sind Befehle, Aufforderungen: ‚Handle!' (…) eine Ermahnung (…) den schöpferischen Akt zu vollziehen." Wie *Heinz von Förster*, in: Baecker, Kalkül der Form, 1. Aufl., Suhrkamp, Frankfurt a.M. 1993, S. 9, deutlich macht. Alles ist „Sollen", auf ein „Sein" kann es nicht ankommen. Auch eine exakte Tatsachenfeststellung in der Physik setzt also eine Sollensnorm voraus, die regelt, wie die Feststellung zu erfolgen hat. Vgl. hierzu bereits *Axel Adrian*, Grundprobleme einer juristischen (gemeinschaftsrechtlichen) Methodenlehre, 1. Aufl., Berlin 2009, S. 696 FN 573 a.E., sowie S. 756 ff., *Axel Adrian*, Wie wissenschaftlich ist die Rechtswissenschaft?, in: RECHTSTHEORIE 2010, S. 524 f., 543, 545 f.

⁶⁵ Nicht zu vergessen ist dabei aber, dass mit der Einordnung einer Disziplin als Wissenschaft auch ein größerer Umfang an finanzieller Ausstattung verbunden sein dürfte. Vgl. *Hans Jörg Sandkühler* (Hrsg.), Enzyklopädie Philosophie, 1. Aufl., Hamburg 2010, Bd. 3, S. 3025.

⁶⁶ Vgl. bereits *Erich Schweighöfer*, Rechtsinformatik und Wissensrepräsentation, Automatische Textanalyse im Völkerrecht und Europarecht, 1. Aufl., Wien 1999, aber auch die aktuellen rechtlichen Diskussionen über die Rechte an z.B. digitalen Datensätzen des BVerfG, insbesondere VGH Baden-Württemberg Urteil vom 7.5.2013, Aktenzeichen 10 S 281/12; Kommentar zu diesem Urteil in „Die Zeit" N° 24 (6. Juni 2013), S. 25.

⁶⁷ Vgl. auch oben Ziff. IV. 5. am Ende, sowie die Hinweise dort in FN 162 und die Hinweise bei *Klaus F. Röhl/Hans Christian Röhl*, Allgemeine Rechtslehre, 3. Aufl., München 2008, S. 134, auf www.staff.science.uu.nl.

⁶⁸ *Reinhold Zippelius*, Juristische Methodenlehre, 11. Aufl., München 2012, S. 39.

und nicht durch die formalen Methodenmodelle. Die Ermessens- und Auswahlentscheidungen müssen dabei vielmehr entsprechend der Methodenmodelle auch formal explizit gemacht werden. Dem hier vertretenen Ansatz könnte entgegen gehalten werden, dass in einem Gerichtssaal weniger wissenschaftliche, als vielmehr „handwerkliche" Methoden anzuwenden sein sollten. Dennoch bleibt festzuhalten, dass unabhängig davon die verfassungsrechtlich gebotene Nachvollziehbarkeit von Entscheidungen, wie gezeigt, wohl nur mit Form und Logik erreicht werden kann. Eine andere Frage ist, ob es uns jemals gelingen wird, so viel strukturwissenschaftliche Form wie nötig, notfalls mit Computerunterstützung, etc., in den Prozess der juristischen Methodenlehre zu bringen, um trotz der zeitgenössischen philosophischen Zweifel verlässliche Rechtswissenschaft zu betreiben und eine Justiz zu unterhalten, die die mögliche Orientierungssicherheit trotz allem gewähren kann. Würde dies verneint werden, wären unsere Entscheidungen als Juristen nicht nur nicht wissenschaftlich, sondern auch prinzipiell nicht verlässlich und nicht vorhersehbar. Es gilt: Ohne Form keine Orientierungsgewissheit.

3. Bestätigung der provokativen These

Der Richter also, z. B. der EuGH, muss also aktiv und explizit, aus der Menge möglicher folgerichtiger Rechtsanwendungsmodelle (Methoden), die nach seiner Auffassung richtigen Methoden auswählen und für sich selbst als verbindlich festlegen, indem er dies in die Urteilsgründe ausdrücklich aufnimmt und seine Gedanken und Gründe aufführt. Dies ist dogmatisch aufgrund Demokratie und Rechtsstaatlichkeit geboten, da nach wissenschaftstheoretischen Analysen, mit Blick auf Logik, Physik, etc. „objektiv" ableitbare „Meta-Methoden" bzw. „Universalmethoden", die die gesuchte Bindung erzeugen könnten, prinzipiell nicht möglich sind.

Nur wenn der Richter ein durch diese Auswahlentscheidung verbindliches Modell explizit festgelegt hat, kann man prüfen, ob das Urteil methodisch korrekt ergangen ist. Nur dann ist nachprüfbar, wie die Auswahlentscheidung hinsichtlich der zugrunde gelegten Methodenmodelle erfolgt ist und ob diese Modelle in sich und in ihrem Zusammenspiel widerspruchsfrei sind. Nur, wenn so die Methoden zur Methodenlehre „geronnen" sind, kann man prüfen, ob die mit diesen juristischen Methoden erfolgten Auswahlentscheidungen und Konstruktionen materiell-rechtlicher Begriffsnetze widerspruchsfrei sind.

Es gibt keinen nachvollziehbaren Grund dafür, die Begriffsnetze, die die juristischen Methoden konstruieren, von denjenigen, die die materiellen Rechtsinstitute konstruieren, zu unterscheiden und für diese Begriffsnetze unterschiedliche Konzepte anzunehmen. Alles sollte ein großes, möglichst komplexes und dennoch nachvollziehbar widerspruchsfreies, einheitliches Begriffsnetz sein.

Daher gilt für jede mögliche/denkbare juristische Methodenlehre, sogar unter Zugrundelegung wohl jeder zeitgenössischen Philosophie, die die genannten postmodernen Zweifel teilt und eine mögliche Letztbegründung von Erkenntnissen verneint: Ein Gerichtsurteil, welches nicht auf die, diesem zu Grunde liegende (selbstgewählte) juristische Methodenlehre Bezug nimmt, ist bereits aus diesem Grund falsch. Dies dürfte für die weit überwiegende Zahl von Urteilen zutreffen.

Wir brechen „zu frühzeitig" einen noch möglichen „logischen Prozess" ab und stützen uns zu schnell z. B. auf die „Richterpersönlichkeit".[69] Die historische Auslegungsprozedur wird z. B. nach dem „Rechtsgefühl" des Richters abgebrochen und nicht aufgrund von strukturwissenschaftlich formulierten allgemeinen Regeln.

4. Konsequenzen für die juristische Ausbildung und Wissenschaft

Ist zeitgenössische bzw. postmoderne Philosophie ein abgehobenes, theoretisches, lebensfremdes Thema? Nein, es ist m. E. nicht nur praktisch für die Juristenausbildung von Nutzen, sondern es sollte in größerem Umfang als bisher Eingang in den „Stoffplan" finden. Wer die völlige Dekonstruktion seiner Welterkenntnisse, Wertvorstellungen und Hoffnungen durch die (intensive) Beschäftigung mit den Zweifeln postmoderner Philosophie selbst durchlebt hat, wird vielleicht

- demütig vor der einzig verbliebenen Aufgabe stehen, komplexe „Begriffsnetze" zu konstruieren, um praktische Lebenslösungen auszuprobieren;
- anderen nicht so schnell Glauben schenken und sehr kritisch sein;
- sich selbst und seinen Eingebungen nicht vorschnell vertrauen und auch mit sich selbst kritisch sein;
- die, zwingend nur willkürlich möglichen, Begriffsbildungen immer wieder in Frage stellen und stets nur als vorläufig behandeln;
- auch diese „Vernetzungen", wie die Begriffe selbst immer wieder in Frage stellen und stets nur als vorläufig behandeln;
- um die Schwierigkeit/Unmöglichkeit wissen, andere, aber auch sich selbst und diese Begriffs- und Netzkonstruktionen zu verstehen;
- etc.

---

[69] Ganz allgemein kann auf z. T. neuere populärwissenschaftliche Literatur verwiesen werden, um Zweifel an einem „zu positivem Menschenbild" zu fördern. Aus der Psychologie: *Leon Festinger,* Theorie der kognitiven Dissonanz, 2. Aufl., Bern 2012; *Philip Zimbardo,* Der Luzifer-Effekt, 1. Aufl., Springer Spectrum (Softcover), Heidelberg 2012; (Über Stanford Prison (Gefangenen-)Experiment und Erkenntnisse aus Abu Ghraib); Aus der Geschichtswissenschaft: *Sönke Neitzel,* Abgehört, 1. Aufl., Berlin 2009; *ders.,* Soldaten, 1. Aufl., Frankfurt a. M. 2011; aus der Soziologie spezifisch in Bezug auf Richter: *Martin Morlok/Thorsten Bernd,* Richterbilder, 1. Aufl., Wiesbaden 2010.

also sich zu der „Richterpersönlichkeit" entwickeln, ohne die am Ende jeder juristischen Methodenlehre keine richtige Entscheidung garantiert werden kann.[70]

Bereits bisher liefert die Wissenschaft durch die vertretenen Theorien, wie gezeigt, zahlreiche mögliche Modelle juristischer Methoden. Insoweit ist zu befürchten, dass der vorliegende Beitrag nichts Neues zu liefern vermag, aber es sollte gezeigt werden, dass die Rechtswissenschaft trotz der Zweifel postmoderner Philosophie, strukturwissenschaftlich Antworten darauf geben muss, wie juristische Methodenlehre dennoch funktionieren kann. Auch in den anderen Wissenschaften konnte man trotz umfassender Dekonstruktion verschiedene gleichberechtigte, hochkomplexe, umfassende und dennoch widerspruchsfreie Modelle konstruieren, wenn auch durch Computerunterstützung, und wenn auch ohne Bezug zu einer einzigen allumfassenden „Weltformel". Damit muss stets eine „persönliche" Auswahlentscheidung für oder gegen ein Modell erfolgen.[71] Ebenso ist festzustellen. dass es für den Richter keine Regeln gibt, wenn er diese nicht auswählt, explizit macht und damit verbindlich festlegt. Denn es gibt keine „Meta-Regel" einer juristischen Methodenlehre und es kann auch keine solche geben.

Fazit: Es ist durch Unterscheidung eine Regel festzulegen, da es sonst überhaupt keine Regeln gibt, bis auf diese Regel.

Mit dem vorgelegten Konzept wird die Selbstbezüglichkeit, also das Gefangensein, zum Beispiel des Richters in seinem strukturwissenschaftlichen System, und sein auf-sich-selbst-Zurückgeworfensein betont. Damit könnte ein Risiko darin bestehen, dass nur für jeden Einzelfall ein eigenes strukturwissenschaftliches, widerspruchsfreies, selbstreferenzielles, etc. (Lösungs-)Modell, je abhängig von der individuell, wertenden Beurteilung des Entscheiders, besser Beobachters[72] bzw. des Richters möglich ist.[73] Es wird sozusagen zwar jeder einzelne

---

[70] Vgl. auch *Ulrich Vosgerau,* in: Funke/Lüdemann, Öffentliches Recht und Wissenschaftstheorie, 1. Aufl., Tübingen 2009, S. 202: „(...) Richter schöpfen ihr teils beträchtliches Judiz eher aus einer Art Lebensgefühl, das sie aus ihrer Lebens- und v. a. Berufserfahrung destillieren, nicht aber aus rechtstheoretischen oder -methodischen Abhandlungen über ihr angebliches Tun – so ist hierunter freilich nicht die Abwesenheit von (auch kritischer) Reflexion zu versehen. Als ‚rechtstheoretisch' zu qualifizierende Erwägungen sind z.B.: für den praktisch tätigen Rechtsanwalt durchaus ‚durchschnittliche Alltäglichkeiten'."

[71] Vgl. auch das Konzept von Sieckmann, wenn dies wohl (noch) nicht auch auf Modelle der juristischen Methodenlehre (und u.U. auch noch nicht auf die Prinzipienformulierung des Prinzipienmodells des Rechts von Sieckmann selbst) angewendet wurde, in: *Jan Sieckmann,* Recht als normatives System. Die Prinzipientheorie des Rechts, 1. Aufl., Baden-Baden 2009, S. 253 ff., wörtlich S. 254: „Der Richtigkeitsanspruch normativer Urteile ist normativ, nicht kognitiv zu verstehen." Wie hier ist Recht und Methodenlehre normativ zu sehen und nicht kognitiv zu erkennen. Dies gilt aber, nach dem hier vertretenen Ansatz, auch für diesen ersten Befehl selbst.

[72] Vgl. auch *Ralph Christensen/Hans Kudlich,* Gesetzesbindung. Vom vertikalen zum horizontalen Verständnis, 1. Aufl., Berlin 2008, S. 137 insbesondere mit Hinweis auf von Foerster: „Damit wird ganz allgemein ein letzter, hier am Begriff der Beobach-

4. Konsequenzen für die juristische Ausbildung und Wissenschaft

Fall durch seine konkrete kohärente Theorie (bis zur Regelexplosion und Grenze der Chaostheorie, etc.) korrekt behandelt. Damit könnte aber fraglich werden,

---

tung hervorzuhebender Zug sichtbar. Beobachtung schafft das von ihr Beobachtete durch die Operation des Beobachtens. Die Beobachtung der ersten Ordnung schafft durch die Unterscheidung, die sie setzt, die Welt, in die diese Unterscheidung einbezogen wird. Diejenige der zweiten Ordnung schafft durch die Bezeichnung dieser Operation der Unterscheidung den Beobachter, der sie in die Welt einzieht. Damit ist nichts anderes als das von der Systemtheorie apostrophierte Grundmoment der Autopoiesis bezeichnet. Und hier trifft sich der Begriff der Beobachtung zugleich auch mit dem Konstruktivismus. Beobachten heißt nicht auf eine Realität Bezug zu nehmen. Weder auf eine der ‚Außenwelt', noch auf eine der ‚Innenwelt' eines beobachtenden Subjekts. Vielmehr ist der Beobachter (...) eine per Unterscheiden errechnete, Unterscheidungen verwendende, rekursiv geschlossene Wirklichkeitserrechnungsmaschine, die sich selbst die Vorstellung der Unterscheidbarkeit von Beobachter und Beobachtetem (z.B.: Welt oder Gesellschaft) erzeugt. Er muss so tun, als ob er zwischen Selbst- und Fremdreferenz unterscheiden könne, aber diese Unterscheidung bleibt selbstverständlich ein ausschließlich internes Konstrukt. Aller Beobachtung liegt diese Unterscheidung zu Grunde. Er (der Beobachter) ist ‚nur' imstande, via Beobachtung eine Wirklichkeit zu erzeugen, deren Tauglichkeit (ehemals: Wahrheit, Richtigkeit, Kongruenz, Korrespondenz, Kohärenz etc.) er wiederum nicht an der Realität messen kann." mit Hinweisen auf Bardmann, Zirkularität als Standpunkt. Ein Essay zu Heinz von Foerster: Wissen und Gewissen. Versuch einer Brücke, in: Soziologische Revue 17, 1994, 298 ff., 301 und auf *von Foerster*, Das Konstruieren einer Wirklichkeit in: Waltzlawick (Hrsg.), Die erfundene Wirklichkeit. Wie wissen wir, was wir zu wissen glauben?, 1985, 37 ff., sowie auf *von Foerster*, Über das Konstruieren von Wirklichkeiten, in: ders., Wissen und Gewissen, Versuch einer Brücke, 1993, S. 25 ff.

73 Vgl. zu dem ähnlichen Problem des „Dilemma moralischer Argumente" die Hinweise bei *Jan-Reinard Sieckmann,* Recht als normatives System. Die Prinzipientheorie des Rechts, 1. Aufl., Baden-Baden 2009, S. 96: „Das Dilemma der Idee moralischer Autonomie ist, dass entweder autonome Subjekte über die für sie geltenden Normen selbst bestimmen können. Dann können sie nicht an diese Normen gebunden sein. Oder sie sind durch moralische Normen gebunden. Dann können sie nicht selbst über die für sie geltenden Normen bestimmen und sind nicht autonom. Es gibt eine Reihe von Autonomie-Konzeptionen, die ungeeignet sind, dieses Dilemma aufzulösen. Zunächst ist moralische Autonomie von der Selbstbestimmung im empirischen Sinn, also der Frage der Willensfreiheit zu unterscheiden. Es geht um Autonomie im normativen Sinn, also moralische Autonomie. Sie impliziert, dass die Geltung einer Norm nicht unabhängig von der Zustimmung der autonomen Normadressaten begründet werden kann." Die Lösung dieses Problems erfolgt bei Sieckmann dann ähnlich wie hier, indem die Normativität des Vorgangs betont wird, das heißt, alles beginnt mit einem Befehl „nicht mit einer Aussage". Vgl. *Jan-Reinard Sieckmann*, Recht als normatives System. Die Prinzipientheorie des Rechts, 1. Aufl., Baden-Baden 2009, S. 97: „Die Konzeption autonomer Argumentation schlägt einen anderen Weg ein, indem sie normative Argumente als Forderung, nicht als Aussagen interpretiert und den Kern moralischer Autonomie in der Abwägung normativer Argumente sieht. Dies erlaubt eine Konzeption der Normbegründung, die Freiheit mit Bindung kombiniert." Das Prinzipienmodell des Rechts von Sieckmann betont dann aber wohl in Anlehnung an Alexy die argumentative Struktur des Rechts, wohingegen hier die selbstkonstruierte syntaktische Form des Rechts herausgestellt werden soll. Vgl. *Jan-Reinard Sieckmann,* Recht als normatives System. Die Prinzipientheorie des Rechts, 1. Aufl., Baden-Baden 2009. S. 16: „Das Prinzipienmodell des Rechts stellt die argumentative Struktur des Rechts in den Vordergrund. Im Zentrum juristischer Argumentationen steht die Abwägung von Rechtsprinzipien. Von diesem Ansatz aus werden die Strukturen des Rechts analysiert. Der argumentative

wie dann zusätzlich zur strukturwissenschaftlich korrekten und „zwingenden" Verknüpfung von Input (Fall) und Output (Urteil) je Einzelfall und je Richter ein Bezug vergleichbarer Fälle, die von unterschiedlichen Richtern zu entscheiden sind, erzeugt werden kann und wer festlegt, wer festlegt, etc., wer zu entscheiden hat, ob Fälle überhaupt vergleichbar sind, und unter welchen Aspekten Fälle zu vergleichen sind, etc. Da jeder Fall in „Raumzeit", „Mesokosmos" und „Quantenwelt" historisch einmalig ist und die Vergleichbarkeit je nur unter bestimmten Aspekten bestehen kann, ist dies besonders unklar. Nach der hier vertretenen erkenntnistheoretischen antiempirischen Position ist ohnehin fraglich, ob man von Einzelfällen in diesem Zusammenhang sprechen kann. Gerade die Quantentheorie zeigt, dass jeder Beobachter sich und „seinen" Fall selbst erst individuell konstruiert.

Dennoch gibt es nach dem hier vertretenen Ansatz eine strukturwissenschaftliche Möglichkeit der Verknüpfung. Erstens ist jeder Richter bei seiner Entscheidung nicht nur auf sich selbst als existierendes (stoffwechselndes) Lebewesen, sondern auch auf die basalste Form des Denkens, auf die Form der Unterscheidung, zurückgeworfen. Er kann seine Existenz nicht annehmen, ohne sich bereits auf diese Form der Unterscheidung eingelassen zu haben. Er musste sich selbst von seiner Umwelt, etc. unterscheiden. Dies ist also in jeder Fallbeurteilung im Sinne der juristischen Methodenlehre formal gleich. Und zweitens können strukturwissenschaftlich zwar Einzelfälle wohl nicht zwingend eindeutig miteinander verglichen werden, aber deren aus dieser basalen Form (die auf sich selbst angewendet wird, um Strukturwissenschaft überhaupt zu erzeugen) resultierende, methodische, also strukturwissenschaftliche Verarbeitung. Daher ist es besonders wichtig in der juristischen Methodenlehre gerade zu fordern, dass der Richter nicht nur dogmatische Modelle oder Wortbedeutungen, z.B. des materiellen Rechts aus der Menge möglicher Bedeutungen bzw. aus der Menge möglicher Modelle auswählt, sondern eben auch strukturwissenschaftliche Modelle zum Beispiel der Subsumtion, etc. aus der Menge möglicher strukturwissenschaftlicher Modelle.[74] Kurz: die juristische Methode ist jedenfalls strukturwissenschaft-

---

Aspekt des Rechts wird in herkömmlichen analytischen Theorien wie denen *Hans Kelsen* oder *H. L. A. Harts* vernachlässigt, die das Recht als positives, d.h. empirisch identifizierbares Normensystem auffassen. Recht besteht hingegen nicht nur aus existierenden Normen, sondern hat als verbindliche Ordnung des gesellschaftlichen Zusammenlebens auch die Funktion, solche Normen erst zu erzeugen. Rechtserzeugung wiederum besteht nicht einfach darin, dass durch mehr oder weniger komplexe Akte Normen in Geltung gesetzt werden."

[74] *Jan C. Schur,* Rechtsdogmatik als Wissenschaft, 1. Aufl., Berlin 2006, S. 213 f. schreibt allerdings: „Die Konzepte der juristischen Methodenlehre gehören nicht in rechtliche Theorien und betreffen auch nicht ihren logischen Aufbau. Sie gehören zu eigenen Theorien über den Umgang mit rechtlichen Theorien, sind diesen gegenüber also Metatheorien (d.h. in einer sprachlichen Metaebene formulierte Theorien). Einige zentrale Begriffe der juristischen Methodenlehre sollen im folgenden in der Sprechweise von Modellen charakterisiert werden. Dabei geht es nicht so sehr um eine Klä-

4. Konsequenzen für die juristische Ausbildung und Wissenschaft 119

lich vergleichbar, wenn auch die Einzelfälle, die strukturwissenschaftlich zu beurteilen sind, aufgrund erkenntnistheoretischer prinzipieller Probleme (siehe zum Beispiel Quantentheorie) wohl nie wirklich vergleichbar sein dürften. Unabhängig von der zweifelhaften Möglichkeit Einzelfälle miteinander zu vergleichen, ist jedenfalls sicher, dass die prozedurale Behandlung der Einzelfälle im Sinne einer juristischen Methodenlehre ihrerseits stets vergleichbar sein dürfte.[75] Dies korrespondiert mit der Aussage von Albert Einstein am Anfang dieses Buches:

---

rung der jeweiligen Konzepte – sie sind auch ohne den Modellbegriff gut verständlich – als vielmehr darum, diese Konzepte zum Modellbegriff in Beziehung zu setzen und dabei zu zeigen, wie leistungsfähig der Modellbegriff und die mit ihm verbundenen Vorstellungen sind." Hier dagegen wird betont, dass auch die Konzepte der juristischen Methodenlehre Modelle darstellen, da es gerade nicht die eine „Subsumtion" gibt. Vielmehr müssen wir erst verschiedene Methodenmodelle konstruieren und vom Richter eine Auswahlentscheidung verlangen. Gerade Methodenkonzepte, mögen diese auch Metatheorien darstellen, sind ohne Modellbildung nicht „gut verständlich".

[75] Veranschaulicht werden könnte diese Idee vielleicht auch mit den Kartenspielen für Kinder, die man mit „Quartett" (vgl. auch bei Wikipedia unter dem Stichwort. Quartett ist unter den Namen *Happy Families* (Großbritannien), *Jeu de familles* (Frankreich), *Gioco delle famiglie* (Italien), *Authors* (Großbritannien und USA) bekannt) bezeichnet. Hier werden formal immer vier Karten zu Gruppen, also zu Quartetten, zusammengefasst und mit A1, A2, A3, A4, B1, B2, B3, B4, C1, C2, etc. bezeichnet. Dies ist bei jedem Quartett-Spiel so. Das jeweilige Quartett-Spiel unterscheidet sich von anderen dann aber dadurch, dass es Quartette für verschiedene Wissensgebiete gibt und insbesondere für verschiedene technische Themen, wie z.B. für Flugzeuge, Schiffe, Autos, Hubschrauber, Züge, etc. Auf der Karte A1 ist dann zum Beispiel ein bestimmtes Fahrzeug abgebildet und es sind diesem wesentliche technische Daten zugeordnet. Damit ist die Struktur jedes Quartett-Spiels, das heißt seine Form, definiert durch die Gruppierung der formalen Zeichen A1, A2, etc. Der Inhalt der dieser Struktur zugeordnet ist, ist aber unterschiedlich, je nachdem welches Quartett man spielt. Es gibt nun das Ziel bis Spielende möglichst viele Quartette durch Fragen, wie z.B. „hast Du die Karte A2?" zu sammeln. Hat der Befragte die Karte muss er diese herausgeben, und man darf weiter fragen. Hat er die Karte nicht, ist der andere am Zug. Es gibt mit denselben Karten aber auch das Spiel über Fragen, wie z.B. „wie schnell fährt Dein Fahrzeug?", wobei stets nur die oberste Karte des Stoßes, den der Gegenspieler in der Hand hält, zu prüfen ist. Ist das Fahrzeug des Fragenden „schneller" als das des Gegenspielers bekommt er dessen Karte.
Im übertragenen Sinn wird nach dem hier vertretenen Ansatz für die Rechtswissenschaft festgestellt, dass wir Juristen uns seit jeher im Wesentlichen mit der Frage der inhaltlichen „Zuordnung" von technischen Daten zu Kraftfahrzeugen und Kraftfahrzeugen zu Bildern, und Bildern zu Karten, etc. befassen und die Frage nach welcher formalen Struktur wir mit diesen Zuordnungen überhaupt spielen, also ob wir überhaupt Quartett spielen, und welchen Spiel- oder eben Methodenregeln wir dabei folgen sollen, vernachlässigen. Es besteht dann die Gefahr, dass der Richter zwar die Zuordnungen der Gegenstände der Realität in seinen Theorien überzeugend durchführt und begründet, aber unklar bleibt, ob er überhaupt „Quartett" spielt oder ein anderes Kartenspiel. Beim „richtigen" Quartettspielen müssen sich die Spieler verständigen, ob sie die oben vorgestellte Spielvariante eins oder zwei spielen wollen, bevor sie die Karten inhaltlich betrachten.
In der Rechtswissenschaft betrachten wir sozusagen im Wesentlichen den Inhalt der Karten, noch bevor wir uns über die Spielregeln, also die Form mit diesen zu spielen, geeinigt haben. Die Spielregeln stellen dabei die verschiedenen Methodenmodelle von Subsumtion, Auslegung, Rechtsfortbildung, etc. dar, von denen es jeweils deutlich mehr

„Soweit sich die Gesetze der Mathematik auf die Wirklichkeit beziehen, sind sie nicht gewiß. Und soweit sie gewiß sind, beziehen Sie sich nicht auf die Wirklichkeit."[76]

Dabei gilt: Auch in der Mathematik geht es nicht darum zu beschreiben, wie Menschen Mathematik betreiben, sondern es ist mathematisch (normativ) zu regeln, wie Mathematik betrieben werden soll. So gibt George Spencer-Brown auch den „Befehl": „Triff eine Unterscheidung!"[77] und führt bereits im Vorwort weiter wörtlich aus:

„Es sollte beachtet werden, dass es in diesem Text (gemeint sind die Laws of Form selbst) nirgendwo einen Satz gibt, welcher besagt was oder wie irgendetwas ist. (...) Alles was geschieht, ist, dass wir angewiesen werden, einen Satz von Befehlen zu befolgen (...).“[78]

Wenn nun die Selbstbezüglichkeit und das auf sich selbst Zurückgeworfen Sein nach dem hier vertretenen Ansatz eine derart überragende Bedeutung hat, kann ganz prinzipiell bezweifelt werden, ob dann eine Verständigung zwischen zwei Subjekten und damit eine kontrollierende Diskussion von Gerichtsurteilen, selbst wenn diese sogar, wie hier gefordert, alle Auswahlentscheidungen, also auch die zu Methodenmodellen, explizit begründen würden, überhaupt möglich ist. Doch erstens kann man nach dem hier vertretenen Ansatz wenigstens von einer hypothetischen Realität und damit von einem hypothetischen Gegenüber ausgehen. Und zweitens wird nach dem hier vertretenen Ansatz (erstmalig in der Rechtswissenschaft?) betont, dass eine missverständnisfreie Kommunikation, wenn überhaupt, dann wohl nur, über syntaktischen Formalismus zu erreichen sein dürfte. Es sollten Formalismen damit also erst so spät als möglich mit se-

---

als nur zwei Varianten gibt. Nach dem hier vertretenen Ansatz muss natürlich wie auch bisher über die inhaltliche Zuordnung diskutiert werden und der Richter muss diese inhaltlichen Auswahlentscheidungen treffen und begründen. Aber dabei einen Fehler des Richters (formal) feststellen zu können, ist wohl sehr schwierig, denn jeder Einzelfall ist anders, und es bestehen insbesondere die aufgezeigten prinzipiellen erkenntnistheoretischen Probleme. Daher ist vom Richter vor allem anderen eine Auswahlentscheidung auch hinsichtlich seines methodischen Konzepts, also der Spielregeln, die unabhängig von den zu entscheidenden Einzelfällen (jedenfalls bis zu einer expliziten „Umentscheidung" durch diesen Richter) immer gleich bleiben, zu fordern. Dann sind Fehler besser, weil formal und gerade unabhängig von Einzelfällen, nachweisbar und man kann sich dem Konzept exakter Wissenschaften annähern. Ein „Subsumtionsfehler" im Einzelfall dürfte darüber hinaus als nicht so schwerwiegend angesehen werden, wie eine Abweichung vom selbstgewählten Methodenmodell, weil nur letzteres einem „logischen Fehler" gleichkommt.

[76] *Albert Einstein,* Mein Weltbild, 1. Aufl., Zürich 1979, S. 141.

[77] *George Spencer-Brown,* Gesetze der Form, 2. Aufl., Leipzig 1999, S. 3, leitet die Logik aus der normativen Mathematik ab; damit kann (Aussagen-)Logik nicht nur Tatsachen, sondern auch Normen strukturieren, und stellt selbst ein Normensystem dar. Daher geht die Unterscheidung von Sein und Sollen ins Leere.

[78] *George Spencer-Brown,* Gesetze der Form, 2. Aufl., Leipzig 1999, S. X; vgl. dazu auch *Felix Lau,* Die Form der Paradoxie. Eine Einführung in die Mathematik und Philosophie der „Laws of Form" von G. Spencer-Brown, 4. Aufl., Heidelberg 2012, S. 108 ff.

mantischem Inhalt und damit mit Unsicherheit befrachtet werden. Dies zeigt aber gerade auch, entgegen der Auffassung von Schuhr[79], dass es auch in der Rechtswissenschaft nicht ohne modernen strukturwissenschaftlichen Formalismus gehen kann. Wir müssen uns also auch mit den „Hieroglyphen" der modernen Logik, etc. befassen. Die Mathematik ist international praktizierbar, gerade weil diese hochgradig formal formuliert ist. Und wir diskutieren in der Rechtswissenschaft an dieser Stelle gerade, ob erkenntnis- und wissenschaftstheoretisch eine gute Urteilsbegründung eines Richters überhaupt prinzipiell von einem anderen nachvollzogen werden kann. Alle hier geforderte Axiomatisierung und alle strukturwissenschaftliche Formalisierung findet ihre Grenze dann jedoch prinzipiell an der Regelexplosion und kann daher für die durch jede juristische Methodenlehre geforderte Rechtssicherheit nur unter den Einschränkungen z.B. auch der Chaostheorie oder den Phänomenen der nichttrivialen Maschinen Bedeutung erlangen, da selbst bei angenommener strenger (strukturwissenschaftlicher) Determiniertheit prinzipiell nur eine begrenzte Voraussagbarkeit des Outputs erreichbar ist, wenn der Input eine bestimmte Komplexitätsschwelle übersteigt.

5. Grundzüge einer allgemeinen Wissenschaftstheorie auch für Juristen

So kann versucht werden, allgemeine Kriterien von Wissenschaft im Sinne einer allgemeinen Wissenschaftstheorie wie folgt zusammenzufassen: Die entscheidende Rolle spielt die Strukturwissenschaft, also die Logik und die Mathematik, insbesondere strenge, zwingende Schlüsse der Deduktion und der mathematischen, vollständigen Induktion. Es sind durch formale axiomatische Systeme Widerspruchsfreiheit und Zirkelfreiheit sicherzustellen. Dies funktioniert nach „klassischem" Verständnis bis zu den Paradoxieproblemen. Jenseits der Grenze der Paradoxien sind derzeit mathematische und auch logische Modelle nicht weiterführend.[80]

Um die Hauptprobleme des infiniten Regresses und des circulus vitiosus zu vermeiden, ist für die formalen Systeme entscheidend, dass diese „auf sich selbst zurückgeführt" werden können. Es geht um die konstruktive Verarbeitung der Phänomene von Selbstähnlichkeit, Selbstbezüglichkeit, Selbstreferenz und Selbstanwendbarkeit. Auch hier geht es letztendlich nicht ohne „Entscheidungen", da

---

[79] Jan C. Schuhr, Axiomatic method and the law, in: Neumann/Günther/Schulz (Org.), 25th IVR World Congress: Law, Science and Technology, Frankfurt a.M. 15–20 August 2011, Paper Series Nr. 38, Series A (Methodology, Logics, Hermeneutics, Linguistics, Law and Finance), 2012, urn:nbn:de:hebis:30:3-248968, S. 6: „Axiomatized theories need not be presented in a formula code."

[80] Mit *Gunther Teubner*, Recht als autopoietisches System, 1. Aufl., Frankfurt a.M., 1989, S.16 ist aber darauf hinzuweisen: „Selbstreferenzen, Paradoxa und Unbestimmtheiten sind Realprobleme der gesellschaftlichen Probleme, nicht bloße Fehler im gedanklichen Rekonstruieren dieser Wirklichkeit."

spätestens seit Kurt Gödel bekannt ist, dass kein formales System gleichzeitig vollständig und widerspruchsfrei sein kann. Es können also nur verschiedene formale Systeme nebeneinander eingesetzt werden. Es gibt, ohne „Entscheidung" zwischen diesen Systemen keine Letztbegründung. Mit diesen Grundzügen könnte nun eine empirisch, ontologisch, epistemologisch „reine" allgemeine Wissenschaftstheorie (aus der eine „reine Rechtstheorie" in Anlehnung an Hans Kelsens „Reine Rechtslehre" abgeleitet werden könnte) begründet werden, die den Unterschied von Natur- und Geisteswissenschaften nicht (mehr) kennt.

Diese allgemeine Wissenschaftstheorie kann dann je nach (natur- oder geisteswissenschaftlichem) Theoriegegenstand an verschiedene besondere Disziplinen angeknüpft werden.[81] So können z. B. Fragen der Viabilität i. S. v. Ernst von Glasersfeld für naturwissenschaftliche oder Fragen der Pragmatik und Ästhetik i. S. v. Joachim Lege oder Fragen der Akzeptanz durch eine Mehrheit i. S. v. Reinhold Zippelius für rechtswissenschaftliche Bezüge zur (hypothetischen) „Realität" eine Rolle spielen. Auch hierfür sind wieder strukturwissenschaftliche Überlegungen, also Logik und Mathematik relevant, aber eben nicht als den Bereich

---

[81] Hier kann dann die „Rechtswissenschaftstheorie" von *Matthias Jestaedt/Oliver Lepsius,* Rechtswissenschaftstheorie, 1. Aufl., Tübingen 2008 anknüpfen. Vgl. insbesondere *Matthias Jestaedt,* in: Jestaedt/Lepsius, Rechtswissenschaftstheorie, 1. Aufl., Tübingen 2008, S. 190 und den Hinweis auf die Interdisziplinarität und den Nutzen, den Rechtswissenschaft von Nachbarwissenschaften ziehen kann; vgl. auch Matthias Jestaedt, in: Funke/Lüdemann, Öffentliches Recht und Wissenschaftstheorie, 1. Aufl., Tübingen 2009, S. 20 einerseits: „Ist „Recht" nur das Attribut der Wissenschaftstheorie, so handelt es sich bei der Rechtswissenschaftstheorie um nichts anderes als den juridischen Ableger der – allgemeinen – Wissenschaftstheorie, sozusagen um den Besonderen Teil der Wissenschaftstheorie für die Jurisprudenz. Im Fokus der Überlegungen stünde folglich die Wissenschaftlichkeit der Jurisprudenz, damit insbesondere die Fragen, ob und gegebenenfalls wie weit die Jurisprudenz Strukturkongruenzen mit anderen Wissenschaften – Natur-, Sozial- und Geisteswissenschaften – aufweist, ob überhaupt ein und gegebenenfalls welcher Platz der Rechtswissenschaft im Kreise der (anderen) Wissenschaften zukommt. Just in Deutschland hat die Frage nach der Wissenschaftlichkeit oder auch nach dem Wissenschaftsstatus der eignen Disziplin nicht nur Rechtspraktiker, sondern auch und gerade skrupulöse Rechtswissenschaftler immer wieder umgetrieben. Namentlich in der zweiten Hälfte des 10. und in der ersten Dekaden des 20. Jahrhunderts entbrannte eine großflächige Kontroverse. *Julius von Kirchmanns* wenig freundliches Verdikt von der „Werthlosigkeit der Jurisprudenz als Wissenschaft" konkurrierte mit ähnlichen abfälligen Charakterisierungen der Jurisprudenz als „Halb-" oder gar „Unwissenschaft" (*Max Rumpf*); aber auch die Kennzeichnung als – lediglich – „praktische Disziplin" (Artthur Nussbaum) zielte darauf, der Jurisprudenz den (Voll-) Status einer Wissenschaft streitig zu machen. Dass auf der anderen Seite glühende Bekenntnisse zur Wissenschaftlichkeit derselben nicht ausblieben, versteht sich von selbst." Und andererseits S. 22: „Anders sieht es mit dem ‚*endogenen Verständnis'* von Rechtswissenschaftstheorie aus: Hier liegt die Betonung auf der Verbindung der ersten beiden Begriffselemente: *Rechtswissenschafts-Theorie.* (…) Rechtswissenschaftstheorie im endogenen Sinne berührt Insbesonderheit in drei Themenkreisen Fragen der disziplinären Identität aus der rechtswissenschaftlichen Teilnehmersicht: Erstens die Frage nach Einheit und Vielheit in der Jurisprudenz (…), zweitens die Frage nach Innen und Außen, nach Inklusion und Exklusion in der Jurisprudenz (…) und schließlich drittens die Frage nach dem Verhältnis von Gegenstand und Disziplin."

von „Wissenschaftlichkeit" definierende Kriterien. Hier sind nämlich diejenigen Strukturen und Schlüsse, wie insbesondere Abduktion[82] und (philosophische) Induktion bedeutsam, die im Sinne strenger Strukturwissenschaft nicht zwingend sind. Dies ist die m.E. entscheidende Differenzierung zur Lösung des Abgrenzungsproblems.[83] So können alle Modelle zwar „wissenschaftlich" entsprechend den zwingenden strukturwissenschaftlichen Methoden und Schlüssen nach der oben skizzierten allgemeinen Wissenschaftstheorie „konstruiert" werden. Aber diese wissenschaftlichen Modelle können nur „unwissenschaftlich" daraufhin überprüft werden, ob es sich jeweils um den Schluss auf die beste Erklärung der Verlässlichkeit der wissenschaftlichen Methode handelt. Nur so, aber immerhin so, kann der Realitätsbezug von empirischen Disziplinen hergestellt werden und z.B. die Problematik der Verlässlichkeit von Experimenten diskutiert werden. Nur so, aber immerhin genauso, kann dann aber auch der Moral- oder Gerechtigkeitsbezug von normativen Disziplinen hergestellt werden und z.B. die Problematik der Konsenskriterien bei rechtlichen Theorien verarbeitet werden, also z.B. die Idee von Reinhold Zippelius, Entscheidungen in der Rechtswissenschaft auf die vorherrschenden Gerechtigkeitsvorstellungen zurückzuführen.[84] Nach der vorherrschenden Theorie in der Rechtswissenschaft sind und waren bei der Herstellung des Bezugs zwischen formalem System und inhaltlichen Gerechtigkeitsfragen stets „Entscheidungen" notwendig. Dies gilt nach dem hier vertretenen Ansatz nun erst recht, wenn schon bei den zunächst genannten „harten" Kriterien der allgemeinen Wissenschaftstheorie „Entscheidungen" notwendig sind. Und es wird auch einsichtig, dass dies für alle anderen Disziplinen und die nach diesen in Bezug zu nehmenden Theoriegegenständen, ebenso erst recht zu gelten hat. Gerade wenn nach all dem selbst die exakte Naturwissenschaft, namentlich die Physik, nicht ohne „Entscheidungen" auskommt. Damit ist alles „normativ" und keine Wissenschaft kommt ohne wenigstens eine erste „Entscheidung" aus; nach George Spencer-Brown noch nicht einmal die Mathematik bzw. die Logik. Es bleibt also nichts „Deskriptives" an das angeknüpft werden könnte.

---

[82] *Andreas Bartels,* in: Bartels/Stöckler, Wissenschaftstheorie. Ein Studienbuch, 2. Aufl., Paderborn 2009, S. 207: „Der wissenschaftliche Realismus (genauer: die Annahme der Wahrheit der Theorien unserer wissenschaftlichen Tradition) soll also dadurch gerechtfertigt werden, dass er die beste Erklärung für die Verlässlichkeit der wissenschaftlichen Methode bietet. Andererseits lässt Boyd keinen Zweifel daran, dass er den Schluss auf die beste Erklärung für eine angreifbare Argumentform hält; so kommentiert er zustimmend Fines Kritik (...), nach der die Berechtigung abduktiver Schlüsse gerade den entscheidenden Streitpunkt zwischen Realisten und Anti-Realisten ausmacht, und daher dieser Streit sicher nicht unter *Verwendung* eines abduktiven Schlusses entschieden werden kann."
[83] Eine genaue Untersuchung der „logischen" Funktionsweisen und Leistungsfähigkeit von Deduktion, vollständiger Induktion, (philosophischer) Induktion, Abduktion, etc. muss allerdings einer gesonderten Untersuchung vorbehalten bleiben.
[84] *Reinhold Zippelius,* Rechtsphilosophie, 6. Aufl., München 2011, S. 66 ff. und 121 ff.

V. Ergebnisse und Konsequenzen

In allen Bereichen dürfte darüber hinaus gelten, dass Fragen nach dem Selbstähnlichen, Selbstbezüglichen, Selbstreferentiellen und Selbstanwendbaren, stets wenigstens eines der Hauptprobleme ausmachen, wenn es sich bei diesen Fragen nicht sogar um das entscheidende Hauptproblem jeder Wissenschaftstheorie handelt.

Mit nachfolgender Abbildung soll dieses Endergebnis der vorliegenden Arbeit etwas vereinfacht dargestellt werden:

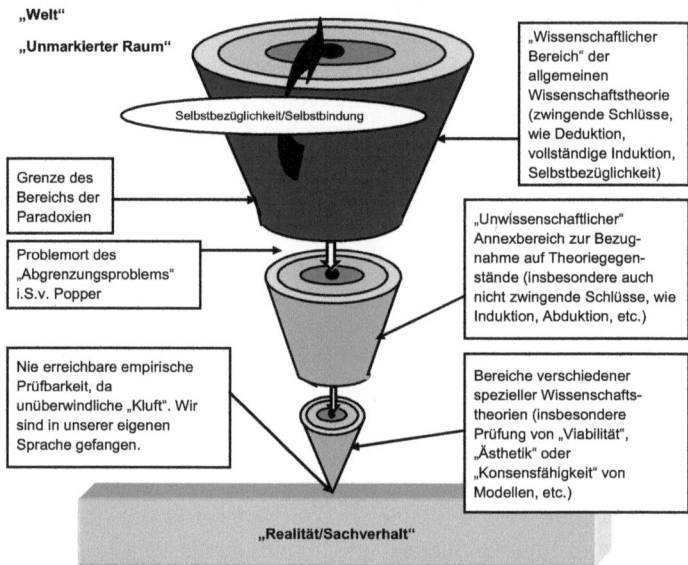

Abbildung 6: Grundzüge einer Wissenschaftstheorie (auch) für Juristen

VI. Zusammenfassung der wesentlichen Ergebnisse

Die ursprüngliche Ausrichtung der Wissenschaftstheorie auf empirische Wissenschaften droht auch heute noch Geisteswissenschaften und namentlich die Rechtswissenschaft „vorschnell" aus dem Kreis der Wissenschaften „auszuklammern".

Die Entwicklung der Wissenschaftstheorie vollzog sich mit dem Fortschritt philosophischer Grundanschauungen. Die Entwicklung der „Prüfkriterien" in der Wissenschaftstheorie begann mit der Annahme, dass man etwas von der Welt durch seine (rationale) „intuitive Induktion" sicher erkennen könne, also mit dem Prüfkriterium der „Intuition". Mit Verbesserung der technischen Hilfsmittel und immer stärker nur mittelbar erkennbarer empirische Phänomene wechselte das Prüfkriterium zur „Verifikation" von Theorien. Durch Einbeziehung des Mikro- und des Makrokosmos musste die Möglichkeit einer exakten Bezugnahme von Theorie und empirischem Phänomen immer weiter aufgegeben werden, so dass das Prüfkriterium z. B. mit Karl R. Popper zur bloßen „Falsifikation" wechselte. Nach Einbeziehung auch des besonders Komplexen wird schließlich das Problem deutlich, dass wissenschaftlicher Realismus zunehmend zurückzuweisen ist, so dass nurmehr von „Rationalität" als Prüfkriterium gesprochen wird.

Die revolutionären wissenschaftlichen Erkenntnisfortschritte in der Naturwissenschaft, der Strukturwissenschaft und der Sprachwissenschaft führen entsprechend der postmodernen, zeitgenössischen Philosophien, zu prinzipiellen Zweifeln an der Existenz des Selbst, an der Existenz einer objektiven Wahrheit und Wirklichkeit, an der Möglichkeit von einheitlicher Bedeutung von Sprache und an einer verlässlichen Beziehung zwischen Sprache und Wirklichkeit. Auch die Leistungsfähigkeit der Strukturwissenschaft, also der Logik und der Mathematik, nach herkömmlichem Verständnis ist begrenzt. Keine formale Struktur kann entsprechend Kurt Gödels Unvollständigkeitssätzen zugleich vollständig und widerspruchsfrei sein. Auch in der Strukturwissenschaft geht es letztendlich nicht ohne „Entscheidungen". Ein Bereich jenseits von Paradoxien kann nicht modelliert werden. Jede formale Struktur gerät entweder in einen unendlichen Stufenbau von immer neuen Meta-Ebenen (in einen infiniten Regreß) oder aber in einen zerstörerischen Zirkel (in einen circulus vitiosus). Ein Ausweg ist aber die Fruchtbarmachung der Phänomene von Selbstähnlichkeit, Selbstbezüglichkeit, Selbstreferenz und Selbstanwendbarkeit. Insbesondere die Überlegungen von George Spencer-Brown in den Laws of Form, Alfred Tarski und Donald Davidson zeigen, dass formale Strukturen auf einer ersten Unterscheidung aufbauen können und dass man die Regeln der Interpretation und die Regeln zur Interpretation durch selbstbezügliche Information der Sprache (die also auch über die Sprache und deren Interpretation Mitteilungen enthält) „mitgeben" kann.

Erkenntnis- und wissenschaftstheoretisch wissen wir nichts und können nichts wissen, außer dass das, was wir zu wissen glauben, stets in der Form der Unterscheidung strukturiert ist. Für eine juristische Methodenlehre gilt damit, dass der Richter seine Regeln selbst durch Unterscheidungen festlegen muss. Fazit: Es ist durch Unterscheidung eine Regel festzulegen, da es sonst überhaupt keine Regeln gibt, bis auf diese Regel. Somit kann eine wissenschaftliche Voraussehbarkeit, Nachvollziehbarkeit und Überprüfbarkeit nur möglich sein, wenn formal korrekt im Sinne der Strukturwissenschaft aus der ersten Unterscheidung alles weitere, insbesondere formal konstruiert wird. Unvermeidbare Unsicherheiten entstehen, wenn diese Formen mit Inhalt (Semantik) „gefüllt" werden. Dies sollte also so spät und so explizit als möglich erfolgen.

Dies kann auf verschiedene Probleme der juristischen Methodenlehre übertragen werden. Es bestehen stets verschiedene formale Strukturen von Methodenmodellen, z.B. von Subsumtion, von Auslegung und von Rechtsfortbildung. Je nach Auswahlentscheidung des Richters ändert sich die Rechtsprechungsbefugnis eben dieses Richters. Es sollte aus verschiedenen formalen Regeln, wie z.B. das sog. „Halteproblem" bei der historischen Auslegung, der Subsumtion oder der Rechtsfortbildung gelöst werden könnte, eine Auswahlentscheidung getroffen werden.

Aus all diesen Überlegungen können schließlich die gesuchten Grundzüge einer allgemeinen Wissenschaftstheorie abgeleitet werden, die zwingende formale Systeme, wie Deduktion, vollständige Induktion und insbesondere Selbstähnlichkeit, Selbstbezüglichkeit, Selbstreferenz und Selbstanwendbarkeit zu Kriterien von Wissenschaft erheben und nicht zwingende Bezugnahmen, wie Abduktion und philosophische Induktion, bewusst ausklammern. Diese Probleme sollen aber in Natur- und Geisteswissenschaften dennoch ernstgenommen werden, aber als „unwissenschaftliche" Fragen der „Viabilität", „Ästhetik", „Akzeptanz", etc., d.h. nur als „Annexdisziplin" zur skizzierten allgemeinen Wissenschaftstheorie gesondert thematisiert werden. Der Vorteil dieser Abgrenzung, gerade für die Rechtswissenschaft, ist z.B., dass man in der Rechtswissenschaft einerseits keinen Nachteil mehr darin sehen muss, dass Theorien nicht (mehr) empirisch-wissenschaftlich prüfbar sind. Dies macht dann nämlich nicht mehr den Unterschied aus, ob die Rechtswissenschaft „Wissenschaft" ist oder nicht. Zum Zweiten kann man so in der Rechtswissenschaft überhaupt erst erkennen, dass ein großer Nachholbedarf besteht bei den echten „wissenschaftlichen" Kriterien die Strukturwissenschaft, also die Rechtslogik und die Rechtsinformatik betreffend, insbesondere bei Fragen nach dem Selbstähnlichen, Selbstbezüglichen, Selbstreferentiellen und Selbstanwendbaren. Schließlich können aus den Zweifeln der postmodernen Philosophie noch weitergehend auch Inhalte für die Juristenausbildung abgeleitet werden, die zur Stärkung von verantwortlichen Juristenpersönlichkeiten beitragen können. Dies ist nicht zuletzt deswegen von entscheidender Bedeutung, da weder die empirischen, noch die normativen Wissenschaften, aus prinzipiellen erkenntnis- und wissenschaftstheoretischen Gründen, wie gezeigt, ohne „Entscheidungen" von Menschen auskommen können. Diese müssten und sollten dann aber von gut ausgebildeten, verantwortungsbewussten, „starken Persönlichkeiten" getroffen werden.

VII. Summary of the Important Results

The original orientation of the philosophy of science towards empirical sciences is imminent to "exclude" humanities and particularly the jurisprudence "too soon" from the circle of sciences.

The development of the philosophy of science has implemented with the progress of philosophical fundamental views. The development of the "testing criteria" in the philosophy of science started with the presumption that we can clearly understand some things about the world by our (rational) "intuitive induction", thus with the testing criteria of "intuition". The testing criteria changed to "verification" of theories through the improvement of facilities and through empiric phenomena which are more and more only indirectly recognisable. The possibility of a precise reference of theory and empiric phenomena had to be abandoned more and more through inclusion of the microcosm and macrocosm, with the result that the testing criteria changed to sheer "falsification". After also including the particularly sophisticated, eventually the problem arises that scientific realism is to be rejected, so that "rationality" is the only testing criteria.

Revolutionary scientific advances in knowledge in the fields of natural, structural and linguistic science lead according to postmodern, contemporary philosophies to fundamental doubts about the existence of self, of an objective truth and reality, doubts about the possibility of a consistent significance of language, and doubts about a reliable relation between language and reality. Even the productivity of structural science, meaning logic and mathematics, is according to conventional understanding limited. According to Gödel's incompleteness theorem no formal structure can be complete and consistent at the same time. In the end even structural science need "decisions". An area beyond paradoxes cannot be shaped. Every formal structure gets either into an infinite hierarchical structure of more and more meta level (in an infinite regress) or alternatively in a destructive circle (in a circulus vitiosus). An expedient is making phenomena productive like self-similarity, self-reference and self-application. Especially the reflections of George Spencer-Brown in Laws of Form, as well as those from Alfred Tarski and Donald Davidson indicate that formal structures can be based on a first differentiation and that the rules of interpretation and the rules of creating interpretation can be achieved through self-referential information of language (which also contains messages about the language and its interpretation).

Epistemologically we do not know anything and cannot know anything, except that what we believe to know is always structured in the form of distinction. This

VII. Summary of the Important Results

means for a juristic methodology that the judge has to set his rules himself through distinctions. Motto: a rule needs to be set through distinction, or else there is no rule at all, except for this one. Therefore scientific foreseeability, comprehensibility and verifiability are only possible, when everything else is constructed formally correct in terms of structural science from the first distinction. Inevitable uncertainties emerge when these forms are „filled" with content (semantics). This is supposed to happen as late and as explicit as possible.

This can be transferred to different problems of juristic methodology. Various formal structures of method models exist, e.g. subsumtion, interpretation and development of law. Depending on selection decision of the judge, the jurisdictional power of this very judge changes. A selection decision should be made from various formal rules, as the so-called "halting problem" could be solved considering the historical interpretation, subsumtion or development of law.

The wanted essentials of a general philosophy of science can be deduced from all these considerations. These essentials elevate compelling formal systems as deduction, mathematical induction, and particularly self-similarity, self-reference and self-application to criteria of science, and intentionally exclude non-compelling references as abduction and philosophical induction. However, these problems are supposed to be taken seriously in natural science and humanities, but thematised separately as "unscientific" questions of "viability", "aesthetics" etc., which means as "annex discipline" for the delineated general philosophy of science. The advantage of this differentiation, in particular for the jurisprudence, is for example that in philosophy of science we do not have to see a disadvantage anymore in theories not being examinable in an empirical-scientific way (anymore). This is not making the difference anymore, whether jurisprudence is "science" or not. Secondly, in jurisprudence it is recognizable through this that a major need to catch up exists, regarding real "scientific" criteria as to structural science, which is legal logic and legal informatics, in particular when it comes to questions of self-similarity, self-reference and self-application. Eventually, contents for the legal training can be deduced from the doubts of postmodern philosophy. These contents can contribute to strengthening responsible legal personages. This is of vital importance, not least because neither empirical nor normative sciences can – for epistemological reasons, as indicated – go without "decisions" of people. These "decisions" should then be made by well-trained, responsible-minded, "strong personalities".

Literaturverzeichnis

Adomeit, Klaus: Rechtstheorie für Studenten, 4. Aufl., Heidelberg 1998

Adrian, Axel: Grundprobleme einer juristischen (gemeinschaftsrechtlichen) Methodenlehre, 1. Aufl., Berlin 2009

– Juristische Methodenlehre und die „Keck-Entscheidung" des EuGH, in: EWS 1998, 288 ff.

– Wie wissenschaftlich ist die Rechtswissenschaft?, in: RECHTSTHEORIE 2010, S. 521

Alexy, Robert: Theorie der juristischen Argumentation, 3. Aufl., Suhrkamp, Frankfurt a. M. 1996

Bäcker, Carsten/*Baufeld*, Stefan: Objektivität und Flexibilität im Recht, Stuttgart 2005 [ARSP-Beiheft 103]

Baecker, Dirk: George Spencer-Brown und der feine Unterschied – Sein Kalkül bekehrte nicht nur Luhmann, in: Frankfurter Allgemeine Zeitung vom 14.10.1997

– Kalkül der Form, 1. Aufl., Suhrkamp, Frankfurt a. M. 1993

Bartels, Andreas: In: Bartels/Stöckler, Wissenschaftstheorie. Ein Studienbuch, 2. Aufl., Paderborn 2009

Bartels, Andreas/*Stöckler*, Manfred: Wissenschaftstheorie. Ein Studienbuch, 2. Aufl., Paderborn 2009

Baufeld, Stefan siehe *Bäcker*, Carsten

Beck, Susanne: Jenseits von Mensch und Maschine, Ethische und rechtliche Fragen zum Umgang mit Robotern, Künstlicher Intelligenz und Cyborgs, Robotik und Recht Bd. 1, 2012

Berka, Karel/*Kreiser*, Lothar: Logik-Texte, 1. Aufl., Berlin 1971

Bernd, Thorsten/*Morlok*, Martin: Richterbilder, 1. Aufl., Wiesbaden 2010

Birg, Herwig: Die Demographische Zeitenwende, 2. Aufl., München 2001

Bojowald, Martin: Zurück vor dem Urknall, 3. Aufl., Frankfurt a. M. 2009

Borchers, Dagmar/*Brill*, Olaf/*Czaniera*, Uwe: Einladung zum Denken, 1. Aufl., Wien 1998

Brandom, Robert: Begründen und Begreifen, 1. Aufl., Suhrkamp, Frankfurt a. M. 2001

Brill, Olaf siehe *Borchers*, Dagmar

Büllesbach, Alfred: In: Kaufmann/Hassemer/Neumann (Hrsg.), Einführung in die Rechtsphilosophie und Rechtstheorie der Gegenwart, 8. Aufl., Heidelberg 2011

Busch, Dörte/*Kutscha*, Martin: Recht, Lehre und Ethik der öffentlichen Verwaltung, 1. Aufl., 2013

Bydlinski, Franz: Juristische Methodenlehre und Rechtsbegriff, 2. Aufl., Wien/New York 1991

Canaris, Claus-Wilhelm/*Larenz,* Karl: Methodenlehre der Rechtswissenschaft, 3. Aufl., Berlin 1995

Carnap, Rudolf: Logische Syntax der Sprache, 2. Aufl., Wien 1968

Carrier, Martin: Wissenschaftstheorie zur Einführung, 3. Aufl., Hamburg 2011

- In: Bartels/Stöckler, Wissenschaftstheorie. Ein Studienbuch, 2. Aufl., Paderborn 2009

Chomsky, Noam: Reflexionen über Sprache, Suhrkamp, Frankfurt a. M. 1977

Christensen, Ralph: Was heißt Gesetzesbindung?, 1989

Christensen, Ralph/*Kudlich,* Hans: Gesetzesbindung. Vom vertikalen zum horizontalen Verständnis, 1. Aufl., Berlin 2008

- Theorie richterlichen Begründens, 1. Aufl., Berlin 2001

Christensen, Ralph/*Müller,* Friedrich: Juristische Methodik Band II Europarecht, 3. Aufl., Berlin 2012

Czaniera, Uwe siehe *Borchers,* Dagmar

Davidson, Donald: The structure and content of truth, in: The Journal Of Philosophy, Volume LXXXVII, No. 6, June 1990

- Wahrheit und Interpretation, 1. Aufl., Suhrkamp, Frankfurt a. M. 1990

Dieth, Eric: Diss., Zürcher Studien zur Rechts- und Staatsphilosophie, Schulthess Juristische Medien, 2000: Politisiertes Recht oder verrechtlichte Politik? – Gedanken zur sozialen Konstruktion der Differenz von Recht und Politik

Dilg, Wolfgang/*Müller,* Anton/*Leitner,* Ernst: Physik Leistungskurs 3. Semester, 7. Aufl., 1989

Eccles, John C./*Popper,* Karl R.: Das Ich und sein Gehirn, 7. Aufl., München 2011

Einstein, Albert: Mein Weltbild, 1. Aufl., Zürich 1979

Engisch, Karl: Einführung in das juristische Denken, 9. Aufl., Stuttgart 1997

- In: FS Juristische Fakultät zur 600-Jahr-Feier der Ruprecht-Karls-Universität Heidelberg, Heidelberg 1986, S. 3 ff.
- Logische Studien zur Gesetzesanwendung, 3. Aufl., Heidelberg 1963

Esfeld, Michael (Hrsg.): Philosophie der Physik, 3. Aufl., Berlin 2012

Falkenburg, Brigitte: Mythos Determinismus. Wieviel erklärt uns die Hirnforschung?, 1. Aufl., Heidelberg 2012

Festinger, Leon: Theorie der kognitiven Dissonanz, 2. Aufl., Bern 2012

Fikentscher, Wolfgang: Methoden des Rechts in vergleichender Darstellung, Bd. 3, 1. Aufl., Tübingen 1976

Filler, Andreas: Mathematische Texte, Bd. 7, Euklidische und Nichteuklidische Geometrie, 1. Aufl., Mannheim/Leipzig/Wien/Zürich 1993

Fischer, Ernst Peter: Die andere Bildung, Was man von den Naturwissenschaften wissen sollte, München 2001

Förster (auch *von Foerster*), Heinz von: In: Baecker, Kalkül der Form, 1. Aufl., Suhrkamp, Frankfurt a. M. 1993

- Entdecken oder Erfinden – wie lässt sich Verstehen verstehen?, in: Gumin/Mohler, Einführung in den Konstruktivismus, 12. Aufl., München 2010

Frege, Gottlob: Die Grundlagen der Arithmetik, Reclam, Stuttgart 1987

Funke, Andreas: In: Funke/Lüdemann, Öffentliches Recht und Wissenschaftstheorie, 1. Aufl., Tübingen 2009

- In: Krüper (Hrsg.), Grundlagen des Rechts, 1. Aufl., Baden-Baden 2010

Gabriel, Gottfried/*Gröschner,* Rolf (Hrsg.): Subsumtion, 1. Aufl., Tübingen 2012

Geyer, Christian (Hrsg.): Hirnforschung und Willensfreiheit (Hrsg. Geyer), 1. Aufl., Suhrkamp, 2004

Gillies, Donald: Philosophy of Science in the Twentieth Century: Four Central Themes, 1. Aufl., Oxford 1993

Glasersfeld, Ernst von: Radikaler Konstruktivismus, 1. Aufl., Frankfurt a. M. 1997

Gräwe, Svenja Lena: Die Entstehung der Rechtsinformatik, 1. Aufl., Hamburg 2011

Graul, Eva/*Meurer,* Dieter: Gedächtnisschrift für Dieter Meurer, Berlin 2002

Gröschner, Rolf siehe *Gabriel,* Gottfried

Günther, Klaus/*Neumann,* Ulfried/*Schulz,* Lorenz (Org.): 25th IVR World Congress: Law, Science and Technology, Frankfurt a. M. 15–20 August 2011, Paper Series Nr. 37, Series C (Bioehtics/Medicine/Technology/Environment), 2012, um:nbn:de:hebis:30:3-248952

- 25th IVR World Congress: Law, Science and Technology, Frankfurt a. M. 15–20 August 2011, Paper Series Nr. 38, Series A (Methodology, Logics, Hermeneutics, Linguistics, Law and Finance), 2012, urn:nbn:de:hebis:30:3-248968

Gumin, Heinz/*Mohler,* Heinrich: Einführung in den Konstruktivismus, 12. Aufl., München 2010

Hassemer, Winfried: Juristische Methodenlehre und Richterliche Pragmatik, in: RECHTSTHEORIE 2008, S. 1 ff.

Hassemer, Winfried/*Kaufmann,* Arthur/*Neumann,* Ulfried (Hrsg.): Einführung in die Rechtsphilosophie und Rechtstheorie der Gegenwart, 8. Aufl., Heidelberg 2011

Hawking, Stephen: Eine kurze Geschichte der Zeit, Die Suche nach der Urkraft des Universums, 1. Aufl., Reinbek 1991

Heisenberg, Werner: Der Teil und das Ganze, München 1969

- Schritte über Grenzen, 2. Aufl., München 1973

Herberger, Maximilian/*Simon,* Dieter: Wissenschaftstheorie für Juristen, 1. Aufl., Frankfurt a. M. 1980

Herbst, Tobias: Die These der einzig richtigen Entscheidung, in: JZ 2012, S. 891 ff.

Herzberg, Rolf: Kritik der teleologischen Gesetzesauslegung, in: NJW 1990, 2525 ff.

Higgins, Peter M.: Das kleine Buch der Zahlen, 1. Aufl., Springer Spectrum, Heidelberg 2013

Hölscher, Thomas/*Schönwälder-Kuntze*, Tatjana/*Wille*, Katrin: George Spencer-Brown: Eine Einführung in die Laws of Form, 2. Aufl., Wiesbaden 2009

Hoerster, Norbert: Was kann die Rechtswissenschaft?, in: RECHTSTHEORIE 2010, S. 13 ff.

Hösch, Ulrich (Hrsg.): Zeit und Ungewissheit im Recht, Boorberg 2011

Hofstadter, Douglas R.: Gödel, Escher, Bach, Ein endlos geflochtenes Band, 18. Aufl., Stuttgart 2008

Jestaedt, Matthias (Hrsg.): Das mag in der Theorie richtig sein ..., Tübingen 2006
- In: Funke/Lüdemann, Öffentliches Recht und Wissenschaftstheorie, 1. Aufl., Tübingen 2009
- In: Kelsen, Reine Rechtslehre, Studienausgabe der 1. Aufl. 1934, Tübingen 2008

Jestaedt, Matthias (1961)/*Lepsius*, Oliver: Rechtswissenschaftstheorie, 1. Aufl., Tübingen 2008

Joerden, Jan C.: Logik im Recht, 2. Aufl., 2009

Kaufmann, Arthur: In: Kaufmann/Hassemer/Neumann (Hrsg.): Einführung in die Rechtsphilosophie und Rechtstheorie der Gegenwart, 8. Aufl., Heidelberg 2011
- siehe *Hassemer*, Winfried

Kelsen, Hans: Reine Rechtslehre, Studienausgabe der 1. Aufl. 1934, Tübingen 2008

Klatt, Matthias: Theorie der Wortlautgrenze, 1. Aufl., Baden-Baden 2004

Klug, Ulrich: Juristische Logik, 4. Aufl., Berlin 1982

Koch, Hans-Joachim/*Rüßmann*, Helmut: Juristische Begründungslehre, 1. Aufl., München 1982

Kosko, Bart: Die Zukunft ist fuzzy, 1. Aufl., München 2001

Kotsoglou, Kyriakos N.: „Shonubi" revisited, in: ARSP 99/2 (2013), S. 241–251

Krawietz, Werner/*Morlok*, Martin (Hrsg.): Vom Scheitern und der Wiederbelebung juristischer Methodik im Rechtsalltag, Sonderheft RECHTSTHEORIE 32 (2001)

Kreiser, Lothar siehe *Berka*, Karel

Krüper, Julian (Hrsg.): Grundlagen des Rechts, 1. Aufl., Baden-Baden 2010

Kudlich, Hans siehe *Christensen*, Ralph

Kuhn, Thomas S.: Die Struktur wissenschaftlicher Revolutionen, 1. Aufl., Frankfurt 1976

Kulow, Arnd-Christian: In: Busch/Kutscha, Recht, Lehre und Ethik der öffentlichen Verwaltung, 1. Aufl., 2013
- In: Hösch (Hrsg.), Zeit und Ungewissheit im Recht, Boorberg 2011

Kutscha, Martin siehe *Busch*, Dörte

Ladeur, Karl-Heinz: Postmoderne Rechtstheorie, 2. Aufl., Berlin 1995

Larenz, Karl: Methodenlehre der Rechtswissenschaft, 6. Aufl., Berlin 1991

– siehe *Canaris,* Claus-Wilhelm

Lau, Felix: Die Form der Paradoxie, Eine Einführung in die Mathematik und Philosophie der „Laws of Form" von G. Spencer-Brown, 4. Aufl., Heidelberg 2012

Lauth, Bernhard/*Sareiter,* Jamel: Wissenschaftliche Erkenntnis, Ideengeschichtliche Einführung in die Wissenschaftstheorie, 2. Aufl., Paderborn 2005

Lee, Kye Il: Diss., Die Struktur der juristischen Entscheidung aus konstruktivistischer Sicht, 1. Aufl., Tübingen 2010

Lege, Joachim: In: Gabriel/Gröschner (Hrsg.), Subsumtion, 1. Aufl., Tübingen 2012

– Pragmatismus und Jurisprudenz, 1. Aufl., Tübingen 1999

Leider, Kurt: Immanuel Kants Welt- und Lebensanschauung, Lübeck 1994

Leitner, Ernst siehe *Dilg,* Wolfgang

Lepsius, Oliver siehe *Jestaedt,* Matthias

Lerch, Kent D. (Hrsg.): Sprache des Rechts: Recht verhandeln, Bd. II., Berlin [u. a.] 2005

Lindemann, Michael: In: Krüper (Hrsg.), Grundlagen des Rechts, 1. Aufl., Baden-Baden 2010

Losee, John: A Historical Introduction to the Philosophy of Science, 4. Aufl., New York 2001

Lüdemann, Jörn: In: Funke/Lüdemann, Öffentliches Recht und Wissenschaftstheorie, 1. Aufl., Tübingen 2009

Luhmann, Niklas: Die Gesellschaft der Gesellschaft, 1. Aufl., Frankfurt a. M. 1998, erster Teilband

Lyre, Holger: In: Bartels/Stöckler, Wissenschaftstheorie. Ein Studienbuch, 2. Aufl., Paderborn 2009

MacCormick, Neil: Das Maastrichturteil: Souveränität heute, in: JZ 1995, 797 ff.

Mastronardi, Philippe: Juristisches Denken, 1. Aufl., Bern 2001

Meurer, Dieter siehe *Graul,* Eva

Meyer, Sven Aurelius: Sichere Kenntnis von Recht und Tatsachen. Juristische Methode und Erkenntnistheorie, 1. Aufl., Zürich 1996

Mittelstraß, Jürgen: Enzyklopädie Philosophie und Wissenschaftstheorie, 1. Aufl., Stuttgart 1996, Bd. 2

Mohler, Heinrich siehe *Gumin,* Heinz

Morlok, Martin siehe *Bernd,* Thorsten

– siehe *Krawietz,* Werner

Müller, Anton siehe *Dilg,* Wolfgang

Müller, Friedrich siehe *Christensen,* Ralph

Munte, Oliver: Konkretisierung unbestimmter Rechtsbegriffe mit Hilfe von Fuzzy-Logik am Beispiel des § 1610 BGB, 1. Aufl., Münster 2000

Nagel, Ernst/*Newman*, James R.: Der Gödelsche Beweis, 8. Aufl., München 2007

Neitzel, Sönke: Abgehört, 1. Aufl., Berlin 2009

- Soldaten, 1. Aufl., Frankfurt a. M. 2011

Neumann, Ulfrid/*Savigny*, Eike von/*Rahlf*, Joachim: Juristische Dogmatik und Wissenschaftstheorie, München 1976

Neumann, Ulfried: In: Kaufmann/Hassemer/Neumann (Hrsg.), Einführung in die Rechtsphilosophie und Rechtstheorie der Gegenwart, 8. Aufl., Heidelberg 2011

Neumann, Ulfried siehe *Günther*, Klaus

- siehe *Kaufmann*, Arthur

Newman, James R. siehe *Nagel*, Ernst

Ott, Edward E.: Methode der Rechtsanwendung, Zürich 1979

Penrose, Roger: Computerdenken, 1. Aufl., Heidelberg/Berlin 2002

Popper, Karl R.: Logik der Forschung, 8. Aufl., 1984

- siehe *Eccles*, John C.

Poser, Hans: Wissenschaftstheorie. Eine philosophische Einführung, 1. Aufl., Stuttgart 2001

Orman Quine, Willard van: Grundzüge der Logik, Frankfurt a. M. 2013

- Von einem logischen Standpunkt, Reclam, Stuttgart 2011
- Wort und Gegenstand, 10. Aufl., Reclam, Stuttgart 1987

Rahlf, Joachim siehe *Neumann*, Ulfrid

Reinhart, Gerd: Festschrift Juristische Fakultät zur 600-Jahr-Feier der Ruprecht-Karls-Universität Heidelberg, Heidelberg 1986

Röhl, Hans Christian/*Röhl*, Klaus F.: Allgemeine Rechtslehre, 3. Aufl., München 2008

Röhl, Klaus F. siehe *Röhl*, Hans Christian

Rösler, Hannes: Aufgaben einer europäischen Rechtsmethodenlehre, in: RECHTSTHEORIE 2012, S. 495 ff.

Roth, Gerhard: In: Geyer (Hrsg.), Hirnforschung und Willensfreiheit, 1. Aufl., Suhrkamp, 2004

Rowohlt: Rowohlt Philosophielexikon, 1. Aufl., Reinbek 1991

Rüßmann, Helmut siehe *Koch*, Hans-Joachim

Rüthers, Bernd: Methodenrealismus und Jurisprudenz und Justiz, in: JZ 2006, 53 ff.

Sandkühler, Hans Jörg (Hrsg.): Enzyklopädie Philosophie, 1. Aufl., Hamburg 2010, Bd. 1

- Enzyklopädie Philosophie, 1. Aufl., Hamburg 2010, Bd. 2
- Enzyklopädie Philosophie, 1. Aufl., Hamburg 2010, Bd. 3

Sareiter, Jamel siehe *Lauth,* Bernhard

Sauer, Heiko: In: Krüper (Hrsg.), Grundlagen des Rechts, 1. Aufl., Baden-Baden 2010

Savigny, Eike von: Methodologie der Dogmatik, Wissenschaftstheoretische Fragen, in: Neumann/Rahlf/Savigny, Juristische Dogmatik und Wissenschaftstheorie, München 1976, S. 7 ff.

– siehe *Neumann,* Ulfrid

Schäfer, Lothar/*Ströker,* Elisabeth: Naturauffassungen in Philosophie, Wissenschaft, Technik, Bd. IV, Freiburg/München 1996

Schapp, Jan: Methodenlehre, allgemeine Lehren des Rechts und Fall-Lösung, in: RECHTSTHEORIE 2001

Schmidt, Reimer: Einige Bemerkungen zu den Methoden der Rechtswissenschaft, der Naturwissenschaften und der technischen Wissenschaften, in: AcP 184 Heft 1 (1984), S. 1 ff.

Schneider, Karsten: In: Funke/Lüdemann, Öffentliches Recht und Wissenschaftstheorie, 1. Aufl., Tübingen 2009

Schönwälder-Kuntze, Tatjana siehe *Hölscher,* Thomas

Schuhr, Jan: Axiomatic method and the law, in: Neumann/Günther/Schulz (Org.), 25th IVR World Congress: Law, Science and Technology, Frankfurt a. M. 15–20 August 2011, Paper Series Nr. 38, Series A (Methodology, Logics, Hermeneutics, Linguistics, Law and Finance), 2012, urn:nbn:de:hebis:30:3-248968

– Free will, robots, and the aciom of choice, in: Neumann/Günther/Schulz (Org.), 25th IVR World Congress: Law, Science and Technology, Frankfurt a. M. 15–20 August 2011, Paper Series Nr. 37, Series C (Bioehtics/Medicine/Technology/Environment), 2012, um:nbn:de:hebis:30:3-248952

– Rechtsdogmatik als Wissenschaft, 1. Aufl., Berlin 2006

– Willensfreiheit, Roboter und Auswahlaxiom, in: Beck, Jenseits von Mensch und Maschine, Ethische und rechtliche Fragen zum Umgang mit Robotern, Künstlicher Intelligenz und Cyborgs, Robotik und Recht, Bd. 1, 2012, S. 43–75

Schulte, Joachim: Wittgenstein eine Einführung, Reclam, Stuttgart, 1989

Schulz, Lorenz siehe *Günther,* Klaus

Schurz, Gerhard: Einführung in die Wissenschaftstheorie, 3. Aufl., Darmstadt 2011

Schwanitz, Dietrich: Bildung, Alles was man wissen muß, Frankfurt a. M. 1999

Schweighöfer, Erich: Rechtsinformatik und Wissensrepräsentation, Automatische Textanalyse im Völkerrecht und Europarecht, 1. Aufl., Wien 1999

Sieckmann, Jan-Reinard: Recht als normatives System. Die Prinzipientheorie des Rechts, 1. Aufl., Baden-Baden 2009

– The Logic of Autonomy: Law, Morality and Autonomous Reasoning, 1. Aufl., 2012

Simon, Dieter/*Herberger,* Maximilian: Wissenschaftstheorie für Juristen, 1. Aufl., Frankfurt a. M. 1980

Soentgen, Jens: Selbstdenken, 1. Aufl., Wuppertal 2003

Spencer-Brown, George: Gesetze der Form, 2. Aufl., Leipzig 1999

Steinmüller, Wilhelm: EDV und Recht, Einführung in die Rechtsinformatik, Berlin 1970

Stöckler, Manfred: In: Bartels/Stöckler, Wissenschaftstheorie. Ein Studienbuch, 2. Aufl., Paderborn 2009

- Materie in Raum und Zeit?, in: Philosophia naturalis, 1990, S. 111 ff.
- Philosophen in der Mikrowelt – ratlos? – Zum gegenwärtigen Stand des Grundlagenstreits in der Quantenmechanik", in Zeitschrift für allgemeine Wissenschaftstheorie, 1986
- Umsturz im Weltbild der Physik: Bemerkungen zur Interpretation der Quantentheorie und zu ihren Folgen für die Naturauffassung der Gegenwart, in: Naturauffassungen in Philosophie, Wissenschaft, Technik, Bd. IV, hrsg. von L. Schäfer/E. Ströker, Freiburg/München 1996

Stöckler, Manfred siehe *Bartels,* Andreas

Störig, Hans Joachim: Kleine Weltgeschichte der Philosophie, 7. Aufl., Frankfurt a. M. 2011

Strauch, Hans-Joachim: Der Theorie-Praxis-Bruch, aber wo liegt das Problem?, in: Krawietz/Morlok (Hrsg.), Vom Scheitern und der Wiederbelebung juristischer Methodik im Rechtsalltag, Sonderheft RECHTSTHEORIE 32 (2001), 197 ff.

- Die Bindung des Richters an Recht und Gesetz – eine Bindung durch Kohärenz, in: KritV 2002, S. 311 ff.
- Grundgedanken einer Rechtsprechungstheorie, in: ThürVBl 2003, S. 1 ff.
- Mustererkennung und Subsumtion, in: Gabriel/Gröschner (Hrsg.), Subsumtion, 1. Aufl., Tübingen 2012
- Rechtsprechungstheorie – richterliche Rechtsanwendung und Kohärenz, in: Lerch (Hrsg.), Sprache des Rechts: Recht verhandeln, Bd. II., Berlin [u. a.] 2005, S. 479 ff.
- Wie wirklich sehen wir die Wirklichkeit: Vom Nutzen des radikalen Konstruktivismus für die juristischen Theorie und Praxis, in: JZ 55 (2000), S. 1020 ff.

Ströker, Elisabeth siehe *Schäfer,* Lothar

Struck, Gerhard: Gesetz und Chaos in Naturwissenschaft und Rechtswissenschaft, in: JuS 1993, 992 ff.

Tarski, Alfred: On undecidable statements in enlarged systems oflogic and the concept of truth, in: Journal Of Symbolic Logic, Voume 4, Number 3, September 1939, S. 105 ff.

- The semantic conception of truth and the foundation of semantics, in: Philosophy and phenomenological research, Volume 4 1994, S. 341 ff.
- In: Berka/Kreiser, Logik-Texte, 1. Aufl., Berlin 1971

Tetens, Holm: In: Jürgen Mittelstraß, Enzyklopädie Philosophie und Wissenschaftstheorie, 1. Aufl., Stuttgart 1996, Bd. 2

Teubner, Gunther: Recht als autopoietisches System, 1. Aufl., Frankfurt a. M. 1989

Vesting, Thomas: Kein Anfang und kein Ende – Die Systemtheorie des Rechts als Herausforderung für Rechtswissenschaft und Rechtsdogmatik, in: Quelle: http://www.jura.uniaugsburg.de/fakultaet/vesting/veroeffentlichungen.html.

Vogel, Joachim: Juristische Methodik, 1. Aufl., Berlin 1998

Vollmer, Gerhard: Evolutionäre Erkenntnistheorie, 8. Aufl., Stuttgart 2002

– Was können wir wissen?, Bd. 1, 3. Aufl., Stuttgart 2003

– Wieso können wir die Welt erkennen?, 1. Aufl., Stuttgart 2003

– Wissenschaftstheorie im Einsatz, 1. Aufl., Stuttgart 1993

Vosgerau, Ulrich: In: Funke/Lüdemann, Öffentliches Recht und Wissenschaftstheorie, 1. Aufl., Tübingen 2009

Watzlawick, Paul: Die erfundene Wirklichkeit, München 2006

Wille, Katrin siehe *Hölscher,* Thomas

Wittgenstein, Ludwig J. J.: Philosophische Untersuchungen, Werkausgabe von Suhrkamp Taschenbuch Bd. 1, 1. Aufl., Frankfurt a. M. 1984

– Tractatus logico-philosophicus, Werkausgabe von Suhrkamp Taschenbuch Bd. 1, 1. Aufl., Frankfurt a. M. 1984

Wolf, Gerhard: Lösung von Rechtsfällen mit Hilfe von Computern? Bisher nicht genutzte Chancen der Rechtsinformatik, in: Graul/Meurer, Gedächtnisschrift für Dieter Meurer, Berlin 2002

Zimbardo, Philip: Der Luzifer-Effekt, 1. Aufl., Springer Spectrum (Softcover), Heidelberg 2012

Zippelius, Reinhold: Das Wesen des Rechts, München 2012

– Die experimentierende Methode im Recht, Akademie der Wissenschaften und der Literatur, Steiner, Jahrgang 1991 Nr. 4

– In: Dike International 2006, S. 12 ff.

– Juristische Methodenlehre, 11. Aufl., München 2012

– Rechtsphilosophie, 6. Aufl., München 2011

– Recht und Gerechtigkeit in der offenen Gesellschaft, 2. Aufl., Berlin 1996

Personenverzeichnis

Adorno, Theodor W. 21
Alexy, Robert 80, 82 f., 117
Aristoteles 21, 30, 49, 65

Birg, Herwig 26, 111
Bolyai János 60 f.
Boole, George 50
Boyd, Richard N. 23 f., 123

Cantor, Georg 51
Carnap, Rudolf 52 f., 66
Carrier, Martin 7, 18 ff., 24, 41, 66
Chomsky, Noam 84, 93
Christensen, Ralph 25, 27, 29, 35, 38, 45, 67, 69, 73 f., 77 f., 84, 95 ff., 99, 102, 109, 116

Darwin, Charles 18
Davidson, Donald 70 ff., 86, 95, 125, 128
Derrida, Jacques 36, 92
Descartes, René 18
Dworkin, Ronald 80 f.

Einstein, Albert 7, 28, 39 ff., 45, 47 ff., 51, 62, 87, 119 f.
Engisch, Karl 33, 49, 99, 102 ff., 110

Feyerabend, Paul K. 20, 24
Foerster bzw. von Förster, Heinz von 28, 50 f., 68, 78 f., 90, 93, 102, 113, 116 f.
Frege, Gottlob 50, 59, 62, 66, 77
Funke, Andreas 7 ff., 26, 47, 57, 98, 116, 122

Galilei, Galileo 18
Gauss, Johann C. F. 61

Glasersfeld, Ernst von 17, 22, 24, 47, 54, 93, 122
Gödel, Kurt 52, 63 f., 87, 92 f., 99, 122, 125, 128

Habermas, Jürgen 21, 80 ff.
Hacking, Ian 22
Hawking, Stephen 39, 47 f.
Heisenberg, Werner 44 ff., 60, 62
Heraklit 49
Hilbert, David 62
Horkheimer, Max 21
Hume, David 18 f., 57
Huygens, Chrstiaan 41

Jestaedt, Matthias 7, 18, 27 f., 97, 122

Kant, Immanuel 18, 32, 34, 39, 59 ff., 70, 112
Kelsen, Hans 18, 27 f., 118, 122
Kosko, Bart 48, 57, 89 f., 109
Kudlich, Hans 25, 27, 35, 38, 45, 67, 69, 77 f., 84, 95 ff., 99, 116
Kuhn, Thomas S. 9, 20, 24, 30, 93

Ladeur, Karl-Heinz 53, 64, 72, 78
Larenz, Karl 33, 49, 103, 105
Lege, Joachim 23, 55, 58, 96, 107, 122
Leibniz, Gottfried Wilhelm 39, 50
Lobatschewski, Nikolai I. 60 f.
Luhmann, Niklas 28, 53, 78 f., 94, 111 f.

Mach, Ernst W. J. W. 18, 39
Marcuse, Herbert 21
Maturana, Humberto R. 24, 28, 79, 94
Maxwell, James C. 41, 60
Müller, Friedrich 29, 35, 73, 102, 109

Newton, Isaac 17 f., 39 ff., 48, 60, 62

Parmenides 49
Peirce, Charles Sanders 20, 23, 50, 96
Penrose, Roger 41, 43, 52, 64
Piaget, Jean 84
Planck, Max K. E. L. 43, 92
Platon 49
Popper, Karl R. 7, 17, 19, 21 f., 29, 47, 84, 95, 97, 124 f.
Putnam, Hilary W. 20, 23, 66

Quine, Willard van Orman 19, 51, 54, 56, 58 f., 65, 68 ff., 73, 80, 85, 95

Röhl, Hans Christian 7, 27 f., 34, 36 f., 47, 53, 56, 66, 68, 70 f., 74, 76, 80 ff., 92, 94, 113
Röhl, Klaus F. 7, 27 f., 34, 36 f., 47, 53, 56, 66, 68, 70 f., 74, 76, 80 ff., 92, 94, 113
Rorty, Richard 20, 36, 66, 74, 92
Roth, Gerhard 86 f.
Russell, Bertrand 51, 54, 65 f., 93, 99

Schleiermacher, Friedrich D. E. 21
Schurz, Gerhard 8 f., 15 ff., 23 ff.

Sellar, David 73 f., 76
Sieckmann, Jan-Reinard 82, 85, 116 f.
Spencer-Brown, George 23, 28, 53 ff., 63, 68, 78 ff., 84 f., 88, 94 f., 113, 120, 123, 125, 128

Tarski, Alfred 71 ff., 86, 95, 125, 128
Teubner, Gunther C. M. 36, 55, 73, 79, 84, 92, 94, 121
Turing, Alan 110

Van Fraassen, Bastian Cornelis 20, 24
Varela, Francisco J. 24, 28, 54, 64
Vollmer, Gerhard 8, 10, 15, 19, 21 ff., 26 ff., 32, 36, 39, 47, 49 f., 52, 60, 63, 84, 90

Watzlawick, Paul 51 f., 93
Whitehead, Alfred 51, 66
Wittgenstein, Ludwig J. J. 31, 55, 65 ff., 73, 85, 93, 111

Young, Thomas 41

Zippelius, Reinhold 5, 7, 22 f., 49, 87, 97, 99, 103 ff., 113, 122 f.

Sachverzeichnis

2-wertige Logik 56, 95

Abbildungstreue 90
Abduktion 16, 23, 96, 107, 123 f., 126
Abgrenzungskriterium 19
Abgrenzungsproblem 19, 123 f.
Ablenkungswinkel 41
Absatzmodalitäten 104
Absolut 39, 59 f., 62, 78, 83
– wahr 39, 60
Abstrakt-generell formulierte Begriffsmerkmalsmenge 104
Abstrakte Maschine 110
Abstrakter Rechtsgedanke 106
Abstraktion 39, 58
Addition 58, 82, 89
Ähnlichkeitskreis 107 f., 111
Akrasia 79
Akt 30, 94, 113, 118
Aktionspotential 86
Aktiv 25, 99, 114
Aktualbewusstsein 54
Algebra 55, 58
Algorithmen 38, 90 f., 101, 110, 113
Alles Sollen 76, 98, 113
Alles-oder-Nichts 41
Allgemein 8 f., 15 ff., 22 f., 25, 27 f., 30, 39, 41, 43, 46 ff., 52 f., 59 ff., 68 f., 79, 82, 85, 87, 89 ff., 100, 103, 106, 108 f., 112 f., 115 f., 121 ff., 126
Allgemeine Wissenschaftstheorie 8 f., 15 ff., 22 f., 25, 28, 46, 85, 121 ff., 126
Alternativwege 42
Amtssprache 103, 108, 113
Analoge Anwendung 107
Analogiemodell 107
Analyse, mathematisch 91

Analytisch 18, 21, 28, 33, 69 f., 75, 93, 118
Analytische Sätze 18, 70
Anfangszustand 44
Annexdisziplin 16, 126
Ansatz 10, 17 f., 21 ff., 28, 34, 36 f., 45, 47, 53, 55 f., 64, 66 f., 69, 72 ff., 93 ff., 101 f., 105 f., 110, 114, 116 ff., 123
– konstruktivistisch 94
Anti-Realist 123
Antiempirisch 28, 78, 81, 93, 118
Anwendbar 30 f., 33, 50, 104 f.
Anwendbarkeit 56, 76
Anwendung 8 f., 30, 43 f., 46, 88, 90, 100 f., 103 ff., 107, 113
– analog 107
– technisch 46
Apparat, ratiomorph 38
Application 30, 103 f.
Applikation 103
Apriori 18, 60, 70, 93
Archetypisches Experiment 41
Argument 16, 20, 23 f., 39, 44 f., 53, 60, 65, 70, 75, 81 f., 85, 96, 117
Argumentation 19, 24 f., 74, 80, 82 f., 117
Argumentationsmuster 82
Argumentationstheorie, juristisch 80, 82
Arithmetik 55, 58 f., 62, 64, 92
Arithmitiké 58
Assoziation 106 ff.
Ästhetik 16, 23, 97, 122, 124, 126
– juristisch 23
Atome 43, 46
Atomismus 70, 73, 93
Atomphysik 60, 69
Aufenthaltswahrscheinlichkeit 43

Aufforderung 113
Ausbildung 98, 115
Ausdruck, subsentential 84
Ausgewechseltes Zeichen 108, 110
Auslegung 31, 65, 96, 99 ff., 119, 126
- historisch 100, 108 f.
- teleologisch 102
Auslegungsergebnis 52, 101, 110
Auslegungsroutine 109
Aussage 15, 19, 23 ff., 29, 31, 34, 37, 40, 44, 48 ff., 56, 62 ff., 69 f., 72, 74 ff., 80, 89, 92, 94, 96 f., 102, 112, 117, 119
- normativ 26, 34
Aussagenlogik 19, 50, 56, 62, 113, 120
Außenwelt 117
Äußere Widerspruchsfreiheit 15
Ausstattung 113
Auswahl 42, 87, 92, 98 ff.
Auswahlentscheidung 32, 65, 96, 100 f., 113 f., 116, 119 f., 126
- des Richters 113, 126
Autopoiesis 117
Autoreferenziell 27
Axiom 51, 57, 62 ff.
Axiomatisch 33, 40, 62, 121
- System 62, 121

Bahn 44
Basal 56, 79, 82, 84 f., 93 f., 118
Basalste Form 79, 118
Basisproblem 45, 88
Baum 44
Bedeutung 8 f., 19, 35 f., 43, 47, 49 f., 56 ff., 63, 66 ff., 70 ff., 82, 84 ff., 93 ff., 99 f., 106, 108, 110, 112, 118, 120 f., 125, 127
- politisch 9
Bedeutungskonstruktion 109
Bedeutungswörterbuch 108
Befehl 113, 116 f., 120
Befugnisnorm 103 ff., 107 f.
- Maximalumfang 105

Befugnisnormgrenze 105, 107
Begrenztheit von Voraussagen 90
Begriff 7, 15, 20, 24 f., 30, 35, 40, 42 ff., 51, 53 ff., 57 ff., 64, 66, 68, 73 ff., 80, 88 f., 101, 104 f., 107, 115 ff.
- der Zahl 40
- einer Zahl 58
Begriffliche Klassifikation 76
Begriffsbildung, vage 88
Begriffsmerkmale 54, 59, 101
Begriffsmerkmalsmenge 79, 95, 104
- abstrakt-generell formulierte 104
Begriffsnetz 54, 56 f., 64 f., 69, 79, 83, 88, 95 f., 101 f., 106, 108 f., 111, 114 f.
- prüfbar 96
- vage 88
Begriffsschrift 62, 66
Beleuchtungsverteilung 41
Beobachter 30, 42, 53 ff., 73, 78 f., 88, 116 ff.
Beobachtung 15 f., 20, 22, 26, 33, 39, 42, 46, 84, 95, 112, 117
Beobachtungsebene 86
Beobachtungssätze 19
Berechenbarkeitstheorie 110
Berechnungsvorschrift 110
Beschränktheit formalisierter mathematischer Gedankengänge 64
Beschreibung 24 ff., 37, 44 f., 47 f., 55, 58, 60, 64, 67, 113
Beschreibungsebene 86
Besonderheit 99, 101
Besonders groß 21, 38, 90
Besonders klein 21, 38, 90
Besonders kompliziert 38, 90
Beste Erklärung 23 f., 123
Bestirnten Himmel über mir 34
Bestseller 98
Beugung 41
Beweis 32 f., 42, 63, 110
Beweisbarkeit innerhalb eines bestimmten formalen Systems 64
Bewusstsein 57, 103, 112

Sachverzeichnis

Beziehung 24 f., 36, 40, 62, 65 ff., 74, 78, 119, 125
Bezug 16, 23, 26, 28, 32, 63, 70, 72, 85, 91, 108, 115 ff., 122 f.
Bezüglich Erfahrung unterbestimmt 69
Bezugnahme 17 ff., 21, 23, 63, 70 f., 74 f., 85, 92 f., 95, 124 ff.
Billardkugel 43
Bindung 79, 94, 96, 101, 114, 117
Biologie 15, 37
Biologischer Prozess 48
Black Box 90
Brownscher Kalkül 53

Calculus of indication 53
Cassis de Dijon 105
Chaos 109
Chaostheorie 38, 90 f., 117, 121
Charakter, fiktiv 40
Charity principle 71
Chemie 60
Chemischer Prozess 48
Chip 89
Circulus virtuosus....27, 32
Cirulus vitiosus 27, 32, 121, 125, 128
Code 91, 95, 121
Computer 38, 44, 76, 80, 89 ff., 97, 103, 113
Computerapplikation 103
Computermodelle 37, 103
Computerunterstützung 79, 101, 113 f., 116
Cross 53

Darstellung 13, 17, 28, 33 f., 41 f., 49, 63, 98, 100 ff.
Dassonville 105
Daten, unzuverlässig 45
Datensatz 110, 113
Deduktion 96, 99, 107, 121, 123 f., 126
Dekonstruktion 24, 38, 84, 92 f., 115 f.
Demograph 26, 111
Demokratisches Prinzip 35

Denkbare Methodenlehre 98, 105, 114
Denken 22, 38, 40 f., 55 ff., 66, 68, 70, 72, 74, 79, 84 f., 88 f., 92, 112, 118
– des Alltags 41
– im Recht 22
– in den Wissenschaften 41
– menschlich 84, 88
– rein 40
Denken im Recht, experimentierend 22
Denkendes Wesen 54
Denkfähigkeit 84
Denkfehler, trivial 51
Denkstruktur 50
Denkzeug 38, 90
Deontic scorekeeping 74
Deontische Logik 33
Deskriptiv 26, 30, 32, 34, 74, 97, 123
Destruktive Interferenz 42
Determinismus 41, 44 f., 47, 86, 90, 99
– streng 90
Determinismusproblem 37
Deterministische Naturgesetze 41
Deutsche Sprachfassung 107
Deutung, statistisch 44
Dichotomie 34, 97
Differenz 34, 94
Dimension, mittlere 38, 90
Diskrete lokalisierte Energiepakete 41
Diskursmuster 82
Diskurstheorie 80 ff.
Dogmatik 35, 70
Doppelspalt 41
Doppelspaltexperiment 41
Doxastische Festlegung 75
Dreiwertig 54
Dualismus 34, 41
Durchsichtig 50

Ebenenvertauschung 76
Effekt 22, 42
– lichtelektrisch 42
– photoelektrisch 42

Einheitliche Bedeutung von Sprache 36, 74, 125
Einsatzmöglichkeit 103
Einwertig 54
Einzelfall 23, 91, 104, 116, 118 ff.
Elektrodynamik 41
Elektromagnetische Kraft 48
Elektromagnetische Strahlung 41
Elektronen 43
Elektronenstrahl 41
Elefanten 43
Elliptische Geometrie 61
Empirie 15, 38, 93
Empirisch 8 f., 15 ff., 28, 30, 32, 45 ff., 62, 65, 67 f., 70, 77, 88, 91 f., 99, 117 f., 122 ff.
– Methode 15, 45
– Phänomen 16, 21, 125
– prüfbare Wirkung 22
– Reduktionismus 19
– Sinnkriterium 8
– Wissenschaft 8 f., 15 f., 19, 22, 32, 125, 127
Empirismus 17 ff., 70, 74
– logisch 18
Energiepakete, diskrete lokalisierte 41
Englische Sprachfassung 107
Engste Sprachfassung 108
Entscheidung 33 f., 76, 80 f., 85 ff., 94, 96 f., 99 ff., 114, 116, 118, 121 ff., 125, 127
Entscheidungsprozeß, richterlich 91
Entwicklung der Prüfkriterien 125
Epistemischer Konstruktivismus 25
Epistemischer Realismus 26
Epistemologisch 25, 45, 53, 122
Epistemologischer Zirkel 45
Erfahrung, menschlich 16
Erfahrungswirklichkeit 45
Erfahrungswissenschaftliche Theorie 15
Erfindung 39 f., 52, 78
Erfolg der Wissenschaft 24
Erfüllbarkeit 29

Erkenntnis 8, 15, 17, 20 f., 25, 36 ff., 47, 51, 53, 61 f., 70, 73, 75, 86, 88, 90, 92 ff., 98 f., 113, 115
– naturwissenschaftlich 17, 36
– sprachwissenschaftlich 17
– strukturwissenschaftlich 17, 113
Erkenntnisexterner Sinn 20
Erkenntnistheoretischer Holismus 71
Erkenntnistheorie 8, 16, 20 f., 27, 32, 36, 47, 84, 112
– evolutionär 21, 36, 47, 84
Erklärung 9, 23 f., 41, 49, 54, 71, 73, 92, 123
– beste 23 f., 123
Ermahnung 113
Ermessensentscheidung des Richters 113
Erste 7, 21, 26, 30, 37, 42, 46, 54, 56 ff., 60 f., 63, 68, 72, 78, 82, 84 f., 88, 94 f., 111, 116 f., 122 f., 125 f.
Erste praktische Rechtsentscheidung 111
Erster Teilnehmer 78
Erster Unvollständigkeitssatz 63
EuGH 31, 103 ff., 107 f., 114
Euklidische Geometrie 39, 60, 61
Europarecht 35, 102, 104 f., 113
Evolutionäre Erkenntnistheorie 21, 36, 47, 84
Evolutionäre Methodenlehre 102
Evolutionstheorie 9
Exakte Naturwissenschaft 123
Existenz 25, 36, 38, 52, 58, 60, 74, 81, 84, 87, 92, 94, 118, 125
– der Willensfreiheit 87
– des Selbst 36, 74, 125
– objektive Wahrheit 36, 74, 125
– Wirklichkeit 36, 74, 125
Experiment 15, 22, 33, 39, 41, 88, 115, 123
– archetypisch 41
Experimentalismus, neuer 22
Experimentierende Methode 22, 97
Experimentierendes Denken im Recht 22
Explikation 96

Explizitmachen 95
Expressivismus 74
Extrapolation 84

Fachfremd 38
Faktische Wahrheit 50
Fallnorm 107
Falsch 31 f., 35, 46, 50 f., 53, 56, 60, 66 f., 69, 81, 112, 115
Falsifikation 9, 19 ff., 125
Falsifizierbar 45
Fazit 46, 91, 116, 126
Fehlschluss 25 f.
– naturalistisch 26
Festlegung 8, 73 ff., 85, 100, 111
– doxastisch 75
– inferentiell 75
Fiktiver Charakter 40
Filigrane Modellierung 56 f.
Fluch der Dimensionalität 89
Folgerichtigkeit 55, 80
Form 8, 25, 28, 35, 39, 41, 53 ff., 60, 63 f., 66, 68, 72 f., 77 ff., 82 ff., 88, 93 ff., 100 f., 113 f., 117 ff., 125 f., 128 f.
– basal 79, 82, 84 f., 118
– der Unterscheidung 56 f., 68, 78 ff., 85, 93 f., 118, 126
– der Unterscheidung für die Form 78, 94
– durch die Form 95
– strukturwissenschaftlich 88, 114
Formale Grenzlinie 107
Formale Logik 50, 80
Formale Sprache 94
Formales System 50, 64, 99, 101, 111, 121 ff., 126, 129
Formalist 64
Formallogik 34
Formenkalkül 53
Forschung 15, 91, 98, 113
Fortschritt 9, 39, 75, 125
Fragen, metaphysisch 19

Französische Sprachfassung 107
Frei erfunden 40
Freiheit 35, 52, 69, 117
Fruchtbar 24 f., 33, 50, 54, 57, 69, 101 f.
Fundamental 20, 29, 35 f., 43, 84, 92, 128
Fundamentaler Zweifel 36, 84
Fundamentalphilosophie 70, 92
Funktionalismus 76, 79
Fuzzy 57, 79, 100
Fuzzy-Konzepte 89
Fuzzy logic 56
Fuzzy-Logik 54, 56 f., 59, 78, 89, 95, 101
Fuzzy-Logik-System 88
Fuzzy-Regeln 89
Fuzzy-Set-Systeme 57, 103
Fuzzy-System 88 f.

Gangbarkeit 47, 64, 97
Ganze Zahl 41
Gavagai 70 f.
Gedächtnis 94
Gedanke einer Zahl 58
Gefangenenexperiment 115
Geflecht 96
Gegebenes 67, 77
Gehirn 37, 52, 54, 86 f., 90, 95
Geist 39, 71, 99
Geisteswissenschaft 8 f., 17, 22 f., 26, 32, 34, 49, 75, 98, 122, 125 f.
Gekrümmter Raum 61, 99
Gemeinschaftsrecht 103, 107
Geometrie 39, 50, 60 ff., 99
– elliptische 61
– euklidisch 39, 60 f.
– hyperbolisch 61
Geometrische Optik 41
Gerechtigkeitsbezug 123
Gerechtigkeitsvorstellung, vorherrschend 123
Gericht 31 f., 100 ff., 105, 107, 111
Gerichtsentscheidung 34
Geringere Komplexität 38, 90

Geschichte 65, 69, 109
Geschichtswissenschaft 115
Geschwindigkeit 38, 60 f.
Gesellschaftsspiel 74
Gesetze der Form 53, 63, 68, 78, 84, 88, 94 f., 113, 120
Gesetzeswort 96, 99 f., 108
Gesetzgeber 35, 87, 102 f., 110
Gewaltentrennung 35
Gewebe 69
Gewirr 90
Glatzkopf 101
Glaubwürdigkeit 56
Gleich 41 ff., 59, 81, 89 f., 101 f., 104, 112, 118, 120
Gleichheit 35
Gliederung, inferentiell 76 f.
Gottes Hand 111
Gravitationskraft 47
Gravitationstheorie 21, 48
Grenze 23, 31, 43, 55, 63, 69, 85, 89 ff., 97, 101, 107, 111, 117, 121, 124
– der Regelexplosion 89 f., 101, 111
– des menschlichen Mathematisierungsvermögens 63
– meiner Sprache 55, 85
– meiner Welt 55, 85
Grenzlinie, formal 107
Großen Vereinheitlichten Theorien 48
Grundbegriff 39 f., 50
Grundfreiheit 105
Grundgesetz 39 f., 62
Grundlagenforschung 36
Grundlagenkrise in der Mathematik 23
Grundmenge 102

Halteproblem 103, 108, 110 f., 126
Hermeneutik 21
Hermeneutisch 27, 71
– Prinzip 71
– Zirkel 27
Heuristisch 42, 45 f.
Heuristisches Potential 46

Hilberträume 44
Hilfsmittel 21, 86 f., 125
Hin- und Herwandern des Blickes 106, 110
Hirnforscher 54, 86 f.
Hirnforschung 54, 86
Hirngespinst 68, 85
Hirnprozess 86
Historische Auslegung 100, 108 f., 126
Historische Methode 102
Historisches Zeichen 108, 110
Hochschulabsolventen 39
Hoffnung 18, 24, 32, 44 ff., 51, 59, 67, 72, 75, 83, 88, 91, 115
Hohe See 111
Holismus 54, 65, 68 ff., 73, 80, 95
– erkenntnistheoretisch 71
– radikal 68, 70
– semantisch 71, 73 f.
Holistische Wende 68
Holistisches Begriffsnetz 69, 95
Humanwissenschaft 15
Hyperbolische Geometrie 61
Hypothese 27

Ich 5, 32, 40, 45, 48, 51, 54, 68, 79, 83 f., 86, 95
Ideale Sprechsituation 81 ff., 98
Idee 8, 45 f., 59, 61 f., 66 f., 74, 78 ff., 94, 99, 112 f., 117, 119, 123
Identität 35, 95, 122
Identitätsgesetz 56, 95
Illusion 40 f., 91
Implizit 74
Impuls 44, 92
Indikationenkalkül 28, 53 ff., 63, 88, 113
Individualismus 35
Induktion 9, 16, 18, 21, 96, 107, 121, 123 ff.
– intuitiv 21, 125
Induktionsprinzip 18
Induktionsproblem 45
Induktiv 40

Inferentialismus 73, 75, 82
Inferentielle Festlegung 75
Inferentielle Gliederung 76 f.
Inferentielle Semantik 73 f.
Inferentielles Spiel des Aufstellens von Behauptungen 76
Inferenz 74, 76 f.
– logisch gültig 77
– material gute 77
Infiniter Regress 109, 121, 128
Informatik 86, 88, 91, 103, 110
Innenwelt 117
Intensität der Beleuchtung 42
Interaktion 24, 84
Interesse, praktisch 10
Interessengebundenheit 21
Interferenz 42
– destruktiv 42
Interferenzmuster 41 f.
Interferiert 42
Internes Konstrukt 117
Interpretation 45 f., 49, 59, 62, 71 ff., 103, 107, 125 f., 128 f.
– radikal 71
Intersubjektivität 80
Intuition 21, 38, 62, 90, 125, 128
Intuitive Induktion 21, 125
Invariant 110
Irrational 10
Isoliert 79
Iterativer Prozess 106 f.

Jurisprudenz 9, 23, 28, 33 f., 45, 65, 81, 113, 122
– rhetorisch 33
– topisch 33
Juristenpersönlichkeit 127
Juristerei 26, 65, 79, 90
Juristische Argumentationstheorie 80, 82
Juristische Ästhetik 23
Juristische Literatur 104

Juristische Methodenlehre 5, 9, 25, 27, 31 f., 57, 74, 79, 86, 88, 98, 114 ff., 118 f., 121, 126
Juristischer Diskurs 82 f.
Justizsyllogismus 49

Kalkül 38, 50, 53 ff., 59, 80, 90 f., 94, 101, 113
– der Bezeichnung 53
– der Form 53
– der Unterscheidung 53
Kanones 96
Kategorisierung, weltanschaulich 37
Katze 45
Kausalerklärung 16
Kausalitätsprinzip 18
Keck-Entscheidung 104 f.
Kernproblem 34
Klassifikation 76
– begrifflich 76
– responsiv 76
Klassische Logik 49, 56, 63
Klassische Mechanik 40, 44, 60
Klassische Physik 39, 44
Kleinkinder 84
Kluft 40, 88, 124
Kognitive Nische 38, 90
Kognitive Wende 21
Kognitivismus 84
Kohärenz 48 ff., 52, 54, 64, 70, 91, 94, 99, 117
Kombiniert 21, 62, 94, 106, 117
Kommunikation 8, 68, 76, 78, 80 f., 83, 86, 120
Kommunikative Rationalität 81
Komplexität, gering 38, 90
Komplexzahlige Kombination 43
Konditional 78
Konjunktion 54, 56, 58, 85, 95
Konkreteres 31, 63
Konsens 81 f.
Konsolidierende Verarbeitung 113
Konstrukt, internes 117

Konstruktion, mathematisch 40
Konstruktivismus 24 ff., 32, 47, 50, 54, 68 f., 72, 79, 93 f., 111 f., 117
– epistemisch 25
– ontologisch 25
– radikal 24 f., 32, 47, 54, 69, 94
Konstruktivist 22, 28, 78 ff.
Konstruktivistische Ansätze 94
Konvention 18 f., 93
Konzept 10, 28, 30 f., 45, 47 f., 53 f., 57 f., 60, 62, 64 f., 67, 70, 72 ff., 81, 84 ff., 93 ff., 97, 100 ff., 114, 116, 118 ff.
– einer Zahl 58
Körper 39, 48, 95
Korpuskeltheorie 41
Korrespondenz 25, 117
– strukturell 25
Korrespondieren 32, 92, 119
Kraft, elektromagnetisch 48
Kreationismus 9
Kripkenstein 71
Kriterium 17, 31, 40, 46, 91, 93, 97, 99, 108
– für Wissenschaftlichkeit 17
Kritische Theorie 21
Kritisierbarkeit 29
Kultur 35
Kulturelle Produkte 75
Kybernetiker 28

Laws of Form 28, 53 ff., 63, 78, 84, 88, 94 f., 120, 125, 128
Legein 49
Legitim 50
Leistungsfähigkeit 22, 48, 77 f., 89, 123, 125
Letztbegründung 27, 32, 57, 92 f., 115, 122
Lexika 106
Libet-Experimente 88
Licht 41 ff., 46
Lichtelektrischer Effekt 42

Lichtquanten 41
Linguistic turn 66 f.
Linguistik 38
Linquistischer Pragmatismus 73
Lissabon-Entscheidung 31
Literatur 9, 22, 32 f., 92, 97, 102, 104, 115
– juristisch 104
Logik 18 f., 21, 23, 33, 36 f., 48 ff., 58 f., 62 ff., 68 f., 77, 80, 83, 85, 87 f., 91 ff., 101, 103, 109, 114, 120 ff., 125
– deontisch 33
– klassisch 49, 56, 63
– modern 18, 50, 62, 121
– 2-wertig 56, 85, 95
Logisch 8, 15 f., 18, 23, 27, 34, 39 ff., 49 ff., 53 f., 57 f., 60, 65 f., 72, 77 f., 82 ff., 92, 94 ff., 101, 106, 115, 118, 120 f., 123
– Aufbau der Welt 66
– Empirismus 18
– gültige Inferenz 77
– Prius 54, 65, 84
– Sprung 34
– Struktur 18, 58, 78, 94, 101
– unüberbrückbar 40
– Zirkel 27
– zwingend 23
Logos 49
Lösung 27, 33, 43, 47 f., 57, 60, 73, 78, 82, 91 f., 99, 103 f., 117, 123
Lücke 8, 88, 106, 111
Lügenhaftigkeit 51

Maastricht-Entscheidung 31
Makrokosmos 38, 61 f., 77, 125
Mangel an Wissen 42
Markiert 53, 80
Markierter Raum 53, 80
Marktwirtschaft 35
Maschine 86 f., 90, 110, 121
– abstrakt 110
– nichttrivial 90, 121

Massen 48, 60 ff.
Maßnahme gleicher Wirkung 104
Maßstab, technisch 96
Material gute Inferenz 77
Materie 42, 46, 48
Mathematik 7, 19, 23, 36 ff., 40 f., 44, 48 ff., 53 ff., 58, 60, 63, 69, 72, 80, 87 ff., 99, 101, 103, 109 f., 113, 120 ff., 125
Mathematiksysteme 65
Mathematisch denkbar Einfachsten 40
Mathematische Analyse 91
Mathematische Hilfsmittel 86 f.
Mathematische Konstruktion 40
Maxima 42
Maximalumfang der Befugnisnorm 105
Maxwell'sche Theorie 60
Mechanik 40, 44, 60, 62
– klassisch 40, 44, 60
– Newtonsche 60, 62
Mehrsprachigkeit 107
Mehrwertige Logik-Systeme 56
Meinung, privat 35, 102
Menge 31, 35, 51, 54, 58, 68, 84, 99 ff., 108 f., 114, 118
– aller Mengen 51, 54, 68
– möglicher Methoden 31, 35
Mengenlehre 50 f., 56, 72, 100 f.
Menschengeist 40
Menschliche Erfahrung 16
Menschliches Denken 84, 88
Menschliches Verhalten 48
Mesokosmos 38 f., 60, 62, 80, 90 f., 96, 113, 118
Messgerät 45
Messung 15 f., 33, 45
Meta-Ebene 27, 125
Meta-Meta-System 99
Meta-Methode 98, 114
Meta-Methodenlehre 102
Meta-System 52, 99
Meta-Wissenschaft 27
Metadisziplin 9

Metaethik 8, 16
Metakriterium 26, 29 f.
Metaphysik 19, 40, 60
Metaphysische Fragen 19
Metarepräsentation 54
Methode 15, 17 ff., 21 f., 27 f., 31 ff., 35, 45, 51, 62, 79, 82, 87, 91, 97 f., 100, 102, 105, 111 f., 114, 116, 118, 123
– empirisch 15, 45
– experimentierend 22, 97
– historisch 102
– objektiv-teleologisch 102
– subjektiv teleologisch 102
Methodenfrage 101
Methodenlehre 5, 9, 25, 27, 31 f., 35, 54, 57, 73 f., 79, 86, 88, 96 ff., 101 ff., 105, 109 ff., 114 ff., 118 f., 121, 126
– denkbar 105
– evolutionär 102
– juristisch 5, 9, 25, 27, 31 f., 57, 74, 79, 86, 88, 98, 114 ff., 118 f., 121, 126
– Modellierung 103
Methodenmodell 78, 98, 100, 102, 114, 119 f., 126
Methodenregel 79, 103, 110, 119
Methodenspiel 31, 85
Methodenzwang 20
Methodik 35, 96, 98
Mikrobereich 43
Mikrokosmos 41, 62
Mikroobjekt 44
Minimalkalkül 94
Minimum 42, 109
Misstrauen 92
Mittlere Dimension 38, 90
Modell 8, 23, 43, 46, 48, 50, 52, 55, 61, 63, 65 f., 77 f., 83, 85, 88, 91, 96, 99 ff., 110, 113 f., 116, 118 f., 121, 123 f.
– wahr 102
– zur Auswahl von Modellen 100
Modellierung von Methodenlehre 103
Moderne Logik 18, 50, 62

Moderne Wissenschaftstheorie 30, 47
Möglicher Wortsinn 106, 108
Moralisches Gesetz in mir 34
Moralphilosophie 32
Multiplikation 58, 89
Münchhausen-Trilemma 27
Mustererkennung 94

Nachteil 16, 83, 113, 126
Nachvollziehbarkeit 97, 114, 126
Näherungsmethode 48
Nativismus 84
Naturalismus 21
Naturalistischer Fehlschluss 26
Naturerkenntnis 46
Naturerscheinung 40, 50
Naturgesetz 41, 45 f., 63
– deterministisch 41
Natürliche Sprache 66 f., 72
Naturwissenschaft, exakt 9, 33
Naturwissenschaftlich 9, 17, 25, 32 f., 36, 86 f., 122
Naturwissenschaftliche Erkenntnis 36
Negation 53, 56, 85, 95
Neopragmatisch 92
Neopragmatismus 66, 74
Nervenzellmembran 86
Netze, neuronal 88 ff.
Neuaufbau 93
Neuer Experimentalismus 22
Neues 19, 37, 51, 55, 109, 116
Neues Zeichen 109
Neuro-fuzzy-System 37
Neuro-System 89
Neuron 89
Neuronale Netze 88 ff.
Neuronenexplosion 90
Neurowissenschaft 37, 86
Newtonsche Mechanik 60
Nichteuklidisch 60 ff., 76
Nichttriviale Maschine 90, 121
Nichtzwingender Schluss 16, 96, 107, 124

Niederländische Sprachfassung 107
Nische, kognitiv 38, 90
No-miracle-argument 23
Norm 33, 35, 52, 74, 76, 79, 81 ff., 84 f., 98 f., 104, 106 ff., 111 f., 117 f., 120
Normative Aussage 26, 34
Normative Wissenschaftstheorie 30
Normativer Standard 78
Normatives 29, 32, 76
Notizzettel 109
Nützliche Werkzeuge 46
Nützlichkeit 47, 65, 91, 97

Obergericht 98, 100 f., 103
Objektiv erkennbare Realität 16 f.
Objektiv-teleologische Methode 102
Objektive Wahrheit 16, 36, 74, 125
Obsolet 47
Ökonomie 29
Ontologie 24, 45, 52, 70, 85
– realistisch 45
Ontologisch 25, 52, 55, 59, 66, 80 f., 85, 92, 122
Ontologischer Konstruktivismus 25
Ontologischer Realismus 25
Orientierungssicherheit 114
Ort 8, 43 f., 61, 92

Papagei 76
Paradigmen 20
Paradox 45, 96, 121
Paradoxie 23, 45, 49, 51, 54, 56, 82, 92, 102, 121, 124 f.
– des Haufens 56
Parallele Systeme 87
Person 54, 86, 95, 109
Pessimistische Meta-Induktion 55
Phänomen 16, 21, 24, 34, 41 f., 44, 50, 52, 54 ff., 72, 75, 78 f., 89 f., 121, 125
– der Regelexplosion 89
– empirisch 15 f., 21, 125
Philologen 32
Philosophen, postmodern 92

Philosophers of science 30
Philosophie 18, 23 f., 27, 32, 34, 36, 38 f., 41, 46 f., 53, 60 f., 64 f., 70 ff., 79, 84, 86 f., 92 f., 96, 98, 111, 114 ff., 125 f.
- postmodern 32, 34, 36, 38 f., 41, 47, 53, 64, 72, 79, 84, 86 f., 92, 96, 98, 111, 115 f., 125 f.
- zeitgenössisch 36, 93, 111, 114 f., 125
Philosophisch 9, 17 ff., 24 f., 31 f., 34 ff., 46 f., 54, 57, 59, 63 f., 66 f., 75, 94, 96, 98, 100 f., 112, 114, 123, 125 f.
Philosophische Untersuchung 66 f.
Photoeffekt 42
Photoelektrischer Effekt 42
Photonen 41 f.
Photonen-Einheit 41
Photonengröße 42
Physik 15, 36, 39 f., 42 ff., 59 ff., 75, 79, 92, 99, 113 f., 123
- klassisch 39, 44
Physikalische Bedeutung 43
Physikalische Welt 24
Physikalisches System 44
Physikstudent 44
Poltische Bedeutung 9
Portugiesische Sprachfassung 107
Post-empirisch 18
Post-rationalistisch 18
Postmodern 25, 32, 34, 36, 38 f., 41, 45, 47, 53, 64 f., 72, 74, 79, 81, 83 f., 86 ff., 92, 96, 98, 111, 113, 115 f., 125 f.
Postmoderne Philosophen 92
Postmoderne Philosophie 32, 34, 36, 38 f., 41, 47, 53, 64, 72, 79, 84, 86 f., 92, 96, 98, 111, 115 f., 125 f.
Postmoderne Zweifel 45, 65, 83, 88, 113, 115
Poststrukturalismus 75
Potential, heuristisch 46
Prädikatenlogik 19, 56, 62
Pragmatik 20, 122
- in einem erkenntnisexternen Sinn 20
Pragmatisch 20, 66 f., 77, 92 f.

Pragmatische Wissenschaftstheorie 20
Pragmatismus 66, 73, 75
- linquistischer 73
Praktisches Interesse 10
Praxis 8, 26, 28 ff., 48, 72, 74, 76, 78 f., 95 f., 99, 104
Precluded 77
Principia Mathematica 51, 66
Prinzip 18, 35, 40, 42, 48, 52 f., 71, 73, 81
- demokratisch 35
- hermeneutisch 71
- schöpferisch 40
Prinzipiell 16 f., 19, 32 f., 44 ff., 55, 63 f., 69 ff., 75, 87 ff., 96 f., 100, 102, 109, 111, 114, 119 ff., 125, 127
Private Meinung 35, 102
Problem 8 ff., 16, 18, 22 f., 26 ff., 31, 33, 35, 37 f., 41, 43 f., 47 f., 51, 55 f., 60 ff., 64 f., 67, 69, 72, 78, 82 f., 88 f., 90 ff., 94, 96, 98 f., 101 f., 104 f., 109, 111, 113, 117, 119 ff., 125 f., 128 f.
Problemlösungspotential 29
Programmablaufplan 91
Protokollsatzdebatte 18 f.
Prozess 16, 42, 46, 48, 62, 67, 78, 94, 96, 103, 106 f., 109 f., 114 f.
- biologisch 48
- chemisch 48
- iterativ 106 f.
Prudence 91
Prüfbare Wirkung 22
Prüfbares Begriffsnetz 96
Prüfbarkeit 15 ff., 25 f., 29 f., 46, 57, 65, 124
- an einer Realität 17
- einer Theorie 17
Prüfkriterien, Entwicklung 21, 125
Pseudowissenschaft 10, 26
Psychologie 15, 115

Quantenfeldtheorie 43
Quantenmechanik 41, 43 ff., 48, 60, 75, 86, 88, 99

Quantenphilosophie 45
Quantenphysik 45 f.
Quantentheorie 21, 38, 41, 43, 45 ff., 88, 118 f.

Radikal 20, 24 f., 32, 47, 54, 68 ff., 94, 96
– Holismus 68, 70
– Interpretation 71
– Konstruktivismus 24 f., 32, 47, 54, 69, 94
– Übersetzung 70 f.
Ratiomorpher Apparat 38
Rational 10, 18, 21, 30, 85, 125, 128
Rationalismus 17, 19, 29, 47
Rationalistische semantische Theorie 74
Rationalität 10, 22, 29 f., 81 f., 125
Rationalitätsmaßstab 10, 96
Rätsel 42
Raum, gekrümmt 61, 99
Raum und Zeit 39
Raumzeit-Struktur 39
Re-entry 88, 94
Re-entry of the form (into the form) 94
Realismus 22 ff., 46, 55, 123, 125
– epistemisch 26
– ontologisch 25
– semantisch 25
– wissenschaftlich 22 ff., 55, 123, 125
Realist 24, 123
Realistische Ontologie 45
Realistische Semantik 45
Realität 16 f., 22, 26, 36, 45 ff., 50 f., 54, 61, 63, 65 f., 68 f., 73 ff., 81, 85 ff., 93, 95, 99, 105, 112, 117, 119 f., 122, 124
– objektiv erkennbar 16 f.
– Prüfbarkeit 17
Realitätsbezug 123
Realitätsgetreu 47
Realitätsvorstellung 44
Rechenschaft 91
Rechtsanwendung 99, 105

Rechtsanwendungsmethode 103
Rechtsautomaten 91
Rechtsberatungssystem 91
Rechtsdogmatik 35, 53
Rechtserzeugungsreflexion 96
Rechtsfortbildung 31, 65, 96, 99 ff., 103, 106 ff., 111, 119, 126
Rechtsfrage 104
Rechtsgedanke, abstrakt 106
Rechtsinformatik 91, 103, 113, 126
Rechtslehre, rein 18, 28, 122
Rechtslogik 16, 91, 126
Rechtsprechungsbefugnis 35, 52, 105, 108, 126
Rechtssicherheit 90
Rechtsstaat 35
Rechtsstaatlichkeit 35, 114
Rechtstheorie 10, 28, 33, 98, 101, 110, 122
– rein 28, 122
Rechtswissenschaft 7 ff., 16 ff., 22, 26 ff., 30 ff., 36 f., 47, 50, 52 f., 57, 67, 69, 78 f., 91, 94, 96, 99, 101 f., 109, 111 ff., 116, 119 ff., 125 f.
Rede, vernünftig 49
Reduktionismus 19, 70
– empirisch 19
Regel 8, 16, 27, 31, 43, 50 ff., 62 f., 65, 67, 72 f., 79 f., 82 f., 89, 95, 98 ff., 107, 110 ff., 115 f., 125 f.
– der Interpretation 72, 125
– einer idealen Sprechsituation 98
Regelexplosion 88 ff., 97, 101, 111, 117, 121
Regelgenerierung 95
Regeln der Interpretation 72, 125
Regeln einer idealen Sprechsituation 98
Regelung von Regelungen 67
Regress 45, 109, 121, 128
– infinit 109, 121, 128
– unendlich 45
Rein 18, 28, 40, 50, 63 f., 69, 78, 96, 98, 112, 122
– Denken 40

– Rechtslehre 18, 28, 122
– Rechtstheorie 28, 122
Rekursive Theorie 72
Relation 28, 39, 85, 128
Relationaler linquistischer Zugang 73
Relativismus 20, 24, 71, 83 f.
Relativitätstheorie 28, 38 f., 41, 46 ff., 59 ff., 92
Repräsentation 54, 68, 74
Repräsentationales Paradigma 74 f.
Repräsentationalistisch 73
Responsive Klassifikation 76
Reversibel 41
Revolutionär 17, 36 ff., 92, 113, 125
Rhetorische Jurisprudenz 33
Richter 35, 52, 57, 73, 78, 87, 96, 100, 102 f., 107, 113 ff., 118 ff., 126
– Auswahlentscheidung 113, 126
– Ermessensentscheidung 113
Richterlicher Entscheidungsprozess 91
Richterpersönlichkeit 97, 115 f.
Richtigkeit, semantisch 97
Rückbezüglichkeit 27, 51
Rundgang 113

Sandhaufen 56 f.
Satz 18 f., 29, 40, 51, 53, 55 f., 62 ff., 66, 68 ff., 74, 81, 84, 97, 102, 120
– analytisch 18 f., 70
– synthetisch 18 f., 70
– vom ausgeschlossenen Widerspruch 56
Schachteln in größeren Schachteln 107
Schärfe 41
Scheinproblem 34
Schleifen-Quantenquantengravitation 47
Schlitze 41 f.
Schluss 16, 23, 62, 77, 88, 96, 107, 121, 123 f.
– nicht zwingend 16, 96, 107, 124
– vom Sein aufs Sollen 77
Schlussfolgerung 32
Schlüssiges Verfahren 23

Schlussregel 51
Schmiegsamkeit 113
Schöpferisches Prinzip 40
Schrödinger-Gleichung 43
Schule 39, 60, 98
Science 30, 91, 128 f.
Science war 34 f., 91, 98, 111
Sein und Sollen 32, 34, 70, 81, 97 f., 120
Selbst 7, 9, 16, 20, 22, 25, 27, 29 ff., 36, 38 ff., 42 f., 45 f., 48, 50 f., 53 ff., 60, 63 f., 66 ff., 72 ff., 79, 82 ff., 90, 92 ff., 99 ff., 104, 111, 114 ff., 120 ff., 125 f.
Selbst-Konstrukt 54
Selbstähnlich 16, 67, 103, 124, 126
Selbstähnlichkeit 80, 109, 121, 125 f.
Selbstanwendbar 16, 27, 124, 126
Selbstanwendbarkeit 29, 80, 121, 125 f.
Selbstanwendung 27, 31 f.
Selbstbewusstsein 54, 85
Selbstbezüglich 16, 27, 72, 96, 99, 102 f., 111, 124, 126
Selbstbezüglichkeitskreislauf 85
Selbstreferentiell 16, 68, 72, 79, 98, 101, 103, 107, 112, 124, 126
Selbstreferentielle Untersuchung 103, 107
Selbstreferenz 27, 51, 64, 72 f., 80, 121, 125 f.
Selbsttäuschung 20
Semantik 45, 67, 73 ff., 77, 94, 97, 126
– realistisch 45
Semantische Richtigkeit 97
Semantischer Holismus 71, 73 f.
Semantischer Realismus 25
Semiotik 94
Singuläre Termini 84
Sinn, erkenntnisextern 20
Sinnesreize 86 f.
Sinnkriterium, empirisch 8
Sinnliche Erlebnisse 40
Sinnlos 17, 50, 66, 70 f., 102

Skalierbar 89
Skeptizismus 57, 70 f.,
Skurril 45
Software 91, 103
Softwareänderung 103
Solipsismus 93
Sollen *siehe* Sein und Sollen
Sollensnorm 26, 77, 100, 113
Sorites-Paradoxie 56, 59
Sorós 56
Soziale Wirklichkeit 24, 112
Sozialwissenschaft 8, 15, 111 f., 122
Soziologie 28, 38, 79, 112, 115
Spaghetti, verwickelt synaptisch 90
Spanische Sprachfassung 107
Sparsamkeit 41
Spektrum 39, 75
Spekulation 19, 33
Spezialist 39
Spezielle Relativitätstheorie 39, 41, 60
Spezielle Wissenschaftstheorie 8, 15, 124
Spiel 41, 75 f., 78 f., 102, 119
– mit Symbolen 41
Spielraum 107
Spielregel 41, 111, 119 f.
Sprachanalyse 66
Sprache 16, 18, 25, 36, 38, 49 ff., 55 f., 63, 65 ff., 71 ff., 77, 80 f., 84 f., 90, 92 ff., 103, 106, 108, 124 ff.
– formal 52, 66, 94
– Grenze 55, 85
– natürlich 67, 72
Spracherkennungsprogramm 108
Spracherwerb 68, 84
Sprachfassung 100, 103, 106 ff., 113
– Deutsch 107
– Englisch 107
– engste 108
– Französisch 107
– Niederländisch 107
– Portugiesisch 107
– Spanisch 107

– weiteste 108
Sprachform 53
Sprachphilosophie 37
Sprachspiel 67, 77, 85, 102, 111
– des Gesetzgebers 102
Sprachtheorie 95
Sprachwissenschaft 34, 92, 125
Sprachwissenschaftliche Erkenntnis 17
Sprechakte 81
Sprung 34
Stabil 38, 92
Standard 26, 30, 62, 77 f.
– normativ 78
Standardwissenschaftstheorie 19 f.
Stanford Prison Experiment 115
Starke Persönlichkeit 127
Statistische Deutung 44
Statistische Mechanik 60
Stein 44
Stoa 49
Stoffplan 115
Strahlung, elektromagnetisch 41
Streifen 42
Strenger Determinismus 90, 121
Strenger Syllogismus 33
Stringtheorie 47
Struktur 8, 18, 20, 27, 35, 39, 49 ff., 58 f., 61 f., 64, 66 f., 71, 77 ff., 82, 85 f., 91, 93 ff., 99, 101 ff., 112, 117, 119, 123, 125 f.
– der juristischen Entscheidung 94
– vorgegeben 99
– wenigstens so viel Bedeutung über die Bedeutung dieser Struktur 86
– zirkulär 27
Strukturalismus 75
Strukturalistische Wissenschaftstheorie 21
Strukturelle Korrespondenz 25
Strukturenrealismus 84 f.
Strukturierungsmöglichkeit 106, 108
Strukturtheorie 98

Strukturwissenschaft 16, 34, 37, 48 ff., 65, 69, 72, 88, 90 f., 96, 98, 103, 111, 118, 121, 123, 125 f.
Strukturwissenschaftlich 17, 37, 57, 60, 62 ff., 67, 87 f., 91, 99, 105, 110, 113 ff., 118 f., 121 ff.
– Erkenntnis 17, 113
– Form 88, 114
Stufenbau, unendlich 27, 125
Sub-System 99
Subjektiv teleologische Methode 102
Subordination 103 f.
Subsententialer Ausdruck 84
Substitution 84
Subsumtion 31, 62, 65, 78, 88, 96, 99 ff., 108, 118 f., 126, 129
Subsumtionsschluss 106, 110
Syllogismus, streng 33
Syllogistik 33, 49
Symbolische Mengen 100
Syntaktische Sprachdisposition 84
Syntaktischer Zusammenhang 77, 96
Syntax 53, 94
Synthetisch 18 f., 59 f., 69 f., 93
– Sätze 18 f., 70
System 19, 25, 28 f., 38, 41, 44, 48, 50, 52 f., 55, 57, 61 ff., 69 ff., 79, 87, 89 f., 92, 95, 99, 101, 108 f., 111, 116, 121 ff., 126, 129
– axiomatisch 62, 121
– empirisch-wissenschaftlich 19, 29
– formal 50, 64, 99, 101, 111, 121 ff., 126, 129
– parallel 87
– physikalisch 44
– verschieden logisch 50
Systemtheorie 28, 53, 94, 117

Tabellarische Darstellung 103
Tatfrage 104
Tatsachenfeststellung 26, 49, 70, 113
Technische Anwendung 46
Technische Maßstäbe 96

Technische Wissenschaft 10
Teilchen 41 ff., 48
Teilchenart 43
Teilchenbild 41 f.
Teilchendetektor 42
Teilchentheorie 43
Teilchenwelle 41, 43, 88
Teilmenge 77, 101
Teilnehmer 74, 77 ff., 81
Teiltheorie 48
Teleologische Auslegung 102
Telos 102, 109
Tempo 39
Termini, singulär 84
Testerfolg 15, 29
Textanalyse 113
Theorem 62, 89, 92, 128
Theoretische Informatik 110
Theoretische Unterbestimmtheit 55
Theorie 8f., 15 ff., 20 ff., 38 ff., 43 ff., 51, 54, 57, 60, 65 ff., 69, 71 f., 74, 80 ff., 84 f., 87 f., 94 ff., 111 f., 116 ff., 123, 125 f.
– der kognitiven Dissonanz 115
– des Lichts und der Materie 46
– erfahrungswissenschaftlich 15
– kritisch 21
– Prüfbarkeit 17, 65
– rationalistisch semantisch 74
– unvollständig 44
– unzuverlässig 45
– vorläufig 44
Theorieabhängig 45
Theorieabhängigkeit 20, 55, 88
Theoriefamilie 43
Tiefenstruktur 72
Tiefer liegende Zeichen 109 f.
Toleranz 35, 53
– wissenschaftstheoretisch 53
Toleranzprinzip 52 f.
Topische Jurisprudenz 33
Tractatus logico-philosophicus 55, 65 f., 85

Transparenz 65
Traum 95
Trennung 34, 76, 102
Trivialer Denkfehler 51
Trivialität 52
Turingmaschine 110

Überprüfbarkeit 17, 25, 47, 65, 91 f., 126
Übersetzung, radikal 70 f.
Übersetzungsbeispiel 71
Übersetzungsprogramm 108
Überzeugung 17 ff., 25, 38, 40, 69, 75 f., 82 f., 92 f., 98, 102
Übung 38, 90
Umweg 46, 106
Umwelt 54 f., 73, 84, 118
Unabhängig 9, 25, 33, 39, 47, 50, 52, 59 f., 63, 73, 78 f., 105 ff., 114, 117, 119 f.
Unendlich 27, 45, 48, 54, 58, 67, 70, 109, 125
– Regress 45, 70
– Stufenbau 27, 125
Unendlichkeit der Kontexte 109
Unentscheidbar 64
Unergründlichkeit des Systems 90
Universalgrammatik 84
Universalmethode 114
Universität 39, 98
Unmarkiert 53, 80, 124
Unschärfe in unserer Begriffsbildung 88
Unschärfeprinzip 44
Unschärferelation 44, 48, 62 f.
Unsinnig 66, 69
Unterbestimmtheit 55, 57, 100
Untergericht 98, 100 f.
Unterricht 38, 90
Unterscheidbarkeit 109, 117
Unterscheidung 28, 53 f., 56 f., 68, 70, 76, 78 ff., 84 f., 88, 93 ff., 97 f., 102, 104, 111, 116 ff., 120, 125 f.

Unterschied 16, 18, 20, 26 f., 47, 53, 58, 68, 70, 74, 76 f., 79 ff., 83, 89, 91, 94 ff., 100, 103 f., 106, 122, 126
Untersuchung 7 ff., 25, 35, 47, 54, 57, 66 f., 86, 91, 103, 107, 110, 123
– philosophisch 66 f.
– selbstreferentiell 103, 107
Unvollständige Theorie 44
Unvollständigkeitssatz 63, 125
– erster 63
– zweiter 63
Unzuverlässige Daten 45
Unzuverlässige Theorie 45
Urknall 47
Urknall-Modell 47
Urknall-Singularität 48, 62
Urparadoxie 51
Ursache 44, 61
Urteil 31 f., 38, 59 f., 65, 70, 76, 93, 97, 100 ff., 113 ff., 118
Urteilsbegründung 101, 121
Urteilsgründe 65, 114

Vage 57 f., 66, 83, 88 f., 95 f., 101
– Begriffsbildung 88
– Begriffsnetze 88
Verantwortung 10, 35
Verarbeitung, konsolidierende 113
Verfahren, schlüssig 23
Vergleichsbasis 106
Verhalten, menschlich 48
Verhältnismäßigkeitsprüfung 104 f.
Verifikation 19, 21, 69, 125
Verifizierbar 19, 45
Verknüpfung 40, 83, 88, 99, 106, 111, 118
Verlangen von Gründen 75 f., 79, 102
Vernünftige Rede 49
Verschachtelung 110
Verschieden logische Systeme 50
Verständnis der Natur 44

Verstehen 8 f., 15, 20, 23, 30, 39 f., 45, 50, 64, 66 f., 69, 71, 75 ff., 86, 89, 92, 94, 96 f., 99, 109, 112, 115 f., 122
Verwickelte synaptische Spaghetti 90
Viabilität 16, 22, 54, 64, 85, 91, 96 f., 122, 124, 126
Virtuoser Zirkel 27, 32
Vitiös 27
Vitioser Zirkel 27, 32, 121, 125, 128
Vokabular der Naturwissenschaft 75
Vollständig 25, 28, 47 f., 50, 57, 63 f., 86 f., 99, 102, 121 ff.
Vorabentscheidungsverfahren 103 ff.
Voraussagen, Begrenztheit 90
Vorgegebene Strukturen 99
Vorgehen 57, 71, 91
Vorherrschende Gerechtigkeitsvorstellung 123
Vorhersagefähigkeit 48
Vorläufige Theorie 44
Vorteil 16, 76, 79, 104, 112 f., 126
Vorurteil 38, 92 f.

Wahr 24 ff., 39 f., 50 f., 53, 56, 60, 64, 69, 81, 96, 102
– Modelle 102
Wahrheit 16, 18, 20 f., 23 ff., 36, 47, 50, 57, 64, 66, 72, 74, 81, 92 ff., 117, 123, 125
– faktisch 50
– objektiv 16, 36, 74, 125
Wahrheitsfunktion 56
Wahrheitstheorie 25, 71 f., 95
Wahrnehmung 24, 38, 90, 112
Wahrscheinlichkeit 41
Wahrscheinlichkeitsaussage 43 f.
Warenverkehrsfreiheit 104 f.
Wärmelehre 60
Wechselwirkung 42
Weiteste Sprachfassung 108
Wellencharakter 41 f.
Wellenfunktion 43
Wellenoptik 41

Wellenphänomen 41
Wellentheorie 41, 43
Welt 18, 21, 23 ff., 35, 38, 40, 44, 49 ff., 54 ff., 60, 62, 65 ff., 69, 84 f., 90, 92, 111 f., 117, 124 f.
– Grenze 55, 85
– physikalisch 24
– westlich 35
Weltanschauliche Kategorisierung 37
Welterkenntnis 115
Weltformel 47 f., 116
Wende, kognitiv 21
Werkzeug 19, 40, 46, 91, 101
– nützlich 46
Wertungsfragen 104
Werturteil 16, 70, 76, 81
Wertvorstellung 115
Westliche Welt 35
Widerspiegelung 25
Widerspruchsfreiheit 15, 29, 47 f., 50, 52, 54, 64 f., 85, 87, 91 f., 95 f., 99, 101, 121
– äußere 15
Wiedereintritt in die Form 88
Wiener Kreis 18
Willensbildung 88
Willensfreiheit 32, 37, 86 ff., 117
Willensschwäche 79, 83
Willkür 85
Willkürfreiheit 29
Wirklich 7 f., 18, 38 ff., 42 f., 45 f., 50, 59, 61, 67, 82, 86, 90, 92, 94, 119
Wirklichkeit 7, 22, 24 f., 36 f., 40, 42 f., 45 ff., 50 ff., 55, 66, 74, 87, 92, 94, 112, 117, 120 f., 125
– sozial 24, 112
Wirklichkeitserrechnungsmaschine 117
Wirklichkeitsgetreu 46, 89
Wirkung 22, 28, 104
– empirisch prüfbar 22
Wirkungsquantum 43, 92
Wissen 26 f., 32, 39, 42, 46, 53, 60 f., 69, 76, 83 f., 92, 98, 112, 115, 126

Wissenschaft 7 ff., 15 ff., 19, 22 ff., 26 ff., 30 ff., 37, 39, 41, 50, 55, 57, 60, 66, 74, 79, 81, 91, 97 f., 111 ff., 115 f., 120 ff., 125 ff.
- empirisch 8, 15 f., 19, 22, 32, 125, 127
- Erfolg 24
- technisch 10
Wissenschaftlicher Realismus 22 ff., 55, 123, 125
Wissenschaftlichkeit 9, 17, 26, 29, 33 f., 65, 82, 113, 122 f.
- Kriterium 9, 17, 26, 29
Wissenschaftsideal der Neuzeit 33
Wissenschaftskriterien 17
Wissenschaftsmodell 20
Wissenschaftstheoretiker 26 f., 30, 46
Wissenschaftstheoretische Toleranz 53
Wissenschaftstheorie 7 ff., 15 ff., 27 ff., 47, 49, 51, 57, 67, 85, 91, 98, 111, 121 ff.
- allgemein 8 f., 15 ff., 22 f., 25, 28, 85, 121 ff., 126
- modern 30, 47
- normativ 30
- pragmatisch 20
- speziell 8, 15, 124
- strukturalistisch 21
Wissensrepräsentation 113
Wissensstoff 39
Wort Gottes 49
Wörterbuch 106
Wortlaut 16, 106 ff.
Wortsinn, möglich 106, 108
Wortsprache 36
Wortzeichen 108
Wunderargument 23 f.

Zahl 36, 40 f., 48, 51, 58 f., 80, 89, 109, 115
Zahlentheorie 58
Zeichen 50, 56, 59, 67 f., 78, 81, 99 f., 106, 108 ff., 119

- ausgewechselt 108, 110
- historisch 108, 110
- neu 109
- tiefer liegend 109 f.
Zeichensprache 50
Zeitgeist 98
Zeitgenössisch 25, 32, 36, 74 f., 93, 98, 101, 111, 114 f., 125
- Philosophie 36, 111, 114 f., 125
- Philosophie ohne Letztbegründung 93
Zeitlichen Verlauf 48
Zeitpunkt 44, 48, 86
Zeitrichtung 41
Zerstörerischer Zirkel 27, 125
Zirkel 27, 32, 45, 125
- epistemologisch 45
- hermeneutisch 27
- logisch 27
- virtuos 27, 32
- vitiös 27
- zerstörerisch 27, 125
Zirkelfreiheit 15, 29, 121
Zirkuläre Struktur 27
Zu Grabe getragen 45 f., 99
Zugang, relationaler linquistischer 73
Zuordnung 88, 101, 104, 119 f.
- von Teilmengen 101
Zuordnungsprozess 104, 106
Zusammenhang 10, 16, 18, 34, 45, 47, 50, 54, 58, 61, 66 ff., 70, 74 ff., 79, 88, 95 f., 106, 109, 118
- syntaktisch 96
Zustand 44, 86, 112
Zwang 81, 91
Zweifel 29, 32, 36 ff., 40, 45, 64 ff., 72, 74, 81, 83 f., 86 ff., 92, 96, 98, 100, 111 ff., 123, 125 f.
- fundamental 36, 84
- postmodern 45, 65, 83, 88, 113 ff.
Zweite Kritik der reinen Vernunft 63
Zweiter Unvollständigkeitssatz 63

Printed by Libri Plureos GmbH
in Hamburg, Germany